“高等职业教育分析检验技术专业模块化系列教材”编写委员会

高等职业教育分析检验技术专业模块化系列教材

光学分析及操作

杨兵　杨沛　主编
王国民　主审

化学工业出版社
·北京·

内容简介

本书是高等职业教育分析检验技术专业模块化系列教材的一个分册，包括 10 个模块， 44 个学习单元。主要介绍光学分析的基本知识和基本操作，主要包括目视比色分析、可见分光光度分析、紫外可见吸收光谱定性及定量分析、红外吸收光谱定性及定量分析、原子吸收光谱分析、原子发射光谱定性及定量分析、火焰光度分析的基本知识及基本操作。在每个模块的学习单元中，都安排了一定数量的技能操作单元，供学生练习操作、掌握操作技能之用；教材中素质拓展阅读拓宽学生视野，有机融入党的二十大精神。

本书既可作为职业院校分析检验专业群教材，又可作为从事分析检验检测相关工作在职人员培训教材，还可供相关人员自学参考。

图书在版编目（CIP）数据

光学分析及操作 / 杨兵，杨沛主编. --北京：化学工业出版社，2024. 7. -- ISBN 978-7-122-44806-4

Ⅰ. O657. 3

中国国家版本馆 CIP 数据核字第 20241XE320 号

责任编辑：刘心怡　　文字编辑：崔婷婷
责任校对：宋　夏　　装帧设计：关　飞

出版发行：化学工业出版社
（北京市东城区青年湖南街 13 号　邮政编码 100011）
印　　装：北京七彩京通数码快印有限公司
787mm × 1092mm　1/16　印张 16　字数 385 千字
2024 年 9 月北京第 1 版第 1 次印刷

购书咨询：010-64518888　　售后服务：010-64518899
网　　址：http：//www.cip.com.cn
凡购买本书，如有缺损质量问题，本社销售中心负责调换。

定　　价：48. 00 元

本书编写人员

主　编：杨　兵　重庆化工职业学院

杨　沛　重庆化工职业学院

参　编：王丽聪　江阴职业技术学院

左　磊　重庆工信职业学院

路　蕴　重庆化工职业学院

孙建华　重庆工信职业学院

彭传友　重庆化工职业学院

陈　斌　重庆鑫富化工有限公司

马　双　重庆化工职业学院

主　审：王国民　重庆海关技术中心

序

根据《关于推动现代职业教育高质量发展的意见》和《国家职业教育改革实施方案》文件精神，为做好“三教”改革和配套教材的开发，在中国化工教育协会的领导下，全国石油和化工职业教育教学指导委员会分析检验类专业委员会具体组织指导下，由重庆化工职业学院牵头，依据学院二十多年教育教学改革研究与实践，在改革课题“高职工业分析与检验专业实施 MES（模块）教学模式研究”和“高职工业分析与检验专业校企联合人才培养模式改革试点”研究基础上，为建设高水平分析检验检测专业群，组织编写了分析检验技术专业活页式模块化系列教材。

本系列教材为适应职业教育教学改革，科学技术发展的需要，采用国际劳工组织（ILO）开发的模块式技能培训教学模式，依据职业岗位需求标准、工作过程，以系统论、控制论和信息论为理论基础，坚持技术技能为中心的课程改革，将“立德树人、课程思政”有机融合到教材中，将原有课程体系专业人才培养模式，改革为工学结合、校企合作的人才培养模式。

本系列教材分为 124 个模块、553 个学习单元，每个模块包含若干个学习单元，每个学习单元都有明确的“学习目标”和与其紧密对应的“进度检查”。“进度检查”题型多样、形式灵活。进度检查合格，本学习单元的学习目标即达到。对有技能训练的模块，都有该模块的技能考试内容及评分标准，考试合格，该模块学习任务完成，也就获得了一种或一项技能。分析检验检测专业群中的各专业，可以选择不同学习单元组合成为专业课部分教学内容。

根据课堂教学需要或岗位培训需要，可选择学习单元，进行教学内容设计与安排。每个学习单元旁的编号也便于教学内容顺序安排，具有使用的灵活性。

本系列教材可作高等职业院校分析检验检测专业群教材使用，也可作各行业相关分析检验检测技术人员培训教材使用，还可供各行业、企事业单位从事分析检验检测和管理工作的有关人员自学或参考。

本系列教材在编写过程中得到中国化工教育协会、全国石油和化工职业教育教学指导委员会、化学工业出版社的帮助和指导，参加教材编写的教师、研究员、工程师、技师有 103 人，他们来自全国本科院校、职业院校、企事业单位、科研院所等 34 个单位，在此一并表示感谢。

张荣

2022 年 12 月

前言

本书是在中国化工教育协会领导下，全国石油和化工职业教育教学指导委员会分析检验类专业委员会具体组织指导下，由重庆化工职业学院牵头，组织多所职业院校教师、科研院所、企业工程技术人员和高级技师等编写。

本分册教材为《光学分析及操作》，由 10 个模块 44 个学习单元组成，主要介绍光学分析的基本知识和基本操作，主要包括目视比色分析、可见分光光度分析、紫外可见吸收光谱定性及定量分析、红外吸收光谱定性及定量分析、原子吸收光谱分析、发射光谱定性及定量分析、火焰光度分析的基本知识及基本操作。通过学习单元前的学习目标明确学习要求及知识点；进度检查安排在每个学习单元后面，及时进行知识点的巩固；素质拓展阅读拓宽视野，体现党的二十大精神，作为教材的补充和延续。本教材能够帮助学习者掌握光学分析的基本知识，并将这些知识在实际工作中加以运用。

本书由杨兵、杨沛主编，王国民主审。其中模块 1、模块 2 由杨兵、杨沛编写，模块 3、模块 4 由路蕴、孙建华编写，模块 5～7 由彭传友、左磊编写，模块 8～10 由马双、王丽聪、陈斌编写，全书由杨兵统稿整理。

本书编写过程中参阅和引用了许多文献资料和相关著作，在此向相关作者表示感谢。由于编者水平和实际工作经验等方面所限，书中难免有不足之处，敬请读者批评指正。

编者

2023 年 10 月

目录

模块1 目视比色分析

编号 FJC-78-01

学习单元1-1 光的基本知识

学习目标：完成本单元的学习之后，能够掌握光的基本组成及基本知识。

职业领域：化工、石油、环保、医药、冶金、建材等。

工作范围：分析。

一、光的特性

光是一种能量形式，实际是一种电磁波，具有波动性和粒子性。

光的波动性表现为光以横波形式传播，称为光波。光波的传播速度即光速 c 在真空中等于 $3\times10^8\mathrm{m\cdot s^{-1}}$。光的波长 λ、光速 c 和频率 ν 有如下关系：

$$\nu=\frac{c}{\lambda} \tag{1-1}$$

光的波动性可以解释光的折射、衍射和干涉等现象。

光的粒子性表现为光是由不连续的粒子构成的粒子流，该粒子称为光子，每个光子都有一定的能量。光子的能量 E 与频率成正比，即：

$$E=h\nu \tag{1-2}$$

式中，h 为普朗克常数，约等于 $6.63\times10^{-34}\mathrm{J\cdot s}$。光的粒子性可解释光电效应、光的吸收和发射等现象。

光既有波动性又有粒子性，两者具有一定联系，称为波粒二象性。将式(1-1)代入式(1-2)即得：

$$E=h\frac{c}{\lambda} \tag{1-3}$$

可见光的能量与波长成反比，即波长越小，能量越大。

二、光的种类

按照光的波长范围以及人眼的觉察能力的不同，光可以分为可见光和不可见光。从光的本身来说，有些波长的光线，作用于眼睛能够引起颜色的感觉。人眼所能看见有颜色的光叫可见光，其波长范围在400～760nm。实验证明，白光（日光、白炽电灯光）是由各种不同颜色的光按一定的强度比例混合而成的。如果让一束白光通过三棱镜，就会分解为红、橙、黄、绿、青、蓝、紫七种颜色的光，这种现象称为光的色散。波长小于400nm的光因在紫光以外而称为紫外光。波长大于760nm的光因在红光以外而称为红外光。

各种颜色的光的波长范围是不同的。例如：红光的波长范围是620～760nm，蓝光为450～480nm。这种只有一种颜色的光称为单色光，由几种单色光合成的光叫作复合光。单色光的波长范围越窄，说明单色程度越高。由两种特定的单色光按一定强度比例适当混合可以得到白光，这种现象称为光的互补。例如，黄色光和蓝色光互补，绿色光与紫色光互补。各色光的互补见图1-1。

图1-1　光的互补色示意图

当两种单色光互补时，若其中一种单色光被减弱或消除了，物质就显现出另一种单色光的颜色。例如，绿色光与紫色光互补，若某溶液吸收了绿色光，则溶液即显现出紫色；若某溶液吸收了紫色光，则溶液即显现出绿色；若溶液以相同的比例既吸收紫色光又吸收绿色光，则溶液为无色。

进度检查

一、填空题

1. 光既具有______性，又具有______性，合称为___________性。

2. 紫外光的波长范围是______nm，红外光的波长范围是______nm，可见光的波长范围是________nm。

3. 一束白光通过三棱镜，就分解为____、____、____、____、____、____、____七种颜色的光，这种现象称为光的色散。

二、选择题（将正确的答案序号填入括号内）

1. 若某溶液显黄色，说明溶液吸收了（　　）。

A. 蓝光　　B. 绿光　　C. 黄光　　D. 紫光

2. 黄色光与（　　）光互补。

A. 蓝色　　B. 黄色　　C. 紫色　　D. 红色

3. 光的能量与波长成（　　）。

A. 正比　　B. 不能确定　　C. 反比　　D. 线性关系

编号 FJC-78-02

学习单元 1-2 光的吸收基本定律

学习目标：完成本单元的学习之后，能够掌握光的吸收基本定律。
职业领域：化工、石油、环保、医药、冶金、建材等。
工作范围：分析。
相关知识内容：光的基本知识。

一、光学分析法

光学分析法是通过光源发射不同波长的光，其能量被样品吸收或使样品受激发而发射谱线，测定光强度的减弱程度或谱线变化的程度，求出被测物质种类或含量的方法。常用的光学分析法有比色法、分光光度法、发射光谱法和原子吸收法等。

1. 比色法

利用比较溶液颜色的深浅测定物质组分含量的方法称为比色法。

2. 分光光度法

利用棱镜或光栅将光源发出的复合光分解为单色光，测定溶液对单色光的吸收程度，以求出物质含量的方法称为分光光度法。根据所选用单色光波长的不同，分光光度法可分为可见分光光度法、紫外分光光度法和红外分光光度法。

3. 发射光谱法

根据物质受热或电能激发后发射出来的特征谱线的波长和强度，进行定性、定量分析的方法称为发射光谱法。

4. 原子吸收法

根据物质受热产生的原子蒸气对其特征谱线的吸收程度求得物质含量的方法称为原子吸收法。

二、目视比色法的基本原理

目视比色法是应用最早的可见吸收光谱分析法，已有 100 多年的历史，目前在一些企业和部门，仍然是一种常用的分析手段。用眼睛观察比较试样溶液与标准溶液的颜色深浅，确定被测物质含量的方法称为目视比色法。它是一种最简单的比色法。其原理是有色溶液颜色的深浅与浓度有一定的比例关系。

许多物质本身具有明显的颜色，例如 $KMnO_4$ 溶液显紫红色，$K_2Cr_2O_7$ 溶液显橙色，$CuSO_4$ 溶液显蓝色等。另外，有些物质本身并无颜色，或者虽有颜色，但不够明显，可是当它们与某些化学试剂反应后，则可生成具有明显颜色的物质，例如 Fe^{3+} 与过量的 KSCN

试剂反应，生成血红色 $Fe(SCN)_3$。

$$Fe^{3+}+3SCN^{-} \xlongequal{} Fe(SCN)_3$$

浅蓝色的 Cu^{2+} 与氨水反应，则生成蓝色的 $[Cu(NH_3)_4]^{2+}$。

$$Cu^{2+}+4NH_3 \xlongequal{} [Cu(NH_3)_4]^{2+}$$

可以通过判断生成的有色物质浓度来分析反应物的浓度。

当有色物质溶液的浓度改变时，溶液颜色的深浅也随之改变：溶液愈浓，颜色愈深，溶液愈稀，颜色也就愈浅。这就是说，溶液颜色的深浅与有色物质的含量有关。

目视比色法最常用的是标准系列法（也称色阶法）。标准系列是用标准溶液配制成的，组分含量由低到高，因而颜色是由浅到深的等体积溶液系列。将被测溶液与标准系列同样处理后，用眼睛观察比较被测溶液与标准系列的颜色深浅程度。若颜色深度相同，则两者的浓度相等。

该法不需要复杂的仪器设备，操作简便、快速，适合大批量低含量组分的测定。又因所用比色管较长，对颜色很浅的溶液也能测出其含量。而且，目视比色法可在复合光下进行测定，且测定条件完全相同，因而某些不完全符合吸收定律的显色反应，也可以用目视比色法进行测定。

这一方法的缺点是配制标准色阶比较麻烦，特别是有些物质稳定性差，其标准系列不能久存，经常需要在测定时现配。目视比色法准确度不高，相对误差为±5%～20%。

三、显色反应及影响因素

1. 显色反应

在比色分析中，将试样中被测组分转变成有色化合物的反应，称为显色反应。与被测组分化合生成有色物质的试剂，称为显色剂。例如，被测物质 Fe^{3+} 与 SCN^{-} 反应，就属于显色反应。SCN^{-} 即为显色剂。

一种被测组分选择显色剂有一定标准。

(1) 选择性要好　选用的显色剂应只与被测离子发生显色反应，这样干扰少。或者被测离子和干扰离子的显色产物吸收光谱区别较大。

(2) 灵敏度要高　灵敏度高的显色剂有利于微量组分的测定。

(3) 有色化合物的组成要恒定，化学性质要稳定。

(4) 颜色差别大　有色化合物和显色剂之间的颜色要有较大的差别。

(5) 显色反应条件易于控制　如果条件要求过于严格，难以控制，测定结果的再现性就差。

2. 无机显色剂

许多无机试剂能与金属离子发生显色反应，如浅蓝色的 Cu^{2+} 与氨水形成深蓝色的配位离子 $[Cu(NH_3)_4]^{2+}$，SCN^{-} 与 Fe^{3+} 形成红色的配位化合物 $Fe(SCN)_3$ 等。但是多数无机显色剂的灵敏度和选择性都不高。

3. 有机显色剂

大多数元素的测定应用有机显色剂。许多有机试剂能与被测离子形成多元环结构的螯合物，有较高的稳定性，并且选择性强，有较深的颜色，有很高的灵敏度，因此得到了广泛的应用。例如，用邻菲啰啉显色剂可以测定 Fe^{2+} 含量，用双硫腙显色剂可以测定 Cu^{2+}、Pb^{2+}、Zn^{2+}、Cd^{2+}、Hg^{2+} 的含量等。

4. 影响显色反应的因素

（1）显色剂用量　显色反应一般用下式表示：

$$M + R \rightleftharpoons MR$$

反应在一定程度上是可逆的，为了减少反应的可逆性，应加入过量的显色剂，使反应尽可能地进行完全。但也不能过量太多，否则会引起副反应，对测定反而不利。

对于不同的情况，显色剂用量的影响情况也不一样。显色剂的用量可通过实验来确定。

（2）溶液的酸度　溶液酸度对显色反应的影响很大，这是由于溶液酸度直接影响着金属离子和显色剂的存在形式，以及有色配位化合物的组成和稳定性。要确定某一显色反应适宜的酸度必须通过实验来确定。

（3）显色时间　显色反应的速度有快有慢。有的显色反应速率快，几乎是瞬间完成，颜色很快达到稳定状态，并且保持较长时间。大多数显色反应速率较慢，需要一定时间，溶液的颜色才能稳定。因此，适宜的显色时间和有色溶液稳定程度，也必须通过实验来确定。

（4）温度　不同的显色反应需要不同的温度，一般显色反应可在室温下完成。但有些显色反应需要加热至一定的温度才能完成；也有些有色配位化合物在较高温度下容易分解。因此，应根据显色反应的不同情况，通过实验确定合适显色温度。

同时也应考虑溶剂对显色反应的影响。因此，用某一显色反应进行光学分析时，必须综合考虑各种因素的影响，选择适当的显色反应条件。

四、分光光度法的基本概念

1. 分光光度法特点

分光光度法是利用棱镜或光栅将光源发出的复合光分解为单色光，测定溶液对单色光的吸收程度，以求出物质含量的方法。根据所选用单色光的不同，分光光度法可分为可见、紫外和红外分光光度法。

分光光度法具有灵敏、准确、快速的特点，适合测定微量物质，在工农业生产和科学研究的各个领域中得到了广泛的应用。分光光度分析所用的仪器称为分光光度计。

2. 吸收光谱曲线和最大吸收波长

当一定波长的光通过某物质的溶液时，溶液便会对光产生吸收。这种吸收具有选择性，即溶液对某一特定波长范围的光有吸收。将各种波长的单色光依次通过一定浓度的某溶液，并测量溶液对光的吸收程度（吸光度），以波长为横坐标、吸光度为纵坐标，可绘出光的吸收曲线，即吸收光谱曲线。例如 $KMnO_4$ 溶液的吸收光谱曲线见图 1-2。

从图 1-2 中可见：

① $KMnO_4$ 溶液对波长为 525nm 的光吸收最多（吸光度最大）。所以吸收曲线上有一高峰。相反，对红色和紫色光基本不吸收，所以 $KMnO_4$ 溶液呈现紫红色。因此这一吸收最多的光的波长称为最大吸收波长，用 $\lambda_{最大}$ 或 λ_{max} 表示。相对于其他波长，$\lambda_{最大}$ 可以产生最大的吸光度。在最大吸收波长处测定吸光度，灵敏度最高。实际分析时常选用 λ_{max} 作为入射光波长，而且要求波长范围越窄越好。

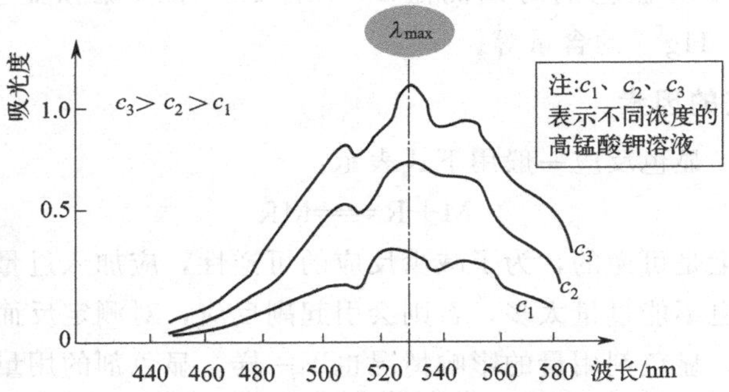

图 1-2　$KMnO_4$ 溶液的吸收光谱曲线

② 同一物质的吸收曲线是特征的。不同浓度的 $KMnO_4$ 溶液吸收曲线相似，λ_{max} 不变。不同物质的吸收曲线形状则不同。这些特性可以作为物质定性分析的依据。

③ 同一物质不同浓度的溶液，在一定波长处，吸光度随浓度增加而增大，这个特性可作为物质定量分析的依据。

④ 吸光度具有加和性。

3. 透光度和吸光度

当一束平行单色光通过均匀溶液时（见图 1-3），一部分光透过溶液，一部分光被溶液吸收，另一部分光被吸收池反射回去。照射溶液的平行光称为入射光，其强度以 I_0 表示；透过溶液的光称为透射光，其强度以 I_t 表示；被吸收池反射回去的光称为反射光，其强度用 I_r 表示；被溶液吸收的光强度用 I_a 表示。

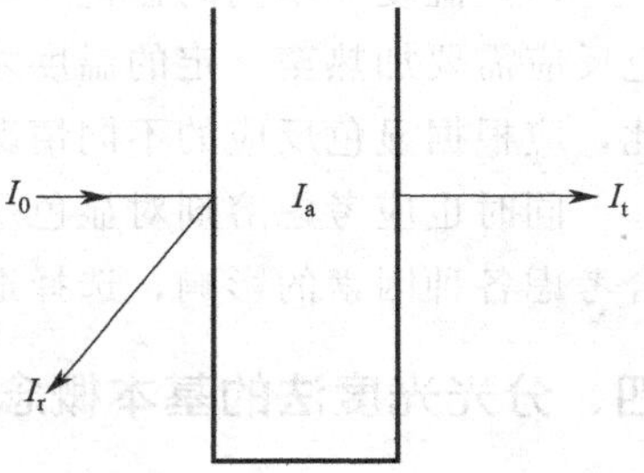

图 1-3　单色光通过溶液示意图

则：

$$I_0=I_t+I_a+I_r \tag{1-4}$$

由于在分析时所用的吸收池材质相同，反射光强度相同，可以认为固定不变，因而可不考虑。则式(1-4) 可简化为：

$$I_0=I_t+I_a \tag{1-5}$$

式(1-5) 表明：当入射光强度一定时，吸收的光越多，透过的光就越少。因此可以用透射光强度与入射光强度之比来表示光的透过程度，称为透光度，用 T 表示。

$$T=\frac{I_t}{I_0} \tag{1-6}$$

T 越大，表示透过的光越多，则吸收的光越少。因 I_t 不大于 I_0，所以 T 值在 0～1 之间，常用百分数表示，亦称为百分透光率。

若以入射光强度与透射光强度比值的对数来表示光的吸收程度，则称为吸光度，用 A 表示：

$$A=\lg\frac{I_0}{I_t} \tag{1-7}$$

A 越大，表示吸收的光越多，透过的光越少。吸光度与透光度之间的关系为：

$$A = \lg \frac{1}{T} = -\lg T \tag{1-8}$$

五、分光光度法的基本原理

1. 光吸收定律

当一束平行单色光通过均匀溶液时，光被吸收的多少主要与两个因素有关：一是吸光物质的多少（浓度 c）；二是溶液的厚度 b。在入射光强度一定时，若浓度一定，溶液的厚度越大，则吸收的光越多，吸光度越大。若溶液厚度一定，溶液的浓度越大，吸光度也越大。综合上述两点，当一束平行的单色光通过均匀的溶液时，吸光物质浓度越大，液层越厚，溶液的透光度越小。而溶液的吸光度与吸光物质浓度及液层厚度的乘积成正比。这就是光的吸收定律，称为朗伯-比耳定律，即

$$A = kbc \tag{1-9}$$

$$\text{或}\quad T = 10^{-kbc}$$

式中　c——溶液中吸光物质的浓度；

b——液层的厚度；

k——吸收系数。

光吸收定律不仅适用于有色溶液，也适用于其他均匀、非散射的吸光物质（包括气体、液体和固体），是比色分析和分光光度分析的定量依据。

式(1-9) 中的 k 为比例常数，是某种吸光物质的特征常数。它与吸光物质的性质、入射光波长以及温度有关。当溶液浓度 c 的单位为 mol/L，液层厚度的单位为 cm 时，比例常数 k 称为摩尔吸光系数，用 ε 表示。此时光吸收定律的表达式为：

$$A = \lg \frac{I_0}{I_t} = \varepsilon bc \tag{1-10}$$

ε 的物理意义是：当溶液浓度为 1mol/L，液层厚度为 1cm 时溶液的吸光度，单位是 L/(mol·cm)。一种有色物质，在不同的波长下有不同的摩尔吸光系数。ε 值越大，表示该有色物质对此波长的光的吸收能力越大。

根据光吸收定律，溶液的吸光度应当与溶液浓度呈线性关系。但在实践中常发现有偏离光吸收定律的情况，从而引起测定误差。为了减少这些误差，分析时必须注意以下几点：

① 光吸收定律只适用于单色光。但各种分光光度计提供的入射光都是具有一定的波长范围，这就使溶液对光的吸收偏离了光吸收定律，产生误差。因此要求分光光度计提供的单色光纯度越高越好，即单色光的波长范围越窄越好。

② 光吸收定律只适用于稀溶液。当有色溶液浓度较高时，就会偏离光吸收定律。应设法降低溶液浓度，使其回到线性范围内工作。

③ 有色化合物在溶液中受酸度、温度、溶剂等的影响，可能发生水解、沉淀、缔合等化学反应，从而影响有色物质对光的吸收，引起测定误差。因此，测定过程中要严格控制显色反应的条件。

2. 定量分析方法

分光光度法定量的依据是光吸收定律，但具体的定量方法有三种：

(1) 工作曲线法　根据光吸收定律，对于一种有色化合物，ε 是一个定值。若液层厚度

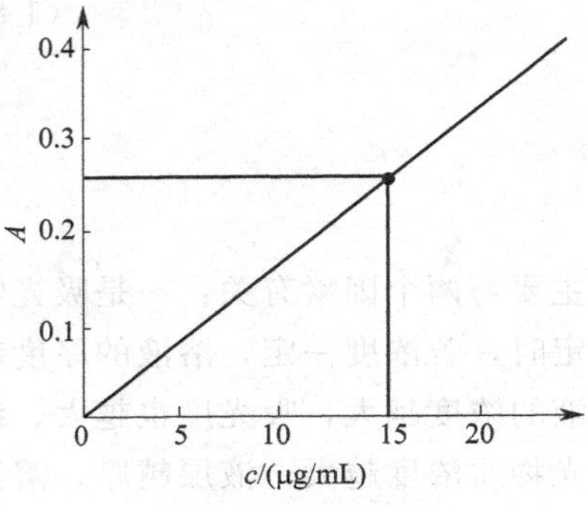

图 1-4 工作曲线法

b 也不变，则吸光度 A 就与溶液的浓度 c 成正比。选择配制一系列适当浓度的标准溶液显色后，分别测定其吸光度，然后以吸光度为纵坐标、浓度为横坐标作图，即得工作曲线，也叫标准曲线。然后将被测溶液同法显色，测得吸光度，在工作曲线上可查得被测组分的浓度，见图 1-4。这个方法简单方便，适用于多个样品的系列分析。

（2）直接比较法　配一个已知浓度为 c_s 的被测组分的标准溶液，测其吸光度为 A_s。在同样条件下再测未知样品溶液的吸光度为 A_x，通过计算可求出未知样品溶液的浓度 c_x：

$$A_s = \varepsilon c_s b \tag{1-11a}$$

$$A_x = \varepsilon c_x b \tag{1-11b}$$

由于溶液性质相同，测定条件相同，所以：

$$\frac{A_s}{A_x} = \frac{c_s}{c_x} \qquad c_x = \frac{A_x}{A_s} c_s$$

这一方法适用于个别样品的分析，要求标准溶液的浓度 c_s 与未知样液的浓度 c_x 尽量接近，以减少测量误差。

（3）标准加入法　先测定浓度为 c_x 的未知样液的吸光度 A_x，然后再向未知样液中加入一定量的标准溶液，配成浓度为 $c_x + \Delta c_1$、$c_x + \Delta c_2$ 等一系列溶液，再测量其吸光度 A_1、A_2 等。在坐标纸上以吸光度为纵坐标、浓度为横坐标作图，将 A_x 标在纵坐标轴上，标出 Δc_1、Δc_2 等所对应的 A_1、A_2 等各点，连成直线后延长，与横坐标轴相交的交点即为未知样液的浓度 c_x，见图 1-5。

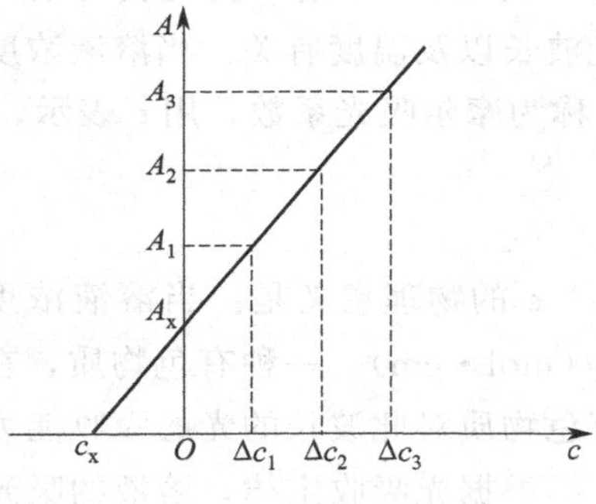

图 1-5　标准加入法

这种方法操作比较烦琐，不适合系列样品的分析，但适用于组成比较复杂、干扰因素较多的样品的分析，可以消除背景的影响。

进度检查

一、填空题

1. 分光光度法具有____、____、____的特点，适合测定______物质。常用的定量分析方法有________、________、________等。

2. 吸收光谱曲线的横坐标是______，纵坐标是________。其中________最大时的波长称为最大吸收波长，常用它作为____________。

3. ________与_______的比值称为透光度，________与_______的比值的_______称为吸光度。

4. 常用的光学分析法有__________、________、________、________等。

5. 若被测物质无色，可加入________使之反应生成有色物质，然后进行比色。该反应称为________。

二、选择题（将正确答案的序号填入括号内）

1. 光吸收定律是指当入射光强度一定时，溶液的吸光度与（　　）成正比。

A. 波长　　B. 溶液浓度　　C. 液层厚度　　D. 频率

2. 摩尔吸光系数的含义是当溶液浓度和液层厚度分别为（　　）时的吸光度。

A. 1mol/L，1m　　B. 0.1mol/L，1m

C. 0.1mol/L，1cm　　D. 1mol/L，1cm

3. 光吸收定律只适用于（　　）。

A. 可见光　　B. 单色光　　C. 复合光　　D. 任何光

4. 标准系列中各溶液的浓度（　　）。

A. 相等　　B. 不相等　　C. 不能确定　　D. 已知

三、简答题

1. 试简述光的吸收定律及其数学表达式。

2. 试简述摩尔吸光系数的物理意义。

编号 FJC-78-03

学习单元 1-3 标准色阶的制备

学习目标： 完成本单元的学习之后，能够掌握标准色阶制备的原理及方法。

职业领域： 化工、石油、环保、医药、冶金、建材等。

工作范围： 分析。

相关知识内容： 光的吸收基本定律

所需仪器、药品

序号	名称及说明	数量
1	50mL 比色管	1套
2	比色管架	1只
3	标准溶液	250mL
4	10mL 吸量管	1支
5	显色剂	250mL

一、比色管和比色管架

比色管是由无色优质玻璃制成的具塞平底圆管，见图 1-6。管壁有环线刻度指示容量。容量有 25mL、50mL 和 100mL 等几种，最常用的是 50mL。使用时将材质、大小、形状完全相同的同一套比色管放在特制的、下面垫有白瓷板的木架上进行比色。这种木架称为比色管架，见图 1-6。

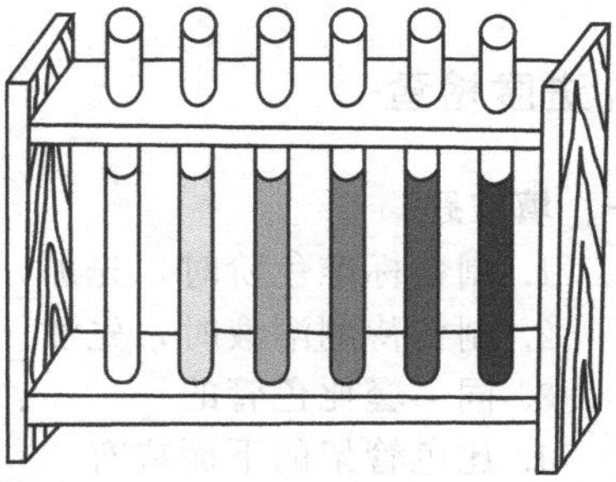

图 1-6 比色管及比色管架

在洗涤比色管时，注意勿用硬毛刷和去污粉刷洗，以免擦伤管壁，影响光线透过。若内壁沾有油污，可用铬酸洗液浸泡，再用自来水冲洗，最后用蒸馏水洗涤几次，洁净的比色管内外壁均不挂水珠。

二、标准色阶的制备

① 取一系列比色管放在比色管架上。

② 将一系列已知浓度的标准溶液（体积不同）准确地依次（由少到多）分别加入比色管。例如，在 6 支比色管中分别加入 0.00mL、2.00mL、4.00mL、6.00mL、8.00mL、10.00mL 一定浓度的标准溶液。

③ 在每支比色管中加入一定量相同体积的显色剂（包括辅助试剂）。

④ 用蒸馏水稀释至同一刻度，塞好玻璃塞，摇匀，则配成了颜色由浅到深的标准色阶。

三、待测溶液的制备

① 取同一套的比色管 1 支置于比色管架上。

② 加入一定量待测试液。

③ 在与标准色阶相同条件下加入同体积的显色剂（包括辅助试剂）。

④ 用蒸馏水稀释至同一刻度，塞好玻璃塞，摇匀。

四、目视比色操作

① 打开管塞，将管塞倒置于比色管架上，由管口垂直向下注视，比较待测溶液与标准色阶的颜色深浅程度。

② 若待测溶液的颜色深度与标准色阶中某一个标准溶液相同，则两管中的溶液浓度相等。

③ 若待测溶液的颜色深度介于两个标准溶液之间，则其浓度也必介于两个标准溶液浓度之间。可取两者浓度的算术平均值作为待测溶液的浓度。

五、注意事项

为了减少误差，在制备标准色阶和待测溶液时，必须在尽可能相同的条件下进行，不但方法、步骤相同，试剂用量相同，而且最好使用同一试剂瓶中的试剂。

进度检查

一、填空题

1. 制备标准色阶时，先加________，再加________，最后用________稀释至同一刻度。
2. 制备待测溶液时，先加________，再加________，最后用________稀释至同一刻度。
3. 同一套比色管的______、______、______完全相同。
4. 比色管架的下面垫有________________________。

二、判断题（正确的在括号内画“√”，错误的画“×”）

1. 若待测溶液的颜色深度与标准色阶中的任何一个溶液都不相同，则无法测定。（　）
2. 在制备标准色阶和待测溶液时，只要方法相同，其他条件可以不必考虑。（　）
3. 用比色管进行比色时必须使用同一套比色管。（　）
4. 洗涤比色管时可以用去污粉。（　）
5. 目视比色法是用眼睛观察比较溶液颜色的深浅。（　）
6. 溶液颜色越深，说明浓度越大。（　）

三、操作题

进行 $KMnO_4$ 溶液的比色操作，由教师检查下列项目是否正确：

1. 标准色阶的制备。
2. 待测溶液的制备。
3. 目视比色操作。

编号 FJC-78-04

学习单元 1-4　水中二氧化硅含量的测定

学习目标： 完成本单元的学习之后，能够掌握用目视比色法测定水中二氧化硅含量的基本方法。

职业领域： 化工、石油、环保、医药、冶金、建材等。

工作范围： 分析。

相关知识内容： 光的吸收基本定律、标准色阶的制备

所需仪器、药品

序号	名称及说明	数量
1	50mL 比色管	1套
2	比色管架	1个
3	250mL 烧杯	2只
4	25mL 移液管	1支
5	10mL 吸量管	2支
6	1mL 吸量管	1支
7	2mL 吸量管	2支
8	250mL 容量瓶	2只
9	(1+1)盐酸溶液	50mL
10	钼酸铵试剂	100mL
11	7.5%(质量分数)草酸溶液	100mL
12	二氧化硅标准溶液	适量

注：①钼酸铵试剂：溶解 10g 钼酸铵 $\{(NH_4)_6Mo_7O_{24}\cdot 4H_2O\}$ 于水中（搅拌并微热），稀释至 100mL。如有不溶物可过滤，用氨水调至 pH 7～8。

② 7.5%（质量分数）草酸溶液：溶解 7.5g 草酸（$H_2C_2O_4$）于水中，稀释至 100mL。

③ 二氧化硅贮备液：称取高纯石英砂（SiO_2）0.2500g 置于铂坩埚中，加入无水碳酸钠 4g，混匀，置于高温炉中，在 1000℃熔融 1h，取出冷却后，放入塑料烧杯中用热水溶解。用水洗净坩埚与盖，移入 250mL 容量瓶中，用水稀释至标线，混匀。贮于聚乙烯瓶中，此溶液每毫升含 1.00mg 二氧化硅（SiO_2）。

④ 二氧化硅标准溶液：吸取 25.0mL 贮备溶液，稀释至 250mL。用聚乙烯瓶密封保存，此溶液每毫升含 0.10mg 二氧化硅。

二氧化硅的测定方法有原子吸收分光光度法、重量法和光度法。光度法包括钼酸盐光度法（即硅钼黄法）和钼酸盐还原光度法（硅钼蓝法）。钼酸盐还原光度法的灵敏度较钼酸盐光度法约高 5 倍。钼酸盐还原光度法适用的浓度范围为 0.04～2mg/L，钼酸盐光度法为 0.4～25mg/L。

水样应保存于聚乙烯瓶中，因为玻璃瓶会溶出硅而污染水样，尤其是碱性水。

一、测定原理

在 pH 约 1.2 时，钼酸铵与硅酸生成黄色可溶性的硅钼杂多酸配合物，在一定浓度范围内，其颜色与二氧化硅的浓度成正比，可采用目视比色法将待测水样与硅标准系列对照，求得二氧化硅的浓度。

色度及浊度的干扰，可以采用补偿法（不加钼酸铵的水样为参比）予以消除。

丹宁、大量的铁、硫化物和磷酸盐干扰测定，加入草酸能破坏磷钼酸，消除其干扰并降低丹宁的干扰。在测定条件下，加入草酸（3mg/mL），样品中含铁 20mg/L、硫化物 10mg/L、磷酸盐 0.8mg/L、丹宁 30mg/L 以下时，不干扰测定。

本法最低检测浓度为 0.4mg/L，测定上限 25mg/L 二氧化硅。测定最适宜范围为 0.4～20mg/L。本法适用于天然水样分析，也可用于一般环境水样分析。

配制试剂用水应为蒸馏水，离子交换水可能含胶态的硅酸而影响测定，不宜使用。

二、测定步骤

1. 标准系列溶液的配制

（1）取二氧化硅标准溶液 0.00mL、0.50mL、1.00mL、3.00mL、5.00mL、7.00mL、10.00mL，分别移入 50mL 比色管中，加水稀释至标线。

（2）迅速顺次加入 1.0mL（1＋1）盐酸溶液、2.00mL 钼酸铵试剂，至少上下倒置 6 次，使之混合均匀，然后放置 5～10min，加入 2.00mL 草酸溶液，再充分混匀。

（3）从加入草酸溶液后的时间算，在 2～15min 内进行目视比色。

2. 水样的测定

取适量清澈透明水样（必要时过滤）置于 50mL 比色管中，用与标准系列溶液的配制相同的步骤进行操作。

3. 目视比色操作

（1）打开管塞，将管塞倒置于比色管架上，由管口垂直向下注视，比较待测溶液与标准色阶的颜色深浅程度。

（2）若待测溶液的颜色深度与标准色阶中某一个标准溶液相同，则两管中的溶液浓度相等。

（3）若待测溶液的颜色深度介于两个标准溶液之间，则其浓度也必介于两个标准溶液浓度之间。可取两者浓度的算术平均值作为待测溶液的浓度。

三、结果处理

$$二氧化硅浓度(SiO_2, mg/L) = m/V \times 1000$$

式中　m——由标准系列查得的二氧化硅质量，mg；

　　　V——水样体积，mL。

进度检查

一、填空题

1. 二氧化硅的测定方法有＿＿＿＿＿＿、＿＿＿＿＿＿＿和＿＿＿＿＿。

2. 光度法包括＿＿＿＿＿＿＿＿＿＿和＿＿＿＿＿＿＿＿＿。

3. 目视比色法测定水中二氧化硅含量最适宜范围为＿＿＿＿＿＿＿＿。

二、简答题

1. 试述水中二氧化硅含量的测定原理。

2. 试述目视比色法测二氧化硅含量操作步骤。

评分标准

目视比色分析技能考试内容及评分标准

一、考试内容：工业盐酸中铁含量的测定

1. 样品的预处理。

2. 标准色阶的制备。

3. 目视比色操作。

4. 结果计算。

二、评分标准

1. 样品的预处理（20 分）

每错一处扣 5 分。

2. 标准色阶的制备（30 分）

每错一处扣 5 分。

3. 目视比色操作（30 分）

每错一处扣 5 分。

4. 结果计算（20 分）

每错一处扣 5 分。

模块2 可见分光光度分析

编号 FJC-79-01

学习单元2-1 分光光度计分类、结构

学习目标：完成本单元的学习之后，能够掌握分光光度法的基本原理，掌握分光光度计的分类、结构及工作原理。

职业领域：化工、石油、环保、医药、冶金、建材等。

工作范围：分析。

相关知识内容：光的吸收基本定律

一、分光光度计的分类

1. 根据波长不同分类

（1）可见分光光度计　适用于可见光范围（波长400～780nm）的分析。

（2）紫外可见分光光度计　适用于近紫外和可见光范围（波长200～780nm）的分析。

（3）红外分光光度计　适用于红外光范围（波长 3×10^{3}～3×10^{4}nm）的分析。

2. 根据结构不同分类

根据仪器的光路系统结构不同，分光光度计可分为单光束、双光束和双波长等几种类型。

二、分光光度计的结构

无论哪种分光光度计，都由光源、单色器、吸收池、信号接收器和信号显示器等几个部分构成。部分分光光度计还配有数据处理系统和打印绘图系统。

1. 光源

光源的作用是提供能满足波长需要，发光强度足够并且稳定的入射光。光源有以下几种：

（1）钨丝白炽灯　其发光的波长范围是320～2500nm，可用于可见分光光度计和紫外可见分光光度计。发光强度与供电电源有密切关系。一般用12V直流电源供电，功率有25W和30W等。其缺点是寿命短，因发热量大而容易熔断。

（2）氢灯或氘灯　氢灯发光的波长范围是200～400nm，氘灯是150～400nm，是紫外可见分光光度计的光源。为了保证发光强度稳定，必须使用稳压电源供电。

2. 单色器

单色器的作用是将光源发出的复合光分解为单色光，并且能够准确方便地发出所需要的

波长。常用的单色器有棱镜和光栅两种。

（1）棱镜单色器　它是利用不同波长的光在三角棱镜中的折射作用不同，将复合光分解成单色光，通过机械装置内狭缝获得所需要的波长。棱镜单色器的分光能力较差，波长精度一般为±3～5nm。

（2）光栅单色器　光栅是指在一个平面上刻有许多刻痕，每毫米内的刻痕多达上千条，形状如“栅栏”一样。当一束平行光射到光栅上时，由于光栅的衍射作用，反射出来的光就按波长大小顺序分开。光栅单色器的分辨率较高，可达±0.2nm。

3. 吸收池

吸收池又称比色皿，是盛装溶液的装置，处于单色器与信号接收器之间。它的作用是让由单色器出来的单色光全部进入溶液，并且让透过溶液的光全部进入信号接收器。因此，吸收池一般为长方体，有两个平行的透光面，侧面和底面则为毛玻璃。在可见光区内使用的吸收池，其透光面是普通光学玻璃，能吸收紫外光。在紫外光区内使用的吸收池，其透光面是石英玻璃，不吸收紫外光。两者在外观上没有什么区别，使用时要注意不能搞错。

吸收池的规格有0.5cm、1.0cm、2.0cm、3.0cm和5.0cm（指光程或液层厚度b）五种。使用时应根据溶液颜色深浅，选用适当规格的吸收池，尽量使测得的吸光度在0.200～0.800范围内（测量误差较小）。

4. 信号接收器

信号接收器的作用是将光强度转变为电信号，以便测量和记录。在分光光度计上的信号接收器是光电转换器，常用的种类有光电管和光电倍增管等。

（1）光电管　光电管是一个抽成真空的二极管，其阳极为金属丝，阴极为半导体材料。阳极和阴极间加有直流电压。当光线照射到阴极上时，阴极表面放出电子。电子在电场作用下流向阳极，形成光电流。光电流的大小在一定条件下与照射光的强度成正比。光电管的阴极材料不同，它所响应的光的波长范围也不同。光电管产生的光电流很容易放大。

（2）光电倍增管　光电倍增管相当于一个多阴极的光电管。光线射入第一阴极，在阴极表面放出电子。这些电子在电场作用下射向第二阴极，在阴极表面放出数量更多的二次电子。经过几次这样的电子发射，光电流就被放大了许多倍。此光电流还可以进一步放大并测量。因此光电倍增管的灵敏度很高，适用于微弱光强度的测量。

5. 信号显示器

光电转换器产生了各种电信号，经放大处理后，由信号显示器显示出来，并进行自动记录和计算。一般信号显示器常用指针或微安表式数码管显示器。后者可连上数据处理装置，自动绘制工作曲线，自动计算分析结果，并打印报告，实现分析自动化。

三、分光光度计的工作原理

1. 单光束分光光度计的工作原理

单光束分光光度计的工作原理见图2-1。由光源发出的一束复合光经单色器分光后，得到的单色光分别通过参比吸收池和测量吸收池，透射光的强度由接收器转换为电信号，放大后在显示器上显示出来。

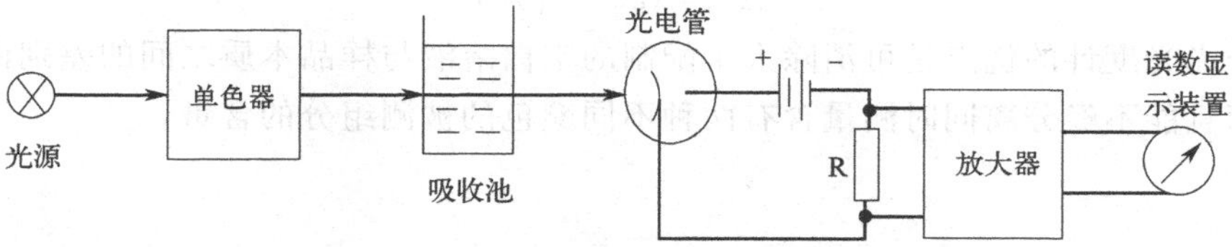

图 2-1 单光束分光光度计原理图

单光束分光光度计结构简单，应用最广。主要缺点是不能克服由于光源不稳定带来的测量误差。

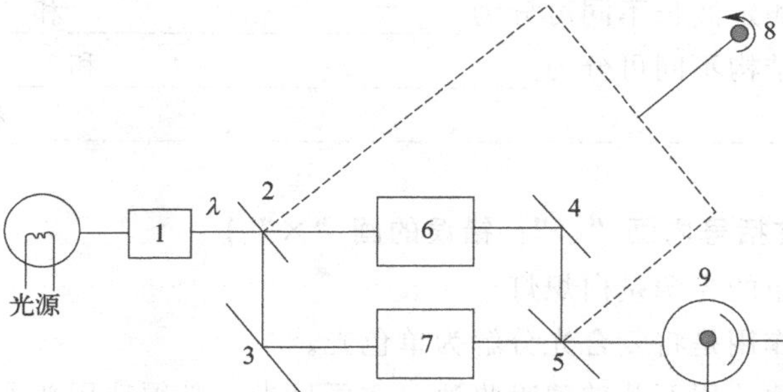

图 2-2 双光束分光光度计原理图

1—单色器；2～5—反射镜；6—参比池；7—样品池；8—旋转装置；9—光电倍增管

2. **双光束分光光度计的工作原理**

双光束分光光度计的工作原理见图 2-2。由光源发出的复合光经单色器分光后，得到的单色光经斩波器调制为两束光，同时通过参比池和样品池，透过光强度在接收器上产生一个电信号的变化值，由记录器记录下来。

双光束分光光度计的最大优点是克服了由于光源不稳定带来的测量误差。

3. **双波长分光光度计的工作原理**

双波长分光光度计是最新型的分光光度计，其工作原理见图 2-3。从光源发出的光分成两束，分别经过各自的单色器后，分出波长为 λ_1 和 λ_2 的两束单色光，借助切光器调制，使 λ_1 和 λ_2 以一定频率交替通过吸收池，经接收器的光电转换器和电子控制系统工作，可以在数字电压表上显示出二者的吸光度差值 ΔA。ΔA 与被测物的浓度成正比，即：

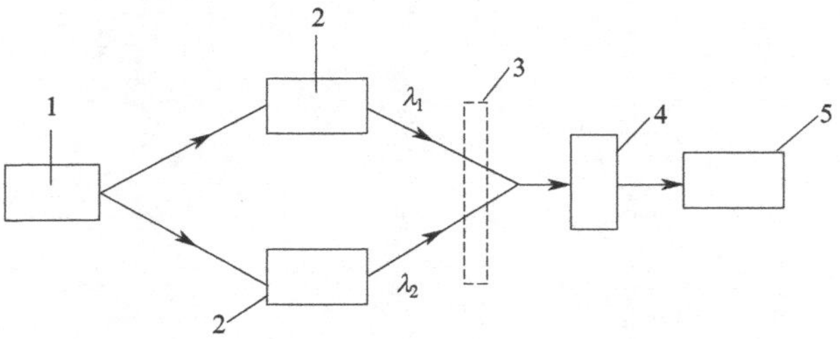

图 2-3 双波长分光光度计原理图

1—光源；2—单色器；3—切光器；4—吸收池；5—检测器

$$\Delta A=(\varepsilon_2-\varepsilon_1)cb \tag{2-1}$$

这类分光光度计的优点是可消除人工配制的空白溶液与样品本质之间的差别而引起的测量误差，而且能不经分离同时测量含有两种不同颜色的被测组分的含量。

进度检查

一、填空题

1. 分光光度计是利用____或____获得单色光。
2. 分光光度计按测定波长不同可分为________、____________和__________三种。
3. 分光光度计按结构不同可分为__________、____________和________三种。
4. 分光光度计由________、________、__________、__________和________等几部分构成。

二、判断题（正确的在括号内画"√"，错误的画"×"）

1. 在紫外光区使用的光源是白炽灯。（　）
2. 单色器的主要作用是将复合光分解为单色光。（　）
3. 在紫外光区必须选用石英玻璃吸收池，在可见光区必须选用普通玻璃吸收池。（　）
4. 分光光度计的信号接收器是光电管或光电倍增管。（　）

编号 FJC-79-02

学习单元 2-2 分光光度计操作

学习目标：完成本单元的学习之后，能够掌握分光光度计的基本操作。

职业领域：化工、石油、环保、医药、冶金、建材等。

工作范围：分析。

相关知识内容：光的吸收基本定律，分光光度计分类、结构

所需设备

序号	名称及说明	数量
1	721 型分光光度计	1 台

分光光度计可供物理学、化学、医学、生理学、药物学、地质学等学科进行科学研究，是化工、药品、冶金、轻工、食品、材料、环保、医学化验等行业及分析行业中最重要的质量控制仪器之一，是常规实验室的必备仪器。本书以 721 型分光光度计介绍可见分光光度计的结构、操作及维护。

721 型分光光度计是在 72 型分光光度计的基础上改进而成的通用型仪器，它具有以下特点：

（1）采用低杂散光、高分辨率的光栅型单光束光路结构，仪器具有良好的稳定性、重现性、光度线性和精确的测量读数。小的光谱带宽可满足常规分析测试项目的要求。

（2）具有自动调 0%T 和 100%T 等控制功能以及 T、A 等测试方式。

（3）数字显示器可明亮清晰地显示透射比、吸光度等参数，提高了仪器的读数准确性。

（4）使用方便，应用十分广泛。

一、 721 型分光光度计的结构及原理

721 型分光光度计由光源、单色器、样品室、检测放大控制系统、结果显示系统等部分组成。

1. 仪器外形图

721 型分光光度计外形图见图 2-4。

图 2-4 721 型分光光度计外形图

2. 整机结构原理

仪器微机的中央控制中心为 CPU，并有程序存储器（ROM）和数据存储器（RAM）通过输入输出接口分别对显示器、卤钨灯稳压电路等进行控制。其结构原理方框图如图 2-5 所示。

图 2-5 721 型分光光度计结构原理方框图

由键盘输入测量方式（T、A）和测量参数后，由 CPU 根据 ROM 设定的程序和 RAM 存储的数据控制测量方式，并对仪器提供的测量信号进行处理和控制，实现测量和相应的运算。

3. 工作原理

通电开机后点燃电源灯，这时光源灯发出的复合光进入单色器，经光栅色散由出射狭缝射出一束单色光，经样品室被光电池接收并转换为电信号。通过放大器的放大和 A/D 变换后至 CPU，CPU 根据收到的信号和调 0%T、调 100%T 指令，由软件自动控制，使信号保持稳定的输出，使数显屏上显示 100%T（或 0.000A），实现了自动调 0%T、100%T 的目的。

测量时设定测试波长，参比槽内放入参比样品，按 100%T 键，CPU 根据接收到的指令，自动调整 100%T/0.000A。当样品槽内待测样品进入光路，单色光被待测样品吸收后透射出的单色光被光电池接收，转换成与待测样品透射光强度成一定比例的电信号，在与参比样品相同水平的状态下，经放大器放大和 A/D 变换后，由 CPU 控制显示出待测样品的透射比或吸光度。

4. 光学系统原理

仪器采用光栅型单光束结构光路，由卤钨灯发出的连续辐射经聚光镜聚光后投向单色器入射狭缝，此狭缝正好处于聚光镜及单色器内准直镜的焦平面上，因此进入单色器的复合光通过平面反射镜及准直镜变成平行光射向色散元件光栅，光栅将入射的复合光通过衍射作用形成按照一定顺序均匀排列的连续单色光谱，此单色光谱重新回到准直镜上。由于仪器出射狭缝设置在准直镜的焦平面上，这样，从光栅色散出来的单色光谱经准直镜聚光后在出射狭缝上成像，出射狭缝选出指定带宽的单色光通过聚光镜落在样品室被测样品中心，样品吸收后透射的光射向光电池接收面。

二、 721 型分光光度计的操作步骤

1. 开机预热

打开比色皿室箱盖，取出干燥剂，打开电源开关，仪器预热 30min。

2. 波长调节

调节波长（λ）调节旋钮，并观察波长显示窗，选择需用的单色光波长。转动测试波长调满度，稳定 5min 后进行测试为好。

3. 设置测试模式

按动“功能键”，便可切换到测试模式。

4. 调 *T* 零（0%）

在 T 模式时，将遮光体置入样品架，合上样品室盖，并拉动样品架使其进入光路，然后按下“0%T”按钮，此时仪器显示“00.0”或“—00.0”，完成 *T* 调零后，取出遮光体。

5. 调 100% T/0.000A

置入参比样品，合上样品室盖，并拉动样品架使其进入光路，按动“100%T”键，此时仪器显示“BL”，延迟几秒便显示“100.0”（在 T 模式下），“—.000”或“.000”（在 A

模式下），即完成调 100%T/0.000A。

6. 吸光度测试

（1）按动“功能键”，切换到透射比测试模式。

（2）调节测试波长。

（3）置入遮光体，合上样品盖室，并使其进入光路，按下“0%T”键调节 T 为零，此时仪器显示“00.0”或“—00.0”，完成调零后，取出遮光体。

（4）置入参比样品，按下“100%”键，此时仪器显示“BL”，延迟几秒便显示“100.0”。

（5）按动“功能键”，切换到吸光度测试模式。

（6）按下“100%”键，此时仪器显示“BL”，延迟几秒便显示“—.000”或“.000”。

（7）置入测试样品，读取测试数据。

7. 结束工作

（1）关闭电源开关，取下电源插头。

（2）取出比色皿洗净擦干、放好。

（3）盖上样品室盖和仪器的防尘罩，在样品室内放置干燥剂。干燥剂应定时更换。

（4）仪器用毕应填写使用记录。

三、 721型分光光度计的日常维护

721型分光光度计是精密光学仪器，出厂前经过精细的装配和调试，对仪器进行恰当的维护与保养，不仅能保证仪器的可靠性和稳定性，也可以延长仪器的使用寿命。

1. 仪器工作环境

① 仪器的额定电压为 220V±22V，50Hz±1Hz。供电电压不正常会使仪器无法正常工作。

② 仪器应安装在干燥的室内，环境温度为 5～35℃（最佳为 15～28℃），相对湿度不大于 85%（一般控制在 45%～65%）。

③ 仪器应安装在坚固平稳的工作台上，且无强烈的振动或持续振动。

④ 室内无硫化氢等腐蚀性气体。

⑤ 仪器应远离高强度磁场、电场及会产生高频波的设备。

⑥ 仪器应避免强风的直接吹袭。

⑦ 仪器应避免光的直接照射。

⑧ 仪器供电电源应有良好的接地（最好具有独立的地线）。

2. 仪器日常维护

① 为确保仪器稳定工作，在电源电压波动较大时，应外加一个稳压电源，同时仪器应保持接地良好。

② 在测试过程中，要注意防止溶液溅入比色皿架和样品室内，盛有测试溶液的比色皿不宜在样品室内久置。

③ 每次使用结束后，应仔细检查样品室内是否有溶液溢出，必须随时用滤纸吸干，以防废液对部件或光学元件的腐蚀。

④ 要小心保护比色皿的透光面，只能用镜头纸轻轻擦拭，避免硬物划伤。用手拿取时只能拿住比色皿的毛玻璃面。当比色皿外有溶液时，应用滤纸吸干，再用镜头纸把透光面沾

附的液体揩干，绝不能用其他纸和布揩，否则将使比色皿透光面的光洁度降低，给测定带来误差。在用比色皿装液前必须用所装溶液冲洗 3 次，以免改变溶液的浓度。比色皿在放入比色皿架时，应尽量使它们的前后位置一致。不同仪器的比色皿不要混用，以免引起测量误差。

⑤ 停止工作时，应给仪器罩上防尘罩，可在样品室内放置干燥剂袋防潮，但开机时要取出。

⑥ 经常检查仪器背部散热孔，保持空气通畅。

⑦ 钨卤素灯有使用寿命，使用较长时间后，可能会变暗、烧毁，必须定期更换。

⑧ 仪器在工作几个月或经搬动后，要检查波长的准确性，以确保仪器的正常使用和测定结果的可靠性。

⑨ 仪器液晶显示器和键盘在日常使用和储存时应注意防划伤、防水、防尘和防腐蚀。

⑩ 定期进行性能指标检测。

四、 721 型分光光度计的常见故障分析

1. 常见故障的检查

当仪器出现故障时，应首先切断主机电源，然后按下列步骤逐步检查。

① 波长指示是否在仪器允许的波长范围内。

② 样品槽位置是否正确，样品室内有无异物挡光。

③ 样品室盖是否关紧。

④ 比色皿选用是否正确。

⑤ 接通仪器电源，观察光源灯是否点亮。

⑥ 功能键是否选择在相应的状态。

⑦ 当仪器波长选择 580nm 时，打开样品室盖，用白纸对准光路聚焦位置，应见到一清晰、明亮、完整的长方形橙黄色光斑，光斑偏红或偏绿时，说明仪器波长已经偏移。

⑧ 在仪器允许的波长范围内，是否能调“100%T”或“0.000A”。

2. 常见故障分析与排除

721 型分光光度计的常见故障分析与排除方法见表 2-1。

表 2-1　721 型分光光度计的常见故障分析与排除方法

故障现象	原因分析	排除方法
开启电源开关仪器毫无反应（指示灯不亮，显示器没有显示）	①电源未接通； ②仪器电源保险丝断	①检查供电电压是否正常，电源线与供电电缆、仪器之间是否接通； ②更换同型号规格保险丝
不能调 0%T	①未放遮光体； ②仪器内部故障	①在 T 模式时，置入遮光体，合上样品室盖，并使其进入光路，再调 0%T； ②专业人员维修
不能调 100%T/0.000A	①参比样品吸光度值过大（浓度过高）； ②光源灯位置偏移； ③光源灯老化或损坏； ④光源切换杆位置不正确（不到位）； ⑤样品槽定位不正确或槽内有异物挡光； ⑥仪器内部故障	①稀释参比样品； ②调整光源灯位置； ③更换新的同型号规格光源灯； ④拨动光源切换杆至正确位置； ⑤拉动样品槽拉杆使之定位正确或去除槽内异物； ⑥专业人员维修

续表

故障现象	原因分析	排除方法
显示不稳定	①仪器预热时间不够； ②仪器安装环境振动过大，光源附近空气流速大或受外界强光照射； ③外部电压不稳； ④仪器接地不良； ⑤光源灯位置不正确； ⑥光源切换杆位置不正确（不到位）； ⑦待测样品不稳定或具有挥发性； ⑧仪器内部故障	①延长仪器预热时间； ②改善工作环境； ③外接交流稳压电源，保证仪器工作电压为220V±22V，且无突变现象； ④改善接地状态； ⑤调整光源灯位置； ⑥拨动光源切换杆至正确位置； ⑦待样品稳定后再行测试或改用气密式比色皿； ⑧专业人员维修
测试数据准确度或一致性差	①样品制备不良（溶剂的选择，试液体系的选择，温度的控制等）； ②测试条件选择欠佳（测试波长的选择，防振，防电磁干扰，实验室室温、湿度、接地等环境条件的控制）； ③待测样品浓度或比色皿厚度未控制好，使测得的吸光度超出线性范围； ④样品反应尚不平衡或具有挥发性； ⑤样品浑浊，产生背景干扰； ⑥成套比色皿配对误差大或多次使用后因污染造成比色皿不配对； ⑦四孔样品架上固定弹簧片锈蚀，造成比色皿定位不准； ⑧仪器波长准确度及重复性超标； ⑨仪器透射比准确度及重复性超标； ⑩仪器杂散光超标； ⑪仪器稳定性差（0%T漂移大、100%T漂移大、外电压变化引起示值漂移大）	①按正确的方法制备样品； ②根据测试要求选择合适的测试条件； ③测得的吸光度值以控制在0.2～0.8范围之间为好； ④待样品反应平衡后测试或改用气密式比色皿； ⑤选用双波长、三波长或导数分光光度法测定； ⑥选用配对误差小的比色皿或清洗受污染比色皿，再按规定配对，平时使用完毕的比色皿要按正确方法及时洗涤； ⑦更换新的同规格的四孔样品架； ⑧专业人员维修； ⑨专业人员维修； ⑩专业人员维修； ⑪专业人员维修

进度检查

一、填空题

1. 仪器在工作几个月或经搬动后，要检查______的准确性，以确保仪器的正常使用和测定结果的____________。

2. 在电压波动较大时，应外加一个________________。

3. 用手拿取比色皿时，只能拿住比色皿的__________________________。

二、选择题（将正确答案的序号填入括号内）

1. 光源灯不亮不可能的原因是（　　）。

A. 保险丝已断　　B. 光源灯已坏　　C. 干燥剂失效　　D. 接触不良

2. 指示灯不亮，不可能的原因是（　　）。

A. 指示灯已坏　　B. 保险丝已断　　C. 接触不良　　D. 干燥剂失效

3. 比色皿装液前必须用所装溶液冲洗（　　）次，以免改变溶液的浓度。

A. 1　　B. 2　　C. 3　　D. 0

三、操作题

实际进行 721 型分光光度计的使用操作，由教师检查下列项目的操作是否正确：

1. 准备工作。
2. 测量工作。
3. 结束工作。

编号 FJC-79-03

学习单元 2-3 工业纯碱中铁含量的测定

学习目标： 完成本单元的学习之后，能够掌握用分光光度计测定工业纯碱中铁含量的基本方法。

职业领域： 化工、石油、环保、医药、冶金、建材等。

工作范围： 分析。

相关知识内容： 光的吸收基本定律、分光光度计操作

所需仪器、药品和设备

序号	名称及说明	数量
1	721 型分光光度计	1 台
2	50mL 容量瓶	7 只
3	10mL 吸量管	5 支
4	10mL 量杯	1 只
5	0.02mg/mL 铁标准溶液	1L
6	0.1%邻菲啰啉溶液	500mL
7	1%盐酸羟胺溶液	500mL
8	HAc-NaAc 缓冲溶液	500mL
9	(1+1)盐酸	500mL

一、测定原理

试样中的 Fe^{3+} 先用盐酸羟胺还原为 Fe^{2+}。在 pH 为 2～9 的水溶液中，邻菲啰啉与 Fe^{2+} 生成稳定的橙红色配合物，并在 510nm 呈最大吸收 $\varepsilon_{510}=1.1\times10^{4}L/(mol\cdot cm)$。

$$4Fe^{3+}+2NH_2OH\cdot HCl = 4Fe^{2+}+N_2O+2Cl^{-}+6H^{+}+H_2O$$

测定时控制溶液酸度在 pH3～8 较为适宜。酸度高时，反应进行较慢，酸度太低，则 Fe^{2+} 水解，影响显色。

Bi^{3+}、Cd^{2+}、Hg^{2+}、Ag^{+}、Zn^{2+} 等离子与显色剂生成沉淀，Ca^{2+}、Cu^{2+}、Ni^{2+} 等离子则形成有色配合物。当有这些离子共存时，应注意它们的干扰作用。

二、操作步骤

1. 配制标准系列

(1) 在 6 只 50mL 容量瓶中分别加入 0.00mL、1.00mL、2.00mL、3.00mL、4.00mL、5.00mL 0.02mg/mL 铁标准溶液。

(2) 再向各容量瓶中依次加入 5mL 盐酸羟胺溶液，5mL HAc-NaAc 缓冲溶液，摇匀后，加入 5mL 邻菲啰啉溶液。

(3) 最后用水稀释至刻度，摇匀，放置 10min 后备用。

2. 绘制吸收曲线

（1）用 2cm 比色皿取上述含 2.00mL 标准溶液的显色溶液，以空白溶液为参比溶液，在分光光度计上从 440nm 到 600nm 每隔 10nm 测一次吸光度。

（2）以波长为横坐标、吸光度为纵坐标，绘制吸收曲线。

（3）选取吸收曲线的峰值波长作为测量波长。

3. 绘制标准曲线

（1）取已配制好的标准系列溶液，在选定的波长下，用 2cm 比色皿，以空白溶液为参比溶液，测定各溶液的吸光度。

（2）以 50mL 溶液中的含铁量（mg/50mL）为横坐标、吸光度为纵坐标，绘出标准曲线。

4. 测定样品中铁含量

（1）准确称取 5g 左右的工业纯碱样品置于 100mL 烧杯中。

（2）用少量水润湿样品，盖上表面皿，逐滴加入（1+1）盐酸至样品完全溶解（无气泡放出）。

（3）将试液定量转入 50mL 容量瓶中。

（4）同操作 1（2）、（3）进行显色。

（5）同操作 3（1）测量其吸光度。

（6）从标准曲线上查出所测得的吸光度对应的含铁量。

5. 标准溶液的制备

（1）0.02mg/mL 铁标准溶液的制备　由 0.10mg/mL 标准铁贮备液稀释而得。该溶液与 0.1%邻菲啰啉溶液、1%盐酸羟胺溶液均需临用时配制。

（2）0.10mg/mL 标准铁贮备液的制备　准确称取硫酸铁铵 $[NH_4Fe(SO_4)_2 \cdot 12H_2O]$ 0.8791g 于 50mL 烧杯中，加（1+1）硫酸 2.5mL 和少量水使之溶解，转入 1L 容量瓶中，用水稀释至刻度摇匀。

三、结果计算

工业纯碱中铁含量可按式(2-2) 计算：

$$\omega_{Fe}=\frac{m_{Fe}}{m_s \times 1000}\times 100\% \qquad (2-2)$$

式中　ω_{Fe}——铁的质量分数；

m_{Fe}——由标准曲线上查得的 50mL 溶液中的含铁量，mg；

m_s——样品的质量，g。

四、注意事项

① 标准系列配好后，在测其吸光度前能够观察到由浅到深的色阶。如色阶不明显，可初步判断显色操作中有过失，应考虑重做。

② 样品溶液的显色与测定应尽量与标准系列同时进行，以避免因显色时间不同而引起误差。

进度检查

一、填空题

1. 本测定中盐酸羟胺的作用是________________________。

2. 在 pH 为________的溶液中，Fe^{2+} 与________生成稳定的________配合物。

3. 本测定中控制溶液酸度在________较为适宜。

二、判断题（正确的在括号内画“√”，错误的画“×”）

1. 标准色阶不明显，可初步判断显色操作中有过失。（ ）

2. 样品溶液的显色与测定应尽量与标准系列同时进行，这样做的目的是节约时间。（ ）

3. 测定时应选取吸收曲线的峰值波长作为测量波长。（ ）

三、操作题

实际进行工业纯碱中铁含量的测量操作，由教师检查下列项目的操作是否正确：

1. 配制标准系列。
2. 绘制吸收曲线。
3. 绘制标准曲线。
4. 测定样品中铁含量。

编号 FJC-79-04

学习单元 2-4　大气中氮氧化合物含量的测定

学习目标： 完成本单元的学习之后，能够掌握用分光光度计测定大气中氮氧化物含量的基本方法。

职业领域： 化工、石油、环保、医药、冶金、建材等。

工作范围： 分析。

相关知识内容： 光的吸收基本定律、分光光度计操作

所需仪器、药品和设备

序号	名称及说明	数量
1	CD-1 型大气采样器	1 台
2	125mL 玻璃筛板吸收瓶	2 只
3	ϕ6mm×100mm 双球氧化管	2 支
4	25mL 比色管	8 只
5	721 型分光光度计	1 台
6	5mL 吸量管	1 支
7	20mL 移液管	1 支
8	氮氧化物吸收液	1L
9	20μg/mL NO_2^- 标准溶液	1L

一、测定原理

NO 和 NO_2 的混合物称为氮氧化物 NO_x。NO 被 CrO_3 氧化成 NO_2，溶于水生成 HNO_2，在乙酸溶液中，HNO_2 能与对氨基苯磺酸发生重氮化反应，再与盐酸萘乙二胺偶合，生成一种红色染料。通过分光光度法测定，即可得到 NO_x 的含量。

采样时，以对氨基苯磺酸和盐酸萘乙二胺的乙酸溶液作为吸收显色剂，用富集法采样。

二、测定步骤

1. 绘制标准曲线

（1）在 6 只 25mL 比色管中按表 2-2 配制标准色阶。

表 2-2　配制标准色阶

比色管编号	0	1	2	3	4	5
标准溶液体积/mL	0.00	0.25	0.50	0.75	1.00	1.50
水的体积/mL	5.00	4.75	4.50	4.25	4.00	3.50
吸收液体积/mL	20.00	20.00	20.00	20.00	20.00	20.00
相当于 NO_2^- 含量/μg	0.00	5.00	10.00	15.00	20.00	30.00

（2）将配好的标准色阶放置 15min。

(3) 在535nm处用0.5cm比色皿测定各溶液的吸光度。

(4) 以NO_2^-含量（μg）为横坐标、吸光度为纵坐标，绘制标准曲线。

2. 采样

(1) 在两只125mL玻璃筛板吸收瓶内各装30～50mL吸收液，瓶前各串联一个氧化管。

(2) 将上述吸收瓶串联在CD-1型大气采样器上。

(3) 开启大气采样器，以0.3L/min的流量采气样至第二个吸收瓶内的吸收液微红为止。

(4) 记录采样时间和大气的温度、压力。

(5) 计算气样在标准状况下的体积。

3. NO_x含量的测定

(1) 将第二个吸收瓶中的吸收液并入第一个吸收瓶中，用少量吸收液洗涤第二个吸收瓶2～3次，洗涤液并入第一个吸收瓶，用吸收液稀释至刻度，摇匀。

(2) 取适量（含NO_2^- 5～40μg）样品于25mL比色管中，用吸收液稀释至刻度，摇匀。

(3) 同1(2)、(3)测其吸光度。

(4) 从标准曲线上查出所取样品溶液中含NO_2^-的量。

4. 溶液的配制

(1) 吸收液　称取5.0g对氨基苯磺酸于200mL烧杯中，用50mL冰醋酸与900mL水的混合液分数次将其溶解，并迅速转移至1L棕色容量瓶中，待其完全溶解后，加入0.050g盐酸萘乙二胺，溶解后用水稀释至刻度，摇匀。此为吸收原液，置于冰箱中可保存一个月。使用时，以4份上述溶液和1份水的比例混合，作为采样吸收液。

(2) 20μg/mL NO_2^-标准溶液　称取预先在干燥器内放置24h的粒状$NaNO_2$ 0.1500g（称准至0.1mg），溶于水后移入1L容量瓶中，用水稀释至刻度，摇匀。此溶液含NO_2^- 100μg/mL，在冰箱中可保存一个月。使用时，用水稀释成含NO_2^- 20μg/mL的标准溶液。

(3) 氧化管　用5份CrO_3加少量水调成糊状，与95份处理过的海砂相混［20～30目海砂用(1+2) HCl溶液浸泡搅动，放置过夜，然后用水洗至中性，105℃烘干后装瓶备用］，在红外灯下或烘箱内烘干装瓶备用。其颜色为暗红色。

在双球氧化管中装入约8g的海砂，两端用少量脱脂棉塞紧，并用乳胶管连接氧化管两端。使用过程中若变为绿棕色则需要更换。

三、结果计算

大气中氮氧化物含量可按式(2-3)计算：

$$NO_x(mg/m^3)=\frac{aV_s}{0.72V_1V_{nd}} \tag{2-3}$$

式中　a——所取样品溶液中含NO_2^-的量，μg；

V_s——样品溶液的总体积，mL；

V_1——分析时所取样品溶液的体积，mL；

V_{nd}——标准状况下气样的体积，L；

0.72——大气中NO_x被吸收液转换为NO_2^-的转换系数。

四、注意事项

① 所有试剂及测定用蒸馏水均不得含有 NO_2^-。检验方法是配成的吸收液的吸光度不超过 0.005。

② 所用的样品溶液浓度过高时，可用吸收液稀释后测定。不能用水稀释。

③ 氧化管宜在相对湿度为 35%～80%时使用。湿度太低会降低氧化效率。制备好的氧化管应当通过水面的潮湿空气平衡 1h 后方可使用。温度太高会造成气体滞留，应勤换氧化管。

④ 采样时吸收液应避光。当环境温度较高时，应将吸收瓶放在冰浴中采样，以免吸收液受光和热的影响而变色。

进度检查

一、填空题

1. NO 被________氧化成 NO_2，溶于水生成__________，在____________溶液中，能与____________发生重氮化反应，再与__________偶合，生成一种________染料。

2. 采样时，以_______________和__________的乙酸溶液作为吸收显色剂，用____法采样。

3. 本测定中所有试剂及测定用蒸馏水均不得含有____。检验方法是配成的吸收液的吸光度不超过____。

二、操作题

进行大气中 NO_x 含量的测定操作，由教师检查下列项目的操作是否正确：

1. 氧化管的制备。
2. 绘制标准曲线。
3. 采样。
4. NO_x 含量的测定。

评分标准

可见分光光度分析技能考试内容及评分标准

一、考试内容：工业纯碱中铁含量的测定

1. 标准系列的制备。
2. 绘制吸收曲线。
3. 绘制标准曲线。
4. 样品含量测定。
5. 结果计算。

二、评分标准

1. 标准系列的制备（20 分）

每错一处扣 2 分。

2. 绘制吸收曲线（20 分）

每错一处扣 2 分。

3. 绘制标准曲线（20 分）

每错一处扣 2 分。

4. 样品含量测定（20 分）

每错一处扣 2 分。

5. 结果计算（20 分）

每错一处扣 5 分。

素质拓展阅读

他，用“光”改变了中国

王大珩，我国著名光应用科学家，中国科学院、中国工程院院士。1936 年毕业于清华大学物理系。1938 年赴英留学，攻读应用光学专业，获硕士学位。1942 年被英国伯明翰昌斯公司聘为助理研究员。1948 年回国，历任大连大学教授、中国科学院仪器馆馆长、长春光机所所长、中国科学院长春分院院长、国防科委十五院副院长（兼）、中国光学学会理事长、中国科学院技术科学部主任、国防军工科学研究委员会副主任，是中国光学事业奠基人之一。他为国防现代化研制各种大型光学观测设备做出突出贡献，为中国的光学事业及计量科学的发展起了重要作用，20 世纪 50 年代创办了中国科学院仪器馆，后来发展成为长春光学精密机械研究所。领导该所早期研制中国第一批光学玻璃、第一台电子显微镜、第一台激光器，并使它成为国际知名的从事应用光学和光学工程的研究开发基地。1986 年和王淦昌、陈芳允、杨嘉墀联名，提出发展高技术的建议（“863”计划），还与王淦昌联名倡议，促成了激光核聚变重大装备的建设。提倡并组织学部委员主动为国家重大科技问题进行专题咨询，颇有成效，1992 年与其他五位学部委员倡议并促成中国工程院的成立。1994 年 6 月中国工程院正式成立，王大珩被中国科学院推荐并当选为第一批工程院院士之一，任第一届主席团成员。曾获全国劳动模范称号、国家科技进步特等奖、“何梁何利基金优秀奖”，1999 年获“两弹一星功勋奖章”。王大珩早期作为科学专家，后来作为科学组织者和战略科学家，在振兴祖国科学技术的宏伟事业中走过了数十年奋进的道路，做出了卓越的贡献。

王大珩先生时刻胸怀祖国和人民，一生情系科技事业。他在一篇发展中国航空事业的建议文章中写道：“我们这些老科技工作者的最高追求就是为国家、为民族负更多的责任，尽更多的义务。我已 95 岁了，仍希望为祖国和人民服务鞠躬尽瘁。”他用真切而朴实的语言，表达了作为一名科学家对祖国和人民的无限热爱和对自己未竟事业的不舍和眷恋。

模块 3 紫外可见吸收光谱定性分析

编号 FJC-80-01

学习单元 3-1 共轭效应

学习目标：完成本单元的学习之后，能够掌握紫外吸收光谱产生及分子能级跃迁的基本知识。

职业领域：化工、石油、环保、医药、冶金、建材等。

工作范围：分析。

相关知识内容：分光光度计分类、结构

紫外可见吸收光谱法（ultraviolet-visible absorption spectrometry，UV-VIS），又称紫外可见分光光度法（ultraviolet-visible spectrophotometry），是通过研究溶液中物质的分子或离子对紫外和可见光谱区辐射能的吸收情况，对物质进行定性和定量的分析方法。

紫外区可分为远紫外区（10～200nm）和近紫外区（200～400nm）。由于空气中的氧、二氧化碳和水汽等都会吸收远紫外光，要研究分子对远紫外光的吸收必须在真空条件下进行，就使远紫外光的应用受到了限制。因此，通常所说的紫外可见吸收光谱是指近紫外可见吸收光谱。

一、紫外可见吸收光谱的产生及能级跃迁

紫外可见吸收光谱主要产生于分子外层价电子在电子能级之间的跃迁。从化学键的角度来看，与紫外可见吸收光谱有关的外层价电子主要是以下 3 种电子。

（1）形成单键的 σ 电子　这种电子形成的分子轨道称为 σ 轨道，所形成的化学键称为 σ 键。基态时，σ 电子在成键轨道上称为成键 σ 轨道，能量较低；激发态时，σ 电子跃迁到反键轨道上称为反键 σ^* 轨道，能量较高。

（2）形成双键的 π 电子　这种电子形成的分子轨道称为 π 轨道，所形成的化学键称为 π 键。基态时，能量较低的称为成键 π 轨道；激发态时，能量较高的称为反键 π^* 轨道。

（3）未成键的 n 电子　这种电子也称孤对电子，有未共用的电子对。这些电子存在于氧、氮、硫和卤素等杂原子中。当吸收一定能量后，未成键的 n 电子将跃迁到能量较高的反键 σ^* 轨道及反键 π^* 轨道上。

例如，甲醛分子中就有这 3 种电子的存在。

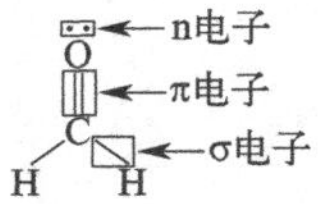

以上不同种类的电子具有不同的能量，当它们吸收一定能量后，可能发生的跃迁主要有

四种类型：$\sigma \to \sigma^*$、$\pi \to \pi^*$、$n \to \sigma^*$ 和 $n \to \pi^*$。这些电子所处的能级轨道和可能发生的能级跃迁如图 3-1 所示。

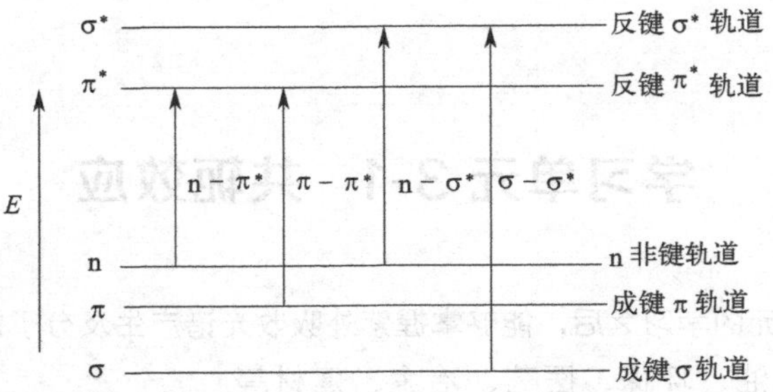

图 3-1 电子能级和跃迁类型

在电子跃迁的四种类型中，$\sigma \to \sigma^*$ 和 $\pi \to \pi^*$ 属于电子从成键轨道向对应的反键轨道的跃迁，$n \to \sigma^*$ 和 $n \to \pi^*$ 属于杂原子的未成键电子从非键轨道被激发到反键轨道的跃迁。由图 3-1 可见，各种跃迁所需要的能量是不同的，其大小顺序为：

$$\sigma \to \sigma^* > n \to \sigma^* \geqslant \pi \to \pi^* > n \to \pi^*$$

因此形成的吸收光谱谱带的位置也不相同。下面分别讨论。

（1）$\sigma \to \sigma^*$ 跃迁　σ 电子能级最低而 σ^* 能级最高，因此 $\sigma \to \sigma^*$ 跃迁所需要的能量最大，只有吸收高能量的辐射才能实现这种跃迁，故而此种跃迁一般发生在 $\lambda < 200$nm 远紫外区。例如，饱和烃中的 C—H 键就属于这类跃迁，其中甲烷的最大吸收峰波长 λ_{max} 为 122nm，乙烷的最大吸收峰波长 λ_{max} 为 135nm。因此，一般不讨论这种跃迁。

（2）$n \to \sigma^*$ 跃迁　含有未成键的杂原子的饱和烃衍生物，都会发生这种跃迁。$n \to \sigma^*$ 跃迁所需要的能量较高，吸收波长为 150～250nm，其大部分的吸收在远紫外区内，小部分在近紫外区。例如，CH_3OH 和 CH_3NH_2 的 $n \to \sigma^*$ 跃迁吸收峰分别在波长 183nm 和 213nm 处。因此，这类跃迁也无实际应用。

（3）$\pi \to \pi^*$ 跃迁　这是不饱和双键中的 π 电子吸收能量跃迁到 π^* 反键轨道。其跃迁所需要的能量较小，吸收峰大都处于近紫外区，吸收峰波长在 200nm 附近。不饱和烯烃、共轭烯烃和芳香烃类物质可以发生此类跃迁。例如乙烯（蒸气）的最大吸收波长 λ_{max} 为 162nm。

（4）$n \to \pi^*$ 跃迁　含有杂原子的双键化合物（如—C═O、—C═N）中杂原子上的 n 电子跃迁到 π^* 轨道上。即分子中同时存在孤对电子和 π 电子时，会发生 $n \to \pi^*$ 跃迁，所需能量较小。这类跃迁发生在近紫外光区，吸收波长 $\lambda > 200$nm。

许多化合物的紫外可见吸收光谱是建立在 $\pi \to \pi^*$ 或 $n \to \pi^*$ 跃迁的基础上的。它们的吸收峰位于近紫外区。通过仪器的测定，可以根据紫外吸收带的波长及电子跃迁的类型来判断化合物分子中可能存在的吸收基团。例如，饱和烃只有 $\sigma \to \sigma^*$ 跃迁，烯烃有 $\sigma \to \sigma^*$ 和 $\pi \to \pi^*$ 跃迁，脂肪族醚则有 $\sigma \to \sigma^*$ 和 $n \to \sigma^*$ 跃迁，而醛、酮则同时存在 $\sigma \to \sigma^*$、$n \to \sigma^*$、$\pi \to \pi^*$ 和 $n \to \pi^*$ 四种跃迁。

二、基本术语

1. 生色团

生色团这一术语是 19 世纪人们研究物质颜色与光吸收关系时引入的概念，其原意是指化合物结构中，能使化合物产生颜色的一些基团。从广义来说，所谓生色团，是指分子内对紫外及可见光产生吸收，从而产生电子跃迁的基团。在紫外可见吸收光谱中，不论其是否能让化合物显出颜色都称为生色团，如乙烯基、羰基及腈基等具有不饱和键和未成对电子的基团。这些基团能产生 $\pi\rightarrow\pi^*$ 或 $n\rightarrow\sigma^*$ 及 $n\rightarrow\pi^*$ 跃迁。由于跃迁所吸收的能量较低，吸收峰出现在近紫外及可见光区。

若化合物中有多个生色团相互共轭，则各个生色团所产生的单个吸收将消失，取而代之的是出现新的共轭吸收带，其波长将比单个生色团的吸收波长长，吸收强度也将显著增强。

2. 助色团

助色团是指带有孤对电子的基团，如—OH、—OR、—NH_2、—Cl、—Br、—I 等，它们本身不能使化合物产生颜色或不能吸收大于 200nm 的光，但是当它们与生色团相连时，会使生色团的吸收峰 λ_{max} 向长波方向移动且增加其吸光度。如饱和烷烃本身只有 $\sigma\rightarrow\sigma^*$ 跃迁，若与助色团相连可以产生 $n\rightarrow\sigma^*$ 跃迁，使吸收峰向长波方向移动。

若助色团和生色团相连，由于助色团的未共用电子与生色团的 π 电子相互作用，发生 $n\rightarrow\pi$ 共轭效应，形成多电子的大 π 键，使 $\pi\rightarrow\pi^*$ 跃迁所需要的能量减小，导致化合物吸收峰 λ_{max} 向长波方向移动且使其吸光度增加。

3. 红移和蓝移（紫移）

某些有机化合物经取代反应后，引入含有未共用电子的基团（—OH、—OR、—NH_2、—SH、—Cl、—Br、—SR、—NR_2）或因改变溶剂而使最大吸收峰 λ_{max} 向长波方向移动，这种效应称为红移效应。这种会使化合物的最大吸收波长 λ_{max} 向长波方向移动的基团称为向红基团。

某些有机物因取代基的引入或溶剂的改变而使最大吸收峰 λ_{max} 向短波方向移动，这种效应称为蓝移（紫移）效应。这些会使化合物的最大吸收波长 λ_{max} 向短波方向移动的基团称为向蓝（紫）基团。

进度检查

一、填空题

1. 紫外可见吸收光谱法是通过研究溶液中物质的分子或离子对________吸收情况，对物质进行________的分析方法。

2. 紫外区可分为________区和________区。而通常所说的紫外可见吸收光谱是指________。

3. 分子中的助色团与生色团直接相连，使 $\pi\rightarrow\pi^*$ 吸收带向________方向移动，这是因为产生________共轭效应。

二、不定项选择题（将正确答案的序号填入括号内）

1. 下列基团或分子中，能发生 $n\rightarrow\pi^*$ 跃迁的基团是（　　）。

A. C═C　　B. C═O　　C. C≡N　　D. CH_3OH

2. 在环己烯分子中，不可能发生的跃迁类型是（　　）。

A. $\sigma\to\sigma^*$跃迁　　B. $n\to\sigma^*$跃迁　　C. $\pi\to\pi^*$跃迁　　D. $n\to\pi^*$跃迁

3. 在下列化合物中，考虑共轭效应的影响，其中$\pi\to\pi^*$跃迁所需能量最大的化合物是(　)。

A. 1,3-丁二烯　　B. 1,4-戊二烯　　C. 1,3-环己二烯　　D. 2,3-二甲基-1,3-丁二烯

编号 FJC-80-02

学习单元 3-2 紫外可见吸收光谱定性分析的基本知识

学习目标：完成本单元的学习之后，能够掌握紫外可见吸收光谱定性分析的基本原理。

职业领域：化工、石油、环保、医药、冶金、建材等。

工作范围：分析。

相关知识内容：共轭效应

一、定性分析概述

紫外可见吸收光谱法是一种广泛应用的分析方法，也是对物质进行定性分析和结构分析的一种重要手段。

紫外可见吸收光谱法在无机元素的定性分析应用方面是比较少的，无机元素的定性分析主要用原子发射光谱法或化学分析法。在有机化合物的定性分析及结构分析方面，由于紫外可见吸收光谱图较为简单，光谱信息少，特征性不强，而且不少简单官能团在近紫外及可见光区没有吸收或吸收很弱，因此，这种定性分析方法的应用有较大的局限性。但是紫外可见吸收光谱法适用于分析不饱和有机化合物，尤其是共轭体系的鉴定，以此推断未知物的骨架结构。此外，紫外可见分光光度计在有机分析的仪器中是较为廉价且普遍使用的仪器，它可配合红外光谱法、核磁共振波谱法和质谱法等常用的结构分析法进行物质分析，是一种重要的结构分析的辅助方法。

二、定性分析的基本原理

利用紫外可见吸收光谱对物质进行定性分析，其主要依据是化合物的吸收光谱特征。定性分析主要步骤为：①将试样尽可能提纯，以除去可能存在的干扰杂质；②绘出已提纯试样的吸收光谱曲线，由其光谱特征依据一般规律作初步判断；③用对比法，对该化合物作进一步定性鉴定；④应用其他分析方法进行对照和验证，最后得出该化合物定性鉴定的正确结论。

① 若某化合物的紫外可见吸收光谱在 220～800nm 范围内没有吸收带，则可判断该化合物可能是饱和烃或只含一个双键的烯烃等。

② 若化合物只在 250～350nm 范围有弱的吸收带 [$\varepsilon=10\sim100$L/(mol·cm)]，此谱带是 $n\rightarrow\pi^*$ 跃迁产生的吸收带。而该化合物可能含有一个简单的非共轭且含有未共用电子的生色团，如羰基、硝基等。

③ 若化合物在 210～250nm 范围有强吸收带 [$\varepsilon\geqslant10^4$L/(mol·cm)]，这是 K 吸收带的特征，此谱带是共轭体系中 $\pi\rightarrow\pi^*$ 跃迁产生的吸收带，而该化合物可能是含有共轭双键的化合物；如在 260～300nm 范围有强吸收带，则该化合物有 3 个或 3 个以上共轭双键。以上

数据表明，随着共轭体系的不断增长，吸收波长也随之增长，当有 5 个以上双键共轭时，吸收带会红移至可见光区。

④ 若化合物在紫外光谱中有 3 个吸收带，它们都是由 $\pi \rightarrow \pi^*$ 跃迁引起的。在 180～184nm 处有强吸收带，称为 E_1 带 [ε＝60000L/(mol·cm)]，在 204nm 处有中强度吸收带，称为 E_2 带 [ε＝7900L/(mol·cm)]，230～270nm 范围有弱吸收带，称为 B 带 [ε＝204L/(mol·cm)]，虽然 B 带强度较弱，但因其精细结构使之成为芳香族化合物的重要特征吸收带，常用于识别芳香族化合物。但是应注意，在极性溶剂中，溶质和溶剂分子的相互作用会使 B 吸收带的精密结构减弱甚至消失。图 3-2 是苯环的光谱特征，含有该光谱特征的化合物往往含有苯环。

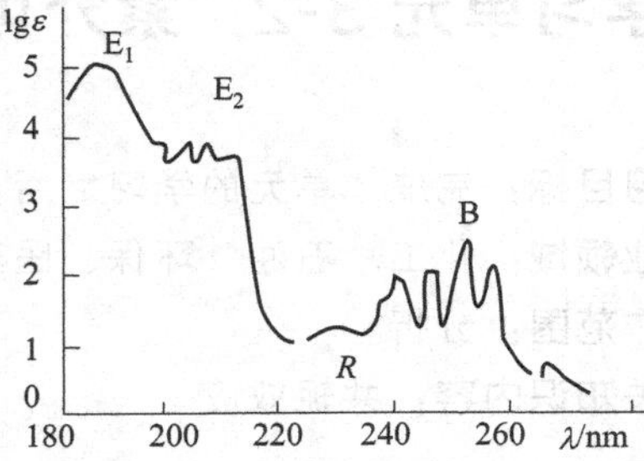

图 3-2 苯环的紫外可见吸收光谱图（乙醇中）

按上述规律一般可初步确定化合物的归属范围，然后采取对比法进一步对物质进行定性分析。对比法有标准物质比较法和标准谱图比较法两种。

标准物质比较法就是比较未知试样的紫外可见吸收光谱曲线与标准试样的紫外可见吸收光谱曲线。在相同的测量条件（相同浓度和溶剂）下，测定和比较未知试样与标准试样的吸收光谱曲线，如果两者的图谱完全一致（包括曲线形状、吸收峰数目、最大吸收峰 λ_{max} 及相应的 ε_{max} 等），则可以初步认为它们是同一化合物。

若没有标准物质，则可采用标准谱图比较法。该法是利用标准谱图或光谱数据进行比较，常用的标准谱图集是萨特勒标准图谱，该图集共有 46000 种化合物的紫外光谱，便于进行查找。

进度检查

一、填空题

1. 各种物质都有特征的吸收曲线和最大吸收波长，这种特性可作为物质______的依据。

2. 紫外可见吸收光谱中，K 吸收带是__________的特征吸收带，B 吸收带是__________的特征吸收带。

3. 紫外可见吸收光谱定性分析中，对比法分为__________________和______________两种。

二、判断题（正确的在括号内画"√"，错误的画"×"）

1. 丙酮在己烷中的紫外吸收 λ_{max} 为 279nm，ε_{max} 为 14.8L/(mol·cm)。引起该吸收带的跃迁是 $\pi \rightarrow \pi^*$。（　）

2. 只使用紫外可见吸收光谱一种方法，即可准确无误地进行无机物和有机物的各种定性分析和结构分析工作。（　）

3. 紫外可见吸收光谱法不能对物质的结构进行简单分析。（　）

编号 FJC-80-03

学习单元 3-3　紫外可见分光光度计的结构

学习目标： 完成本单元的学习之后，能够掌握紫外可见分光光度计的分类、结构及工作原理。

职业领域： 化工、石油、环保、医药、冶金、建材等。

工作范围： 分析。

相关知识内容： 分光光度计分类、结构

所需设备

序号	名称及说明	数量
1	T6 新世纪紫外可见分光光度计	1 台

一、紫外可见分光光度计的基本结构及工作原理

紫外可见分光光度计的基本结构是由五个部分组成：即辐射光源、单色器、吸收池、检测器和信号处理系统。具体结构见图 3-3。

图 3-3　紫外可见分光光度计的基本结构

1. 辐射光源

辐射光源的作用是提供能量激发被测物质分子，使之吸收光能辐射并产生光谱谱带。紫外可见分光光度计对光源的基本要求是：应在仪器操作所需的光谱区域内能够发射连续光谱辐射，并有足够的辐射强度和良好的稳定性，而且辐射能量随波长的变化应尽可能小。

紫外光区中常用的辐射光源有热辐射光源和气体放电光源两类。

热辐射光源主要用于可见光区，如钨丝灯和卤钨灯，其可使用的波长范围在 320～2500nm。钨灯和碘钨灯这类光源的辐射能量与施加的外加电压有关，仪器测定过程中必须严格控制灯丝电压。因此，紫外可见分光光度计须配有稳压装置，这同时也能延长灯泡的寿命。

气体放电光源主要用于紫外光区，如氢灯、氘灯和氙灯等。光谱范围在 180～400nm。氢灯是一种低压热阴极式放电管，外套常用玻璃制成，但辐射窗口是石英制造的，可使紫外光通过。氢灯的灯管内充有压力为 27～667Pa 的氢气。工作时，阴极预先加热几分钟后加热电源自动断开，并同时加高压于阳极，使两级放电，氢分子被激发。在激发分子分解为氢原子的同时，辐射出一个紫外光子，由于氢原子动能各不相同及辐射出光子能量不同，分布于一连续光谱区域。因此，氢灯辐射出的光谱是连续光谱。

在通常测定的近紫外区内，应用最广泛的光源是氘灯，因此紫外可见分光光度计也常用

氘灯作为光源。氘灯的灯管内充有氢的同位素氘，其光谱分布与氢灯类似，但光辐射强度比相同功率的氢灯要大4～5倍，且寿命较长。应当指出的是，由于受光源上石英吸收窗的限制，通常紫外光区波长的有效范围是200～350nm。

氙灯是让电流通过氙气产生辐射。为了获得高强度光谱，一般需要通过一个电容器进行间隙式放电。其强度虽高于氢灯但并不稳定。

2. 单色器

单色器是从连续光源辐射的复合光中分出所需要的波段光束的光学装置，是紫外可见分光光度计的关键部件。其主要功能是产生光谱纯度高的波长供测定使用，同时可使波长在紫外区域内任意可调。

单色器一般由入射狭缝、准光器（透镜或凹面反射镜使入射光成平行光）、色散元件、聚焦元件和出射狭缝等几部分组成。其核心部分是色散元件，起到分解复合光为单色光的作用。单色器的性能直接影响入射光的单色性，从而也影响到测定的灵敏度、选择性及校准曲线的线性关系等。常见的色散元件主要是棱镜和光栅。而现在市售仪器几乎都是用光栅作色散元件。

紫外光区所使用的棱镜是石英材质的，光谱范围在185～3300nm。因此可分别用于紫外、可见和近红外三个光域。

光栅是利用光的衍射与干涉作用制成的，它也可用于紫外、可见及红外光域，而且在整个波长区具有良好的、几乎均匀一致的分辨能力。它具有色散波长范围宽、分辨能力高、成本低、便于保存和易于制备等优点，是紫外可见分光光度计广泛使用的色散元件。光栅由入射狭缝、出射狭缝、透镜及准光镜等光学元件组成。其中狭缝在决定单色器性能上起重要作用。狭缝的大小直接影响单色光纯度，但过小的狭缝也会减弱光的强度。

3. 吸收池

吸收池用于盛放分析试样，一般有石英和玻璃材料两种。石英吸收池适用于可见光区及紫外光区，而玻璃吸收池只能用于可见光区。按其用途不同，可制成不同形状和尺寸的吸收池，光程长从几毫米到10cm或更长，可根据试样情况而定。常用的吸收池光程为1cm。由于吸收池材料本身的吸光特征以及吸收池光程长度的精度等对分析结果都有影响，因此在高精度的紫外区分析测定中，吸收池要先进行挑选配对，以保证吸收池的配套性。

4. 检测器

检测器的功能是检测光信号，测量单色光透过溶液后光强度变化并将光信号转变为电信号。常用的检测器有光电池、光电管和光电倍增管等。光电倍增管在紫外可见分光光度计上应用较为广泛。因为光电倍增管是检测微弱光最常用的光电元件，它的灵敏度比一般的光电管要高200倍，因此可使用较窄的单色器狭缝，从而对光谱的精细结构有较好的分辨能力。但应注意强光照射会引起光电倍增管的不可逆损害，因此不宜检测高能量信号。

5. 信号处理系统

由于透过试样后的光很弱，信号处理系统的作用就是放大信号并以适当方式指示或记录测定结果。常用的信号指示装置有直读检流计、电位调节指零装置以及数字显示或自动记录装置等。现在广泛使用的紫外可见分光光度计大都装配有液晶显示屏或微处理机，一方面可对测定结果进行显示，另一方面可对分光光度计进行电脑操作控制并进行测定数据结果的处理。

二、紫外可见分光光度计的类型

紫外可见分光光度计可归纳为三种类型，即单光束分光光度计、双光束分光光度计和双波长分光光度计。

1. 单光束分光光度计

经单色器分光后的一束平行光，轮流通过参比溶液和样品溶液，以进行吸光度的测定。这种简易型分光光度计结构简单，操作方便，维修容易，适用于常规分析，也是目前应用较多的一种紫外可见分光光度计（如图 3-4 所示）。

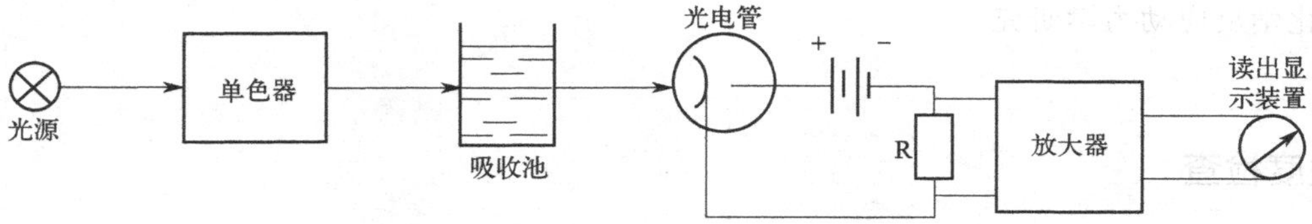

图 3-4　单光束分光光度计基本构造

2. 双光束分光光度计

经单色器分光后经反射镜分解为强度相等的两束光，一束通过参比池，一束通过样品池。光度计能自动比较两束光的强度，此比值即为试样的透射比，经对数变换将它转换成吸光度并作为波长的函数记录下来。双光束分光光度计能自动记录吸收光谱曲线，并且由于两束光同时分别通过参比池和样品池，还能自动消除光源强度变化所引起的误差（如图 3-5 所示）。

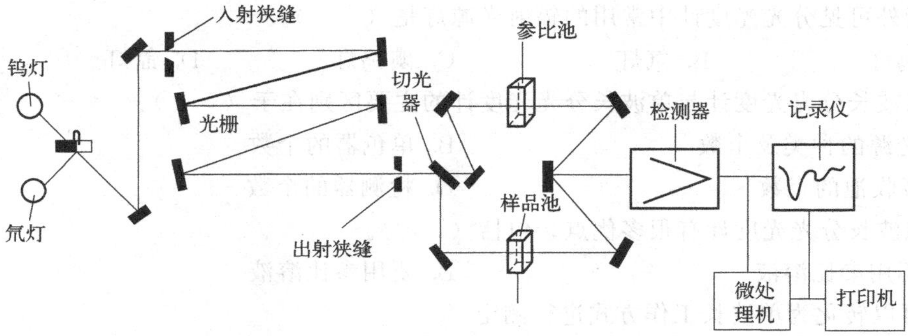

图 3-5　双光束分光光度计基本构造

3. 双波长分光光度计

由同一光源发出的光被分成两束，分别经过两个单色器，得到两束不同波长（λ_1 和 λ_2）的单色光；利用切光器使两束光以一定的频率交替照射同一吸收池，然后经过光电倍增管和电子控制系统，最后由显示器显示出两个波长处的吸光度差值 ΔA（$\Delta A = A_{\lambda_1} - A_{\lambda_2}$）。对于多组分混合物、混浊试样（如生物组织液）的分析，以及存在背景干扰或共存组分吸收干扰的情况下，利用双波长分光光度计往往能提高方法的灵敏度和选择性（如图 3-6 所示）。

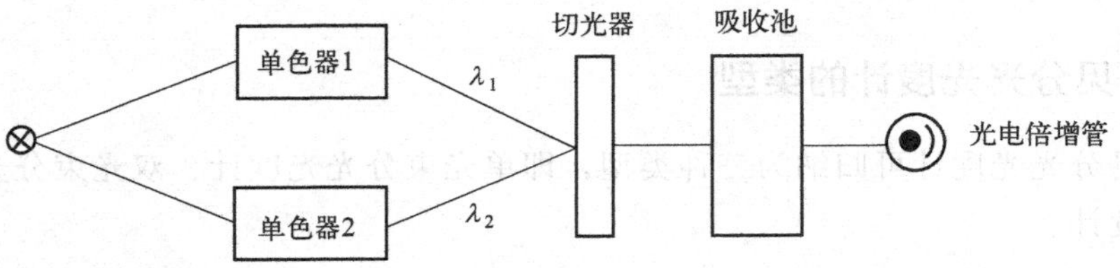

图 3-6　双波长分光光度计基本构造

双波长分光光度计有很多优点，首先它不用参比溶液，只用一个待测溶液，因为完全扣除了背景影响，同时提高了测定的准确度，因此可用于微组分的测定分析。其次，它能很方便地转化为单波长工作方式。如果能在 λ_1 和 λ_2 处分别记录吸光度随时间变化的曲线，还能进行化学反应动力学研究。

进度检查

一、填空题

1. 在分光光度分析中，常因波长范围不同而选用不同材料制作的吸收池。可见分光光度法中选用________吸收池；紫外分光光度法中选用________吸收池。

2. 紫外可见分光光度计的基本结构是由五个部分组成：________、________、________、________和________。

3. 紫外可见分光光度计可分为三种类型，分别是________、________和________。

二、不定项选择题（将正确答案的序号填入括号内）

1. 紫外可见分光光度计中常用的辐射光源灯是（　　）。

A. 钨灯　　B. 氘灯　　C. 碘钨灯　　D. 氙灯

2. 双波长分光光度计与单波长分光光度计的主要区别在于（　　）。

A. 光源的种类及个数　　B. 单色器的个数

C. 吸收池的个数　　D. 检测器的个数

3. 双波长分光光度计有很多优点，包括（　　）。

A. 不用参比溶液　　B. 要用参比溶液

C. 可以转化为单波长工作方式进行测定

D. 只能以双波长工作方式进行测定

编号 FJC-80-04

学习单元 3-4　紫外可见分光光度计操作

学习目标：完成本单元的学习之后，能够掌握紫外可见分光光度计的基本操作。

职业领域：化工、石油、环保、医药、冶金、建材等。

工作范围：分析。

相关知识内容：紫外可见分光光度计的结构

所需设备

序号	名称及说明	数量
1	T6 新世纪紫外可见分光光度计	1 台

一、 T6 新世纪紫外可见分光光度计的图示及结构示例

T6 新世纪紫外可见分光光度计见图 3-7。

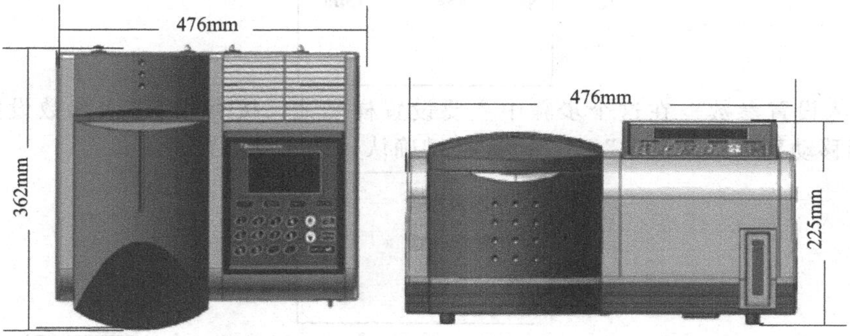

图 3-7　T6 新世纪紫外可见分光光度计外形图

二、 T6 新世纪紫外可见分光光度计的操作步骤

（1）开机自检　打开仪器主机电源，仪器开始初始化，约 3min 初始化完成。

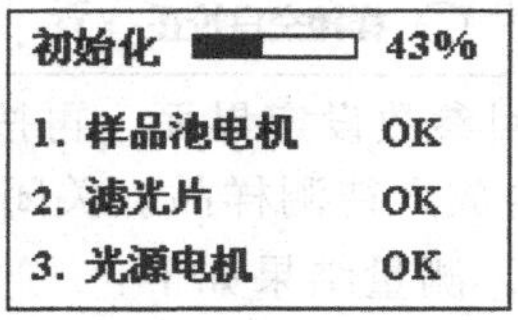

◆初始化完成后，仪器进入主菜单界面。

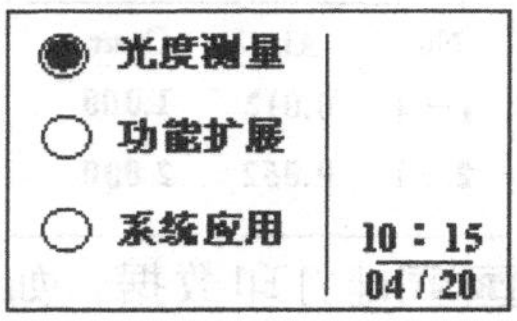

（2）进入光度测量状态　按[ENTER↵]键，进入光度测量界面。

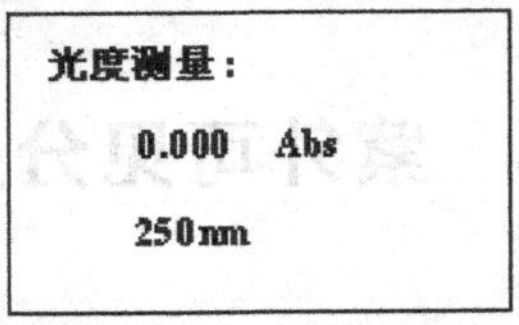

（3）进入测量界面　按[START/STOP]键进入样品测定界面。

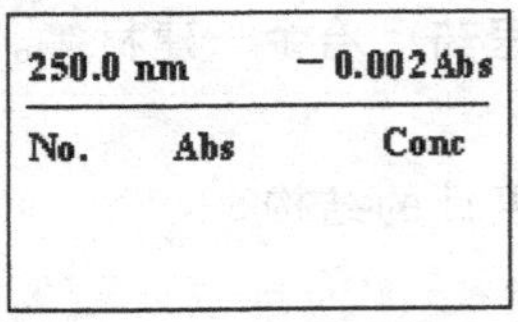

（4）设置测量波长　按[GOTO λ]键，输入测量的波长，例如需要在460nm测量，输入460，按[ENTER↵]键确认，仪器将自动调整波长。

◆调整波长完成后，界面如下。

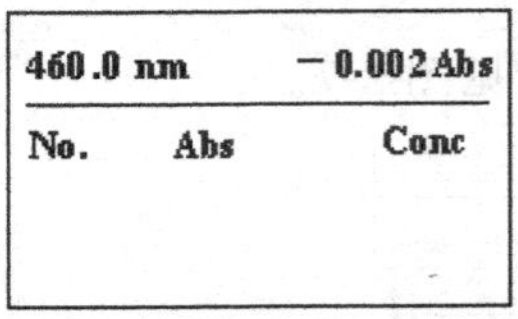

（5）进入设置参数　在这个步骤中主要设置样品池。按[SET]键进入参数设定界面，按[▼]键使光标移动到“试样设定”。按[ENTER↵]键确认，进入设定界面。

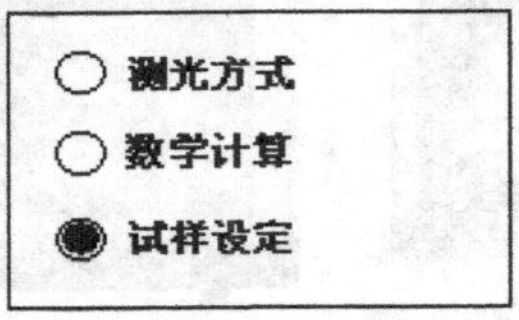

（6）设定使用样品池个数　按[▼]键使光标移动到“样池数”，按[ENTER↵]键循环选择需要使用的样品池个数。（主要根据使用比色皿数量确定，比如使用2个比色皿，则修改为2）

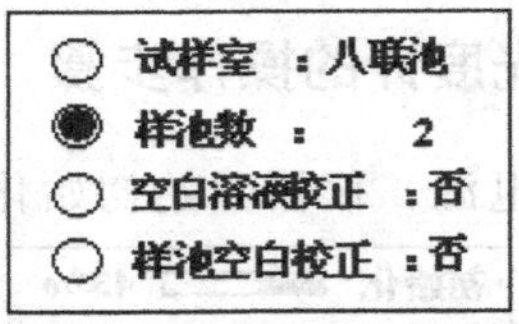

（7）样品测量：按[RETURN]键返回参数设定界面，再按[RETURN]键返回光度测量界面。在1号样品池内放入空白溶液，2号池内放入待测样品。关闭好样品池盖后按[ZERO]键进行空白校正，再按[START/STOP]键进行样品测量。测量结果如下：

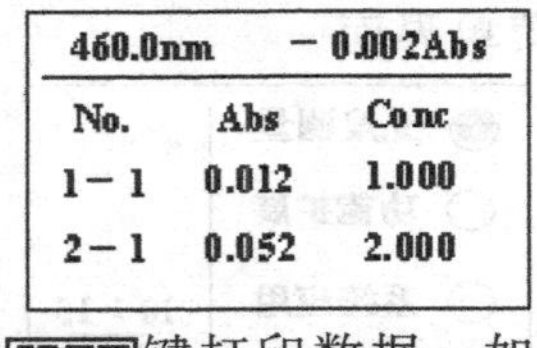

（8）结束测量　测量完成后按[PRINT]键打印数据，如果没有打印机请记录数据。退出程

序或关闭仪器后测量数据将消失。确保已从样品池中取出所有比色皿，清洗干净，以便下一次使用。按【RETURN】键直到返回仪器主菜单界面后再关闭仪器电源。

三、 T6新世纪紫外可见分光光度计操作的注意事项

1. 仪器操作注意事项

(1) 若需要测量下一个样品，取出比色皿，更换为下一个测量的样品，按【START/STOP】键即可读数。

(2) 如果需要更换波长，可以直接按【GOTO λ】键，调整波长。

(3) 如果每次使用的比色皿数量是固定个数，下一次使用仪器时可以跳过试样设定和样品池个数设定步骤直接进入样品测量。

(4) 更换波长后必须重新按【ZERO】进行空白校正。

2. 仪器使用注意事项

T6新世纪紫外可见分光光度计在设计时充分考虑了环境因素对仪器的影响并进行了优化设计，但为了实现仪器更长的使用寿命，更好地保证仪器的正常工作，要求如下：

(1) 避开高温高湿环境。不要将仪器安装在高温高湿的环境下。仪器必须在15～35℃、45%～80%的湿度条件下安装使用。如果温度高于30℃以上时，请保证湿度在70%以下。

(2) 避免仪器受外界磁场干扰。尽量远离发出磁场、电场、高频波的电器装置。

(3) 远离腐蚀性气体。不要将仪器安装在氯气、氯化氢气体、硫化氢气体、二氧化硫气体等腐蚀性气体超标的场所。

(4) 仪器应放置在稳定的工作台上。放置仪器的工作台应水平、稳定，不能有振动；仪器的风扇附近应留足够的空间，使其排风顺畅。

(5) 不要与其他用电设备共用电源插座。为仪器单独设置一个电源插座，不要与其他用电设备共用，电源应具备保护地线，并与稳压电源相连。

(6) 不要将仪器放置在阳光直接照射以及灰尘较多的环境中。

进度检查

一、填空题

1. 当测量波长在__________范围内时，仪器使用钨灯作光源；当测量波长在__________范围内时，仪器采用氘灯作光源。

2. 紫外可见分光光度计的电源应具备__________，并与__________相连，且电源插座与其他用电设备共用。

3. 不要将紫外可见分光光度计安装在__________的环境下，仪器必须在________℃及________%的湿度条件下安装使用，且仪器不能放置在__________的环境中。

4. 紫外可见分光光度计的使用中，若更换波长后，必须重新进行______________。

二、操作题

实际进行T6新世纪紫外可见分光光度计的使用操作，由教师检查下列项目操作是否正确：

1. T6新世纪紫外可见分光光度计使用之前的准备工作。

2. T6新世纪紫外可见分光光度计的测量工作。

3. T6新世纪紫外可见分光光度计使用完毕的结束工作。

编号 FJC-80-05

学习单元 3-5 水杨酸的定性分析

学习目标： 完成本单元的学习之后，能够掌握紫外可见吸收光谱定性分析的基本原理及操作步骤。

职业领域： 化工、石油、环保、医药、冶金、建材等。

工作范围： 分析。

相关知识内容： 紫外可见吸收光谱定性分析的基本知识、紫外可见分光光度计操作

所需仪器、药品和设备

序号	名称及说明	数量
1	T6 新世纪紫外可见分光光度计	1 台
2	50mL 容量瓶	2 只
3	10mL 吸量管	2 支
4	100mg/mL 水杨酸标准溶液	1L
5	浓度约为 100mg/mL 的未知溶液	1L
6	1cm 石英比色皿	2 个

一、测定原理

紫外可见吸收光谱在某种程度上反映了化合物的性质和结构，所以可以用于有机化合物的定性和结构分析，这种方法是利用标准样品或标准谱图对未知化合物进行鉴定。

在相同的测定条件下，将未知物的吸收光谱与标准样品或标准谱图进行对照，若两者吸收光谱曲线的形状，吸收峰的数目、位置，最大吸收波长等完全一致，则可以说明它们的分子结构中存在相同的生色团结构，并能够初步确定它们是同一种物质。

二、操作步骤

1. 水杨酸标准溶液吸收曲线的测定（要求吸收曲线测定的波长点数不少于 30 个）

准确移取 100mg/mL 水杨酸标准溶液 5.00mL 于 50mL 容量瓶中，加入纯水定容。以纯水为参比溶液，于波长 200～350nm 范围内，以适当的波长间隔（每隔 5nm 或 10nm）进行吸光度值测定，记录相应波长对应的吸光度值。从中找出水杨酸标准溶液的最大吸收波长（为更准确测定最大吸收波长，可适当减小波长间隔）。

2. 水杨酸标准溶液吸收曲线的绘制

以波长为横坐标，吸光度为纵坐标，根据测定的吸光度值及对应的测定波长绘制标准吸收曲线，如图 3-8 所示。

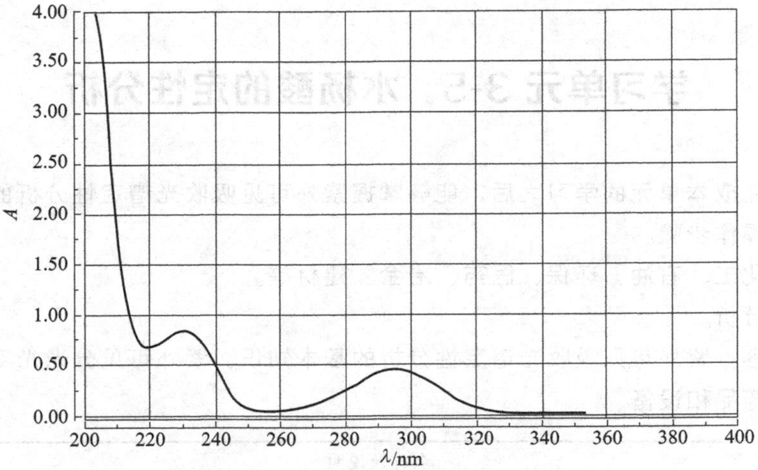

图 3-8 水杨酸标准溶液吸收曲线

3. 未知溶液吸收曲线的测定

准确移取浓度约为 100mg/mL 的未知溶液 5.00mL 于 50mL 容量瓶中，加入纯水定容。并以纯水为参比溶液，于波长 200～350nm 范围内，以水杨酸标准吸收曲线所取的波长进行吸光度值测定，记录相应波长对应的吸光度值。从中找出未知溶液的最大吸收波长。

4. 未知溶液吸收曲线的绘制

以波长为横坐标，吸光度为纵坐标，根据测定的吸光度值及对应的测定波长绘制吸收曲线。将未知溶液的吸收曲线与水杨酸标准溶液的吸收曲线进行对比，并对未知溶液进行定性分析。

三、结果分析

在相同的测定条件下，将未知溶液的吸收曲线与标准样品所测得的吸收曲线进行对照，若两者吸收曲线的形状，吸收峰的数目、位置，最大吸收波长等完全一致，则可以初步确定它们是同一种物质；若不同，则说明不是同一种物质，需改用其他方法进行未知物质的定性分析。

四、注意事项

（1）定性分析可以不检查石英比色皿的配套性，但标准溶液和未知溶液的测定应使用同一套比色皿，以免测定过程当中吸光度值不同产生误差。

（2）若没有水杨酸标准溶液或实验时间不足，可略过实验第 1、2 步骤，直接使用水杨酸标准谱图与未知溶液的吸收曲线进行对比得出定性分析结论。

进度检查

一、判断题（正确的在括号内画“√”，错误的画“×”）

1. 定性分析可以使用不配套的比色皿，因为吸光度值的误差对其结果无影响。（　）

2. 定性分析只需比较标准谱图和未知样吸收曲线的 λ_{max} 就可进行定性分析。（　　）

3. 定性分析中，将未知溶液的吸收曲线与标准样品的吸收曲线进行对照，若两者的最大吸收波长相同，则可以确定它们是同一种物质。（　　）

二、操作题

实际进行水杨酸定性分析的测量操作，由教师检查下列项目的操作是否正确：

1. 标准溶液和未知溶液的配制。

2. 绘制标准溶液和未知溶液的吸收曲线。

3. 根据两者的吸收曲线进行定性分析并得出实验结论。

紫外可见吸收光谱定性分析技能考试内容及评分标准

一、考试内容：邻菲啰啉的定性分析

1. 邻菲啰啉定性分析的操作步骤

（1）邻菲啰啉标准溶液吸收曲线的测定（要求吸收曲线测定的波长点数不少于 30 个）。

（2）邻菲啰啉标准溶液吸收曲线的绘制。

（3）未知溶液吸收曲线的测定（要求吸收曲线测定的波长点数不少于 30 个）。

（4）未知溶液吸收曲线的绘制。

2. 结果处理

二、评分标准

1. 操作步骤（60 分）

（1）邻菲啰啉标准溶液吸收曲线的测定（20 分）

每错一处扣 5 分。

（2）邻菲啰啉标准溶液吸收曲线的绘制（10 分）

每错一处扣 2 分。

（3）未知溶液吸收曲线的测定（20 分）

每错一处扣 5 分。

（4）未知溶液吸收曲线的绘制（10 分）

每错一处扣 2 分。

2. 结果处理（40 分）

每错一处扣 5 分。

模块 4 紫外可见吸收光谱定量分析

编号 FJC-81-01

学习单元 4-1 紫外可见吸收光谱定量分析的基本知识

学习目标： 完成本单元的学习之后，能够掌握紫外可见吸收光谱定量分析的基本原理。

职业领域： 化工、石油、环保、医药、冶金、建材等。

工作范围： 分析。

相关知识内容： 分光光度计分类、结构，紫外可见吸收光谱定性分析的基本知识

一、紫外可见吸收光谱定量分析概述

紫外可见吸收光谱定量分析的依据是朗伯-比耳定律（Lambert-Beer 定律），即物质在一定波长处的吸光度与其浓度成正比。因此，只要选择一定适宜波长，测定溶液的吸光度就可以求出溶液的浓度和物质的含量。

二、紫外可见吸收光谱定量分析的基本原理

紫外分光光度法定量分析的方法常有如下几种：

1. 单组分的定量分析

如果在一个试样中只测定一种组分，且在选定的测量波长下，试样中其他组分对该组分不干扰，这种单组分的定量分析较简单。一般有标准对照法和标准曲线法两种。

（1）标准对照法　在相同条件下，平行测定试样溶液和某一浓度 c_s（应与试液浓度接近）的标准溶液的吸光度 A_x 和 A_s，则由 c_s 可计算试样溶液中被测物质的浓度 c_x。

由 $A_s=Kc_s, A_x=Kc_x$，

$$c_x=\frac{c_s A_x}{A_s} \tag{4-1}$$

标准对照法因只使用单个标准，引起误差的偶然因素较多，故往往较不可靠。

（2）标准曲线法　这是实际分析工作中最常用的一种方法。配制一系列不同浓度的标准溶液，以不含被测组分的空白溶液作参比，测定标准系列溶液的吸光度，绘制吸光度-浓度曲线，称为标准曲线（或工作曲线）。在相同条件下测定试样溶液的吸光度，从标准曲线上找出与之对应的未知组分的浓度。

2. 多组分的定量分析

根据吸光度具有加和性的特点，在同一试样中可以同时测定两个或两个以上组分。假设要测定试样中的两个组分 A、B，如果分别绘制 A、B 两个纯物质的吸收光谱曲线，绘出三

种情况，如图 4-1 所示。

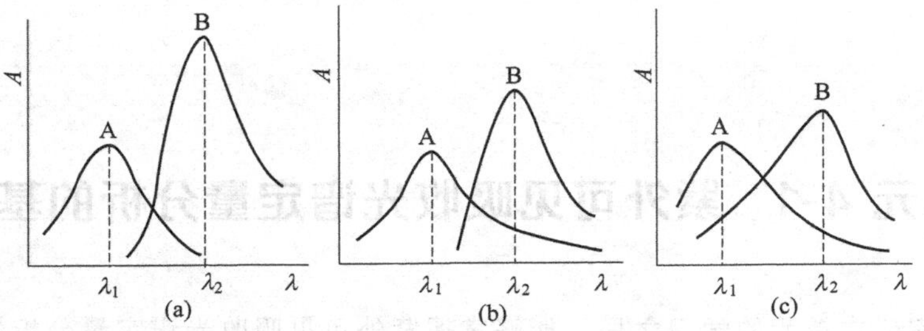

图 4-1　A、B 两个纯物质的三种吸收光谱曲线

图 4-1(a) 表明 A、B 两个组分互不干扰，可以用测定单组分的方法分别在 λ_1、λ_2 测定 A、B 两组分的含量。

图 4-1(b) 表明 A 组分对 B 组分的测定有干扰，而 B 组分对 A 组分的测定无干扰，则可以在 λ_1 处单独测量 A 组分，求得 A 组分的浓度 c_A。然后在 λ_2 处测量溶液的吸光度 $A_{\lambda_2}^{A+B}$ 及 A、B 纯物质的 $\varepsilon_{\lambda_2}^{A}$ 和 $\varepsilon_{\lambda_2}^{B}$ 值，根据吸光度的加和性，即得：

$$A_{\lambda_2}^{A+B}=A_{\lambda_2}^{A}+A_{\lambda_2}^{B}=\varepsilon_{\lambda_2}^{A}bc_A+\varepsilon_{\lambda_2}^{B}bc_B$$

则可以求出 c_B。

图 4-1(c) 情况表明两组分彼此互相干扰，此时，在 λ_1、λ_2 处分别测定溶液的吸光度 $A_{\lambda_1}^{A+B}$ 及 $A_{\lambda_2}^{A+B}$，并且同时测定 A、B 纯物质的 $\varepsilon_{\lambda_1}^{A}$、$\varepsilon_{\lambda_1}^{B}$ 及 $\varepsilon_{\lambda_2}^{A}$ 和 $\varepsilon_{\lambda_2}^{B}$。然后列出联立方程如下：

$$A_{\lambda_1}^{A+B}=\varepsilon_{\lambda_1}^{A}bc_A+\varepsilon_{\lambda_1}^{B}bc_B$$

$$A_{\lambda_2}^{A+B}=\varepsilon_{\lambda_2}^{A}bc_A+\varepsilon_{\lambda_2}^{B}bc_B$$

解得 c_A、c_B。显然，如果有 n 个组分的光谱互相干扰，就必须在 n 个波长处分别测定吸光度的加和值，然后解 n 元一次方程组以求出各组分的浓度。应该指出，这将是烦琐的数学处理，且 n 越多，结果的准确性越差。用计算机处理测定结果将使运算更加方便。

3. 双波长分光光度法

当试样中两组分的吸收光谱相互干扰较为严重时，用解联立方程的方法测定两组分的含量可能导致误差较大，这时可以用双波长分光光度法测定。它可以在其他组分干扰下，测定该组分的含量，也可以同时测定两组分的含量。双波长分光光度法定量测定两混合物组分的主要方法有等吸收波长法和系数倍率法两种。

(1) 等吸收波长法　试样中含有 A、B 两组分，若要测定 B 组分，A 组分有干扰，采用双波长法进行 B 组分测量时方法如下：为了能消除 A 组分的吸收干扰，一般首先选择待测组分 B 的最大吸收波长 λ_2 为测量波长，然后用作图法选择参比波长 λ_1，作法如图 4-2 所示。

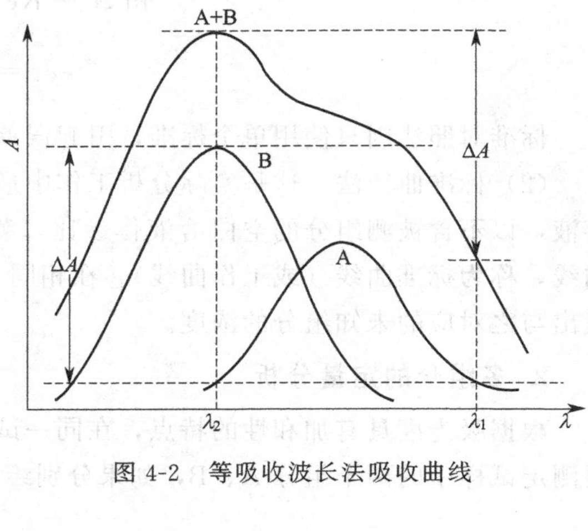

图 4-2　等吸收波长法吸收曲线

在 λ_2 处作一波长轴的垂直线，交于组分 B 吸收曲线的某一点，再从这点作一条平行于波长轴的直线，交于组分 B 吸收曲线的另一点，该点所对应的波长即为参比波长 λ_1。可见组分 A 在 λ_2 和 λ_1 处是等吸收点。

$$A_{\lambda_2}^{A}=A_{\lambda_1}^{A} \tag{4-2}$$

由吸光度的加和性可知，混合试样在 λ_2 和 λ_1 处的吸光度可表示为：

$$A_{\lambda_2}=A_{\lambda_2}^{A}+A_{\lambda_2}^{B}$$

$$A_{\lambda_1}=A_{\lambda_1}^{A}+A_{\lambda_1}^{B}$$

双波长分光光度计的输出信号为 ΔA。

$$\Delta A=A_{\lambda_2}-A_{\lambda_1}=A_{\lambda_2}^{B}+A_{\lambda_2}^{A}-A_{\lambda_1}^{B}-A_{\lambda_1}^{A}$$

$$A_{\lambda_2}^{A}=A_{\lambda_1}^{A}$$

$$\Delta A=A_{\lambda_2}^{B}-A_{\lambda_1}^{B}=(\varepsilon_{\lambda_2}^{B}-\varepsilon_{\lambda_1}^{B})bc_{B}$$

可见仪器的输出讯号 ΔA 与干扰组分 A 无关，它只正比于待测组分 B 的浓度，即消除了 B 的干扰。

(2) 系数倍率法　当干扰组分 A 的吸收光谱曲线不呈峰状，仅是陡坡状时，不存在两个波长处的等吸收点，如图 4-3 所示。

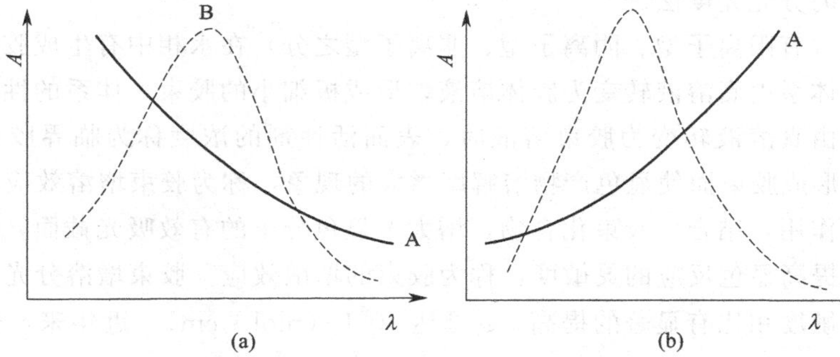

图 4-3　系数倍率法吸收曲线

在这种情况下，可采用系数倍率法测定 B 组分，并采用双波长分光光度计来完成。选择两个波长 λ_1、λ_2，分别测量 A、B 混合液的吸光度 A_{λ_1}、A_{λ_2}，利用双波长分光光度计中差分函数放大器，把 A_{λ_1}、A_{λ_2} 分别放大 k_1、k_2 倍，获得两波长处测得的差示信号 S。

$$S=k_2A_{\lambda_2}-k_1A_{\lambda_1}=k_2A_{\lambda_2}^{B}+k_2A_{\lambda_2}^{A}-k_1A_{\lambda_1}^{B}-k_1A_{\lambda_1}^{A}$$

然后，调节双波长分光光度计的放大器使之满足以下条件：

$$k_2A_{\lambda_2}^{A}=k_1A_{\lambda_1}^{A}$$

得到系数倍率 k 为：

$$k=\frac{k_2}{k_1}=\frac{A_{\lambda_1}^{A}}{A_{\lambda_2}^{A}} \tag{4-3}$$

$$S=k_2A_{\lambda_2}^{B}-k_1A_{\lambda_1}^{B}=(k_2\varepsilon_{\lambda_2}^{B}-k_1\varepsilon_{\lambda_1}^{B})bc_{B}$$

差示信号 S 与待测组分 B 的浓度 c_B 成正比，与干扰组分 A 无关，即消除了 A 的干扰。

4. 其他分析方法

这里简单介绍动力学分光光度法及胶束增溶分光光度法。

(1) 动力学分光光度法　一般的分光光度法是在溶液中发生的化学反应达到平衡后测量吸光度，然后根据吸收定律计算待测物质的含量。而动力学分光光度法则是利用反应速率与反应物、产物或催化剂的浓度之间的定量关系，通过测量与反应速率呈正比例关系的吸光度，从而计算待测物质的浓度。根据催化剂的存在与否，动力学分光光度法可分为非催化和催化分光光度法。当利用酶这种特殊的催化剂时，则称为酶催化分光光度法。由反应速率方程式及吸收定律方程式可以推导出动力学分光光度法的基本关系为

$$A=Kc_c \tag{4-4}$$

式中，K 为反应速率常数；c_c 为催化剂的浓度。测定 c_c 的方法常有固定时间法、固定浓度法和斜率法三种。

动力学分光光度法的优点是灵敏度高、选择性好、应用范围广，适用于快速及慢速反应，以及有副反应产生的反应，且溶液高、低浓度均可。但该法也存在缺点，主要表现在影响因素较多、测量条件不易控制、误差较大等。

(2) 胶束增溶分光光度法　胶束增溶分光光度法是利用表面活性剂的增强、增敏、增稳等作用，以提高显色反应的灵敏度、对比度或选择性，改善显色反应条件，并在水相中直接进行吸光度测量的分光光度法。

表面活性剂（有阳离子型、阴离子型、非离子型之分）在水相中有生成胶体的倾向，随其浓度的增大，体系由真溶液转变为胶体溶液，形成极细小的胶束，体系的性质随之发生明显的变化。体系由真溶液转变为胶束溶液时，表面活性剂的浓度称为临界胶束浓度，常用 cmc 表示。由于形成胶束而使显色产物溶解度增大的现象，称为胶束增溶效应。由于胶束与显色产物的相互作用，结合成胶束化合物，增大了显色分子的有效吸光截面，增强其吸光能力，使 ε 增大，提高显色反应的灵敏度，称为胶束的增敏效应。胶束增溶分光光度法与普通分光光度法的灵敏度相比有显著的提高，ε 可达 10^6 L/(mol · cm)。近年来，这种方法得到很广泛的应用。

进度检查

一、填空题

1. 紫外可见吸收光谱定量分析的依据是________________。因此，只要选择一定适宜的________，测定溶液的____________就可以求出溶液的浓度和物质的含量。

2. 在紫外分光光度法中，工作曲线是__________和__________之间的关系曲线。当溶液符合朗伯-比耳定律时，此关系曲线应为__________。

3. 紫外分光光度法单组分定量分析的方法有__________和__________。

二、不定项选择题（将正确答案的序号填入括号内）

1. 符合朗伯-比耳定律的有色溶液稀释时，其最大吸收峰的波长位置（　　）。

A. 向短波方向移动

B. 向长波方向移动

C. 不移动，且吸光度值降低

D. 不移动，且吸光度值升高

2. 今有 A 和 B 两种物质的溶液，其吸收曲线相互不重叠，下列有关叙述正确的是（　　）。

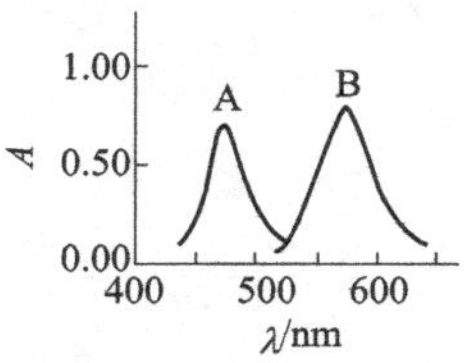

A. 可不经分离，在 A 吸收最大的波长和 B 吸收最大的波长处分别测定 A 和 B

B. 可用同一波长的光分别测定 A 和 B

C. A 吸收最大的波长处测得的吸光度值包括了 B 的吸收

D. B 吸收最大的波长处测得的吸光度值不包括 A 的吸收

3. 在用标准曲线法测定某物质含量时，用参比溶液调节 $A=0$ 或 $T=100\%$，其目的是（　　）。

A. 使测量中 c-T 呈线性关系

B. 使标准曲线通过坐标原点

C. 使测量符合朗伯-比耳定律，不发生偏离

D. 使所测 A 值真正反映的是待测物的 A 值

编号 FJC-81-02

学习单元 4-2 磺基水杨酸的定量分析

学习目标： 完成本单元的学习之后，能够掌握紫外可见吸收光谱定量分析的基本原理及操作步骤。

职业领域： 化工、石油、环保、医药、冶金、建材等。

工作范围： 分析。

相关知识内容： 紫外分光光度计操作、紫外吸收可见光谱定量分析的基本知识

所需仪器、药品和设备

序号	名称及说明	数量
1	T6 新世纪紫外可见分光光度计	1 台
2	50mL 容量瓶	8 只
3	100mL 容量瓶	2 只
4	10mL 吸量管	4 支
5	2000μg/mL 磺基水杨酸储备液	1L
6	浓度为 50～55μg/mL 磺基水杨酸未知溶液	1L
7	1cm 石英比色皿	2 个

一、测定原理

磺基水杨酸的定量分析方法主要使用的是标准曲线法。标准曲线法的基本原理为：首先配制一系列不同浓度的标准溶液，以不含被测组分的空白溶液作参比，测定标准系列溶液的吸光度，以浓度为横坐标，吸光度为纵坐标绘制标准曲线。并在相同条件下测定未知试样溶液的吸光度，从标准曲线上得出未知试样溶液组分的准确浓度。

二、测定步骤

1. 磺基水杨酸吸收曲线的绘制

准确吸取适量的磺基水杨酸未知溶液于 100mL 容量瓶中，配制成浓度为 6～10μg/mL 的待测溶液，以纯水为参比溶液，在波长 200～350nm 范围内测定其吸光度，并以波长为横坐标，吸光度为纵坐标绘制磺基水杨酸吸收曲线，从而找出最大吸收波长。图 4-4 为磺基水杨酸吸收曲线。

2. 比色皿配套性检查

选取两个石英比色皿装入纯水，在磺基水杨酸的最大吸收波长条件下，以一个比色皿为参比，调节透射比 τ 为 100%，测定另一比色皿的透射比。若其 τ% 的偏差小于等于 0.5%，则说明这两个比色皿配套。此时，将仪器测定模式转换至吸光度测定界面，调节第一个比色皿的吸光度 A 为 0.000，并记录第二个比色皿的吸光度值作为比色皿的校正值。

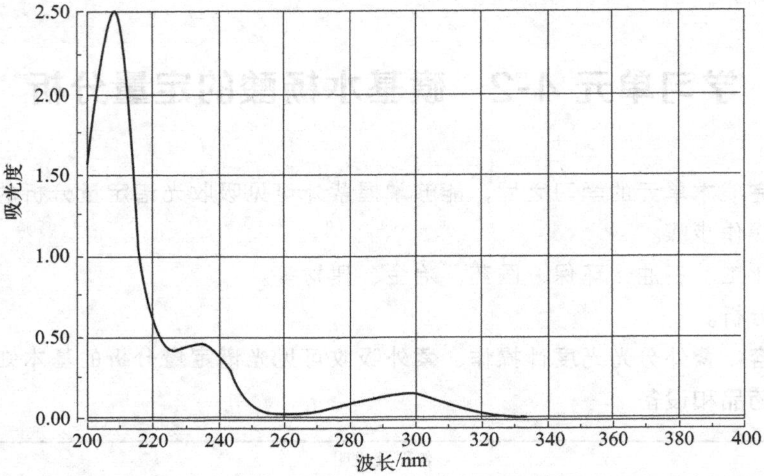

图 4-4　磺基水杨酸吸收曲线

3. 磺基水杨酸标准曲线的绘制

（1）准确移取 2000μg/mL 磺基水杨酸储备液 10mL 于 100mL 容量瓶中，稀释成浓度为 200μg/mL 的磺基水杨酸标准溶液。

（2）准确移取若干体积 200μg/mL 磺基水杨酸标准溶液于 50mL 容量瓶中，稀释成一系列不同浓度的标准溶液（0～20μg/mL），并于磺基水杨酸的最大吸收波长处分别测定其吸光度值。根据标准曲线的绘制方法，以浓度为横坐标，以相应的吸光度为纵坐标绘制出标准曲线。

4. 磺基水杨酸未知溶液浓度的测定

准确吸取适量体积的磺基水杨酸未知溶液于 3 个 50mL 容量瓶中，配制成 3 份浓度为 6～10μg/mL 的待测溶液，以纯水为参比溶液，测定其相应的吸光度值。并根据步骤 3 绘制出来的标准曲线，查出以上 3 个磺基水杨酸未知溶液的浓度。

5. 结果计算

根据磺基水杨酸未知溶液的稀释倍数，可求出原未知溶液的具体浓度。

三、结果计算

磺基水杨酸未知溶液的浓度可按式(4-5) 计算：

$$c_0 = c_x n \tag{4-5}$$

式中　c_0——原磺基水杨酸未知溶液的浓度，μg/mL；

c_x——标准曲线上查得的稀释后的磺基水杨酸未知溶液的浓度，μg/mL；

n——磺基水杨酸未知溶液的稀释倍数。

进度检查

一、简答题

1. 试述标准曲线法的原理。

2. 怎样进行比色皿配套性检查？

二、操作题

实际进行磺基水杨酸的定量分析操作，由教师检查下列项目的操作是否正确：

1. 配制未知样液和标准系列。
2. 绘制吸收曲线并正确找出最大吸收波长。
3. 检查比色皿的配套性。
4. 绘制标准曲线。
5. 测定和计算磺基水杨酸未知溶液的浓度。

编号 FJC-81-03

学习单元 4-3　邻菲啰啉的定量分析

学习目标： 完成本单元的学习之后，能够掌握紫外可见吸收光谱定量分析的基本原理及操作步骤。

职业领域： 化工、石油、环保、医药、冶金、建材等。

工作范围： 分析。

相关知识内容： 紫外可见分光光度计操作 、紫外可见吸收光谱定量分析的基本知识

所需仪器、药品和设备

序号	名称及说明	数量
1	T6 新世纪紫外可见分光光度计	1 台
2	50mL 容量瓶	8 只
3	100mL 容量瓶	2 只
4	10mL 吸量管	4 支
5	1000μg/mL 邻菲啰啉储备液	1L
6	浓度为 50～55μg/mL 邻菲啰啉未知溶液	1L
7	1cm 石英比色皿	2 个

一、测定原理

邻菲啰啉的定量分析方法主要使用的是标准曲线法。标准曲线法的基本原理为：首先配制一系列不同浓度的标准溶液，以不含被测组分的空白溶液作参比，测定标准系列溶液的吸光度，以浓度为横坐标，吸光度为纵坐标绘制标准曲线。在相同条件下测定未知试样溶液的吸光度，从标准曲线上得出未知试样溶液组分的准确浓度。

二、测定步骤

1. 邻菲啰啉吸收曲线的绘制

准确吸取适量体积的邻菲啰啉未知溶液于 100mL 容量瓶中，配制成浓度约为 2μg/mL 的待测溶液，以纯水为参比溶液，在波长 200～350nm 范围内测定其吸光度，并以波长为横坐标，吸光度为纵坐标绘制邻菲啰啉吸收曲线，从而找出最大吸收波长。图 4-5 为邻菲啰啉吸收曲线。

2. 比色皿配套性检查

选取两个石英比色皿装入纯水，在邻菲啰啉的最大吸收波长条件下，以一个比色皿为参比，调节透射比 τ 为 100%，测定另一比色皿的透射比。若其 τ% 的偏差小于等于 0.5%，

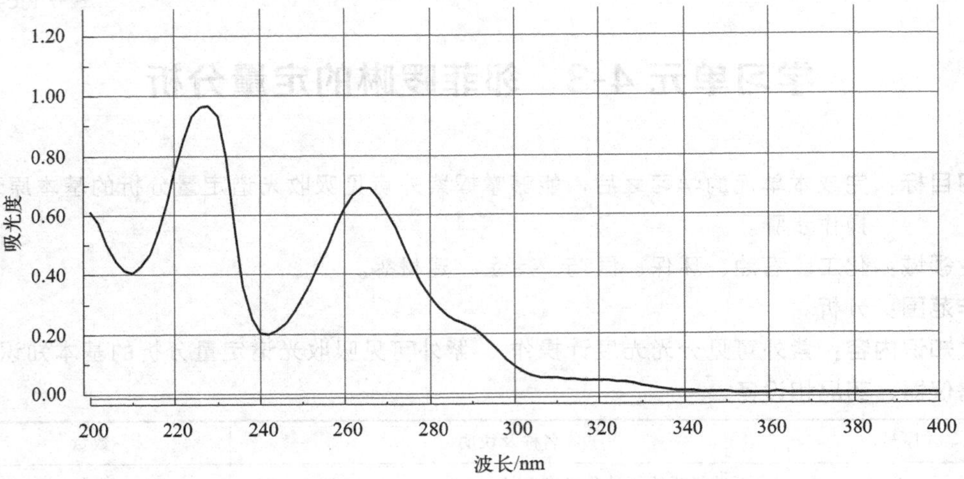

图 4-5　邻菲啰啉吸收曲线

则说明这两个比色皿配套。此时，将仪器测定模式转换至吸光度测定界面，调节第一个比色皿的吸光度 A 为 0.000，并记录第二个比色皿的吸光度值作为比色皿的校正值。

3. 邻菲啰啉标准曲线的绘制

（1）准确移取 1000μg/mL 磺基水杨酸储备液 4mL 于 100mL 容量瓶中，稀释成浓度为 40μg/mL 的邻菲啰啉标准溶液。

（2）准确移取若干体积 40μg/mL 邻菲啰啉标准溶液于 50mL 容量瓶中，稀释成一系列不同浓度的标准溶液（0～4μg/mL），并于邻菲啰啉的最大吸收波长处分别测定其吸光度值。根据标准曲线的绘制方法，以浓度为横坐标，以相应的吸光度为纵坐标绘制出标准曲线。

4. 邻菲啰啉未知溶液的测定

准确吸取适量体积的邻菲啰啉未知溶液于 3 个 50mL 容量瓶中，配制成 3 份浓度约为 2μg/mL 的待测溶液，以纯水为参比溶液，测定其相应的吸光度值。并根据步骤 3 绘制出来的标准曲线，查出以上 3 个邻菲啰啉未知溶液的浓度。

5. 结果计算

根据邻菲啰啉未知溶液的稀释倍数，可求出原未知溶液的具体浓度。

三、结果计算

邻菲啰啉未知溶液的浓度可按式(4-6) 计算：

$$c_0 = c_x n \tag{4-6}$$

式中　c_0——原邻菲啰啉未知溶液的浓度，μg/mL；

c_x——标准曲线上查得的稀释后的邻菲啰啉未知溶液的浓度，μg/mL；

n——邻菲啰啉未知溶液的稀释倍数。

进度检查

一、简答题

1. 试述邻菲啰啉吸收曲线的绘制方法。
2. 邻菲啰啉的定量分析采用什么方法？

二、操作题

实际进行邻菲啰啉的定量分析操作，由教师检查下列项目的操作是否正确：

1. 配制未知样液和标准系列。
2. 绘制吸收曲线并正确找出最大吸收波长。
3. 检查比色皿的配套性。
4. 绘制标准曲线。
5. 测定和计算邻菲啰啉未知溶液的浓度。

编号 FJC-81-04

学习单元 4-4　紫外可见分光光度计的维护和保养

学习目标：完成本单元的学习之后，能够了解紫外可见分光光度计的维护和保养方法。

职业领域：化工、石油、环保、医药、冶金、建材等。

工作范围：分析。

相关知识内容：紫外可见分光光度计的结构、紫外可见分光光度计操作

所需设备

序号	名称及说明	数量
1	T6 新世纪紫外可见分光光度计	1 台

一、仪器的日常维护和保养

1. 试样室检查

在处理液体试样较多的时候，请在使用前和使用后检查试样室中是否有遗漏的溶液，如果有应立即擦拭干净，以防止溶液蒸发后腐蚀光学系统，造成仪器测量结果误差。

2. 防尘滤网的清洗

在仪器的底部有 4 块防尘滤网，一般情况下需要 3 个月清洗 1 次，但在环境比较恶劣，沙尘比较大的地区需要 1 个月清洗 1 次，滤网取下后，可以用清水直接冲洗干净，晾干后方可使用。

3. 仪器的表面清洁

仪器的外壳表面经过了喷漆工艺的处理，在使用过程中请不要将溶液遗洒在外壳上，否则会在外壳上留下斑痕，如果不小心将溶液遗洒在外壳上，请立即用湿毛巾擦拭干净，禁止使用有机溶液擦拭。

二、仪器常见故障排除

1. 打开电源屏幕不显示，或显示不清楚

请检查对比度调节旋钮——用平口螺丝刀调节仪器后面“CONTRAST”旋钮。

2. 打开电源开关仪器不动作，屏幕不显示

（1）检查电源是否正常，是否出现电压不稳定的现象。

（2）检查电源线，看是否出现电源线插头接触不良的情况。

（3）检查仪器主机保险管是否熔断；如果是，请更换保险管。

3. 打印机不工作，打印出错

（1）检查打印机型号是否正确，T6 新世纪紫外可见分光光度计只支持惠普喷墨或激光

并口打印机，以及热敏微型并口打印机。

(2) 检查仪器与打印机连线是否松动。

(3) 检查系统应用中 UP 和 HP 模式选择是否正确，UP 选择要对应热敏微型并口打印机；HP 选择要对应惠普喷墨或激光并口打印机。

4. 仪器开机自检的过程中，屏幕显示“样品池电机 ERR”出错

检查样品室内是否有阻挡物，妨碍样品池电机移动。

5. 仪器开机自检中，“光源电机”“钨灯”“氘灯”“波长检查”出错

(1) 主要检查样品池是否有挡光物或者比色皿。取出挡光物。每次使用完仪器后一定要取出比色皿，以免造成不必要的干扰，以及溶液对仪器内部精密光学元件的腐蚀。

(2) 请检查电源电压是否过低，在 200V 以下，电压过低会导致灯光源启动不正常。

(3) 确认钨灯、氘灯是否不亮，如果不亮请更换钨灯或者氘灯。

6. 样品测量不稳定

(1) 确认仪器是否能正常自检。打开仪器电源时如果立即按住“RETURN”键仪器就不进行初始化，不能正常使用，该功能只是仪器调试使用。

(2) 在当前测量状态下，取出比色皿，样品池为空状态，按“ZERO”键，查看吸光度 0.000Abs 是否跳动，如果在±0.001 之间跳动为正常，如果跳动太大请确认外部电源是否符合仪器要求电源条件，确认完成后关闭仪器电源重新自检，确认自检正常。

(3) 如果样品池为空，在空气状态下按“ZERO”键，查看吸光度 0.000Abs 是否跳动正常。请检查是否存在以下问题：

① 测量的样品是否挥发性太大，如果是强挥发性气体，请敞开样品池去除干扰气体后再测量。

② 确认是否正确使用空白溶液校零。应注意的是，用来校零的空白溶液的吸光度值不应该超过 0.4Abs，如果超过请检查或更换空白溶液或参比溶液。

7. 测量样品重复性差

(1) 确认样品是否稳定，样品是否有光解等现象。

(2) 请检查比色皿擦拭方法是否正确，应仔细擦拭、清洗比色皿。

8. 测量样品吸光度不准确

(1) 在系统应用中进行“暗电流校正”，校正完成后重新校正空白溶液，再测量。

(2) 比色皿的配套性不好，请检查比色皿的配套性。

三、仪器常见问题处理

1. 如何校正 0% T

T6 新世纪紫外可见分光光度计是自动化仪器，不需要每次测量校正 0%T，在自动化仪器中 0%T 校正叫作暗电流校正，一般情况下不需要校正。如果当仪器的使用环境发生改变（如：温度、工作电压、环境光线），才需要进行暗电流校正；在系统应用中选择“暗电流校正”，确认即可。

2. 如何转换钨灯、氘灯

在使用 T6 新世纪紫外可见分光光度计的时候不需要手动转换钨灯和氘灯。使用中只需要设置换灯波长就可以了，仪器自动转换钨灯、氘灯。

3. 为什么测量杂散光不合格

出现这个情况主要由于电源情况不好，导致仪器暗电流升高，在系统应用中进行暗电流校正即可消除此现象；另外，仪器长时间在潮湿环境存放或使用导致光学镜面受潮也会引起杂散光偏高。因此，仪器最好每周开机一次，避免长时间存放而造成的某些故障。

4. 怎样清除仪器当中存储的数据

T6 新世纪紫外可见分光光度计为了测试结果的严谨性没有设置删除个别数据的功能，只有在打印结果后才能清除所有数据。在改变测量参数后仪器会提示打印，如果取消打印也会清除所有数据。

四、仪器安全使用的注意事项

① 更换光源时，请务必在关闭仪器电源的状况下进行，否则会有危险。

② 仪器在刚刚工作后，光源盖板的温度将很高，请不要立即更换光源和触摸盖板，避免烫伤。

③ 氘灯发出的紫外线和钨灯的强光会对眼睛造成伤害。因为本仪器为免调仪器，在整个换灯过程当中请不要点亮任何灯。

④ 仪器在刚刚工作后，防尘滤网的温度会很高，请等待仪器冷却至室温后再对防尘滤网进行清洗，以免烫伤。

进度检查

一、填空题

1. 在处理液体试样较多的时候，请在使用前和使用过后检查______________________，以防止溶液蒸发后腐蚀____________，造成仪器测量结果误差。

2. 在仪器的底部有______块防尘滤网，一般情况下需要______个月清洗 1 次，滤网取下后，可以用________直接冲洗干净，________后方可使用。

3. 在使用 T6 新世纪紫外可见分光光度计时________转换钨灯和氘灯，只需要操作者设置__________就可以了。

4. 仪器开机自检中，主要检查____。每次使用完仪器后一定要取出______________，以免造成不必要的干扰。

二、操作题

实际进行 T6 新世纪紫外可见分光光度计的日常维护操作，由教师检查下列项目操作是否正确：

1. 试样室的检查及清洁。

2. 防尘滤网的清洗及安装。

3. 仪器的表面清洁。

紫外可见吸收光谱定量分析技能考试内容及评分标准

一、考试内容：山梨酸的定量分析

1. 山梨酸定量分析的操作步骤

(1) 山梨酸吸收曲线的绘制。

(2) 比色皿配套性检查。

(3) 山梨酸标准曲线的绘制。

(4) 山梨酸未知溶液浓度的测定。

2. 结果处理

二、评分标准

1. 山梨酸定量分析的操作步骤（70 分）

(1) 山梨酸吸收曲线的绘制（20 分）

每错一处扣 5 分。

(2) 比色皿配套性检查（10 分）

每错一处扣 2 分。

(3) 山梨酸标准曲线的绘制（20 分）

每错一处扣 5 分。

(4) 山梨酸未知溶液浓度的测定（20 分）

每错一处扣 5 分。

2. 结果处理（30 分）

每错一处扣 5 分。

模块5　红外吸收光谱定性分析

编号 FJC-82-01

学习单元5-1　红外吸收光谱分析基本原理

学习目标： 完成本单元的学习之后，能够了解红外吸收光谱分析的基本知识，并对简单谱图进行识别。

职业领域： 化工、石油、环保、医药、冶金、建材等。

工作范围： 分析。

相关知识内容： 分光光度计分类、结构

一、红外光谱基础知识

1. 红外线与红外吸收光谱

光是一种电磁辐射，按其波长顺序可得电磁波谱。通常把波长为 $780 \sim 3\times10^5$ nm 的电磁波称为红外线。这个光谱区间称为红外光区。利用具有连续红外光谱的光源照射样品，记录下样品的红外吸收曲线称为红外吸收光谱。

通常把研究红外辐射与样品分子振动和（或）转动能级相互作用，利用红外吸收谱带的波长位置和吸收强度来测定试样组成、分子结构等的分析方法，称为红外吸收光谱分析。

目前研究和应用最多的是中红外区。中红外光能量的大小与分子中原子的振动能级在数值上相当，所以能引起分子中振动能级的跃迁。在每个振动能级中都存在若干个转动能级，所以振动能级跃迁时，常伴随转动能级跃迁，因而红外吸收光谱又称为振-转光谱。红外吸收光谱并不是简单的吸收线，而是一条条吸收谱带，或称为吸收峰。

2. 红外光谱图的确认

通常用红外光谱图（即 τ-λ 曲线或 τ-σ 曲线）来表示各种物质的红外吸收光谱（如图5-1所示）。红外光谱图的横坐标以波长（λ）或波数（σ）表示。波长单位常用μm，波数单位常用 cm^{-1}。波长或波数表示吸收峰的位置。波数是指每厘米中所含波的数目，即等于波长的倒数。λ 与 σ 之间的关系为：

$$\sigma/cm^{-1}=1/(\lambda/\ cm)=10^4/(\lambda/\mu\ m) \tag{5-1}$$

谱图的纵坐标通常用透射比（τ）或吸光度（A）表示，代表吸收峰的强度。纵坐标自下而上由0%到100%，随吸收强度的降低，曲线上移，无吸收部分的曲线在谱图的上部。所谓吸收“峰”，实际是向下的“谷”，如图5-1中的序号为1、2、3、4……各峰。每个峰都是由分子的基团（或化学键）对红外光的吸收而产生的。

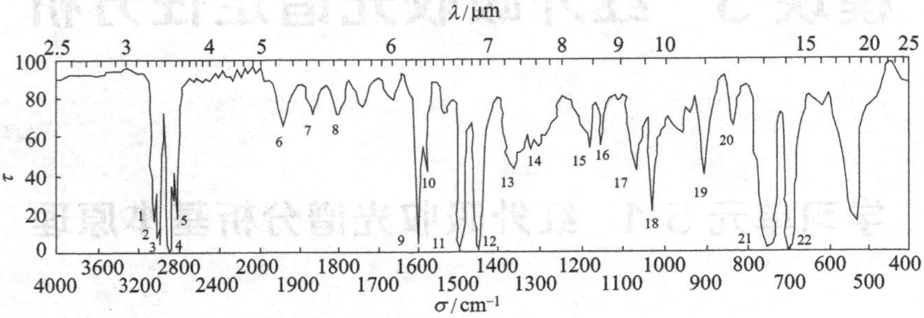

图 5-1 聚苯乙烯的红外吸收光谱图

3. 红外光谱的产生以及峰的分类

（1）红外吸收光谱的产生　当用一定频率的红外光照射样品时，若样品分子中某种基团（或化学键）的振动频率和红外光的频率相同，分子中这种基团（或化学键）就会吸收该频率的红外光，若样品分子中某种基团（或化学键）的振动频率和它不相同，则该频率的红外光就不会被吸收。因此，如果连续地用不同频率的红外光照射某样品，由于样品对不同频率红外光的选择性吸收，使通过样品的红外光在某些波长范围变弱（被吸收），在另一些波长范围内较强（不被吸收），将通过样品后的红外光用仪器记录下来，便得到该样品的红外光谱图。

显然，并不是分子的任何振动都能产生红外吸收光谱，而只有光辐射的频率与分子中原子的振动频率相同时，辐射能才能被吸收，才产生红外吸收光谱。另外还与分子的极性、对称性和基团振动方式等因素相关。一般极性强的分子或基团，吸收峰强度都较强；而极性弱的，吸收峰强度较弱。在红外吸收光谱中，吸收峰的强度一般定性地用五个级别表示：vs（很强）、s（强）、m（中强）、w（弱）、vw（很弱）。

（2）振动的形式　在红外光谱图中，吸收峰的位置和强度，取决于基团的振动形式和相邻基团的影响。通过对振动形式的了解便可知吸收峰的归属，便于检测分子中存在的基团和推断分子结构。

基团的振动形式，大体上可分为两大类，即

伸缩振动
- 对称伸缩振动（ν_s）
- 不对称伸缩振动（ν_{as}）

弯曲振动（又称弯角振动）
- 面内弯曲振动（δ）
  - 剪式振动（δ）
  - 面内摇摆振动（ρ）
- 面外弯曲振动（γ）
  - 面外摇摆振动（ω）
  - 扭曲振动（较少出现）

上述每种振动形式都有其特定的振动频率，每种振动能级的跃迁都吸收相应频率的红外光，产生相应的吸收峰。

（3）吸收峰

① 基频峰。指分子吸收一定频率的红外光后，振动能级由基态跃迁至第一激发态时所产生的吸收峰，叫作基频峰。如在2-甲基丁醛的红外吸收光谱图上的 $2960cm^{-1}$ 吸收峰，与甲基的C—H伸缩振动频率 $2960cm^{-1}$ 相等，因此该峰为甲基的C—H伸缩振动基频峰。理论上每个基本振动都有一个吸收峰。每个分子有许多基本振动，实际上这些基本振动的数目

并不等于基频峰数目。因为各基本振动之间相互影响和作用：一些峰合并；一些峰减弱，甚至不产生峰；产生新的附加峰。不同振动形式有相同的振动，即振动的频率相等，所以它们的基频峰在谱图上出现在同一位置，只能观察到一个吸收峰，这种现象叫简并。

② 泛频峰。倍频峰、差频峰及合频峰统称为泛频峰（倍频峰、差频峰和合频峰为振动能级由基态跃迁到第二、第三……激发态所产生的吸收峰）。泛频峰一般为一些弱峰，能增加光谱对分子结构的特征性。如取代苯的泛频峰出现在 2000～1667cm^{-1} 的区间，主要由苯环上面外弯曲振动的倍频峰等所构成，可用于鉴别苯环上的取代位置，特征性很强。其峰形和取代位置的关系如图 5-2 所示。

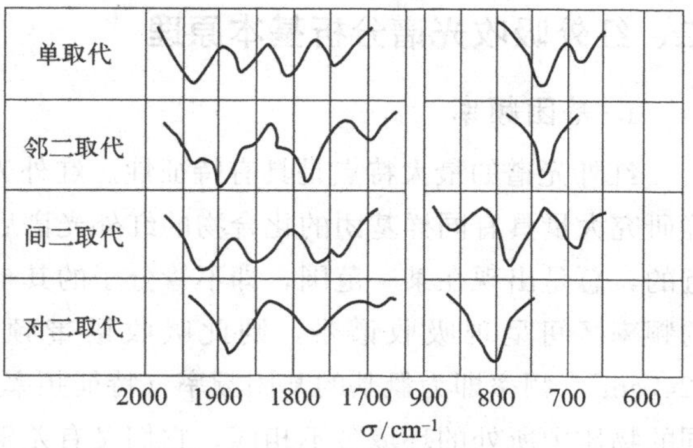

图 5-2　苯取代类型在 2000～1667cm^{-1} 和 900～650cm^{-1} 的红外吸收光谱

③ 特征峰和相关峰。凡可用于鉴定基团（或化学键）存在的吸收峰，叫特征吸收峰，简称特征峰。例如，对比正十一烷和正十一腈的红外光谱图（图 5-3），很容易看出后者在 2247cm^{-1} 处有一个吸收峰，而前者没有，其他峰则基本一致。而两者分子结构仅差一个氰基。因此，2247cm^{-1} 处吸收峰是氰基峰，为氰基的特征峰。

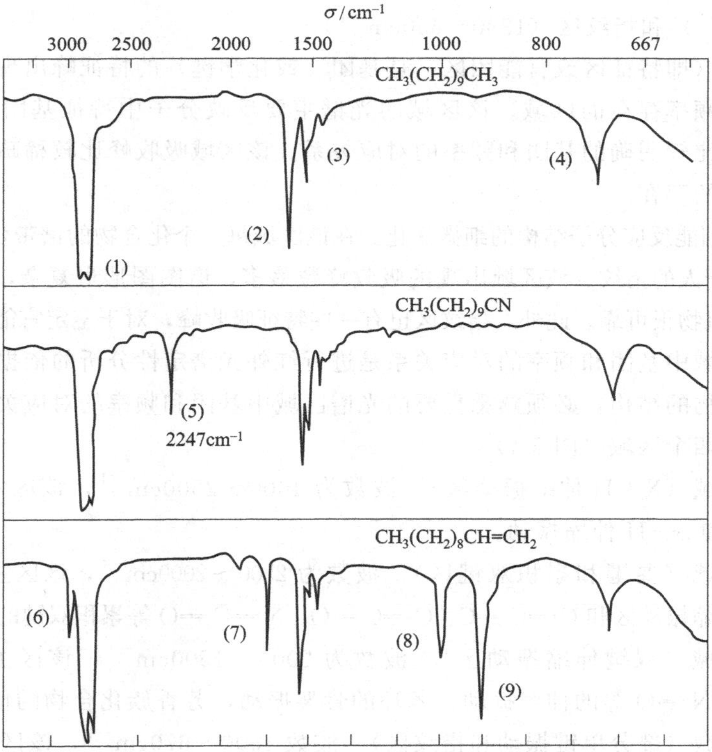

图 5-3　正十一烷、正十一腈及正十一烯的红外吸收光谱

多数情况下，一个官能团有数种振动形式，有若干个相互依存而又相互佐证的吸收峰称为相关吸收峰，简称相关峰。如图 5-3 中正十一烯的红外光谱图中，吸收峰号为（6）、（7）、（8）、（9）的四个特征峰，是因—CH ═CH_2 基的存在而出现的相互依存的吸收峰，可互称为相关峰。

二、红外吸收光谱分析基本原理

1. 基团频率

红外光谱的最大特点是具有特征性。红外光谱的特征性与化学键振动的特征性密切相关，经研究大量具有同样基团的化合物的红外光谱后发现，同一类型的化学键的振动频率是非常接近的，总是出现在某一范围，即不管分子的其余部分怎样，不同分子的共同基团都在一较狭窄的频率区间呈现吸收谱带，则此吸收谱带频率称为基团频率。例如图 5-3 中，氰基峰的 $2247cm^{-1}$ 频率即为氰基的基团频率（特征频率）。但是，由于同一类型的基团（化学键）在不同的物质中所处的环境各不相同，它们又有差别，这种差别常能反映出结构上的特点。吸收峰的位置和强度取决于分子中各基团（化学键）的振动形式和所处化学环境。只要掌握了各种基团（化学键）的基团频率及其位移规律，就可以利用红外光谱来鉴定化合物中存在的基团（化学键）及其在分子中的相对位置，再配合分子量和物理常数等数据，即可确定分子结构。

2. 基团振动和红外光谱区域的关系

常见的化学基团在 $4000\sim650cm^{-1}$ 范围内有特征基团频率。这个中红外范围又是一般红外分光光度计的工作范围。按照红外光谱与分子结构的特征可将红外光谱分为基团频率区（$4000\sim1330cm^{-1}$）和指纹区（$1330\sim650cm^{-1}$）。

基团频率区（即特征区或官能团区）是基团（或化学键）的特征峰出现的区域，是最有分析价值的基团频率存在的区域。该区域的光谱主要反映分子中特征基团的基本振动的频率，吸收谱带有比较明确的基团和频率的对应关系。该区域吸收峰比较稀疏、易于辨认，常用来鉴别官能团的存在。

指纹区，特别能反应分子结构的细微变化。在该区域每一个化合物的谱带位置，强度和形状都不一样，相当于人的指纹。该区域出现的吸收峰数最多，谱图图形最复杂，为最有用的光谱区，用于鉴定有机物很可靠。此外，指纹区也有一些特征吸收峰，对于鉴定官能团也很有用。

红外光谱区域中基团和频率的对应关系是进行红外光谱定性分析的依据。因此，利用红外光谱鉴定化合物的结构，必须熟悉重要的光谱区域中基团和频率的对应关系。为此，通常将红外光谱分为四个区域（图 5-4）。

（1）第一区域（X—H 伸缩振动区） 波数为 $4000\sim2500cm^{-1}$，该区主要包括 O—H、N—H 、C—H 和 S—H 伸缩振动。

（2）第二区域（叁键和累积双键区） 波数为 $2500\sim2000cm^{-1}$，该区主要包括 C≡C 、C≡N 等叁键伸缩振动区和 C═C═C、C═C═O、N═C═O 等累积双键的不对称伸缩振动。

（3）第三区域（双键伸缩振动区） 波数为 $2000\sim1500cm^{-1}$，该区主要包括 C═O、C═C、C═N、N═O 等的伸缩振动，苯环的骨架振动，芳香族化合物的倍频谱带。

（4）第四区域（部分单键振动和指纹区） 波数 $1500\sim670cm^{-1}$，该区光谱较杂，该区主要包括 C—H、O—H 的弯曲振动，C—O、C—N、C—X（卤素）等伸缩振动及 C—C 单键骨架振动等。

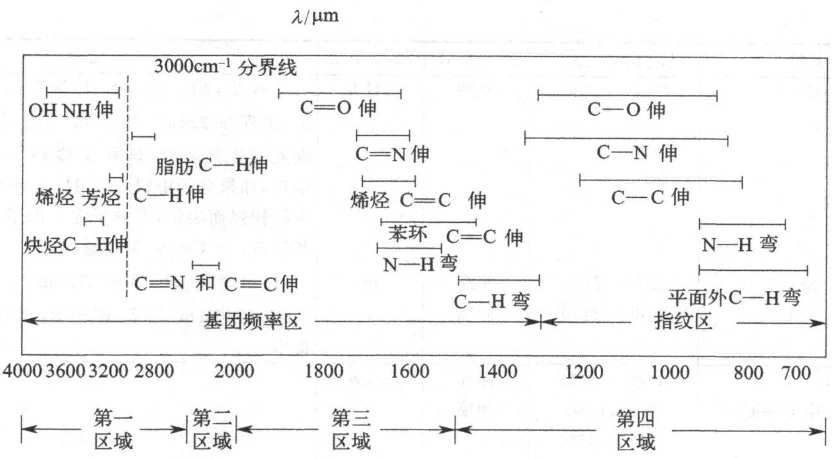

图 5-4　重要的基团振动和红外光谱区域

如前所述，同一种基团（或化学键）的基团频率在不同分子和外界环境中只是大致相同，即有一定的频率范围，影响基团频率位移的因素有内部因素和外部因素。

为了能在实际工作中利用基团与特征谱带的对应关系，用红外光谱分析化合物的结构，光谱学家们实测了各类化合物的特征吸收谱带，归纳汇集了基团（或化学键）与振动频率间对应的基团频率表，现摘录其中一部分列于表 5-1。

表 5-1　基团频率表

区域	基团	吸收频率/cm^{-1}	振动形式	吸收强度	说明
第一区域	—OH(游离)	3650～3580	伸缩	m,sh	判断有无醇类,酚类和有机酸的重要依据
	—OH(缔结)	3400～3200	伸缩	s,b	判断有无醇类,酚类和有机酸的重要依据
	NH_2,—NH(游离)	3500～3300	伸缩	m	伯胺基因振动偶合呈现双峰,仲胺基为单峰
	NH_2,—NH(缔结)	3400～3100	伸缩	s,b	
	—SH	2600～2500	伸缩		脂肪族硫醇和硫酚在液态或溶液时在 2590～2560cm^{-1} 有一弱谱带
	C—H 伸缩振动				
	不饱和 C—H	>3000	伸缩	s	不饱和 C—H 伸缩振动出现在 3000cm^{-1} 以上
	≡C—H（叁键）	3300 附近			≡C—H 伸缩振动为鉴定炔基最好谱带,在 CCl_4 溶液中极强,位于 3320～3310cm^{-1},在固体,液体则在 3300～3250cm^{-1},谱带较窄
	═C—H(双键)	3040～3010	伸缩	s	末端═C—H_2 出现在 3085cm^{-1} 附近
	苯环中 C—H	3030 附近	伸缩	s	强度上比饱和 C—H 稍弱,但谱带较尖锐
	饱和 C—H	<3000			饱和 C—H 伸缩出现在 3000cm^{-1} 以下(3000～2800cm^{-1}),取代基影响小
	—CH_3	2960±5	不对称伸缩	s	—CH_3 直接连于芳环上,分别在 2925 和 2865cm^{-1} 出现强伸缩振动谱带,同时在 2975 和 2945cm^{-1} 有强度变化的谱带。连接 N、O 等高电负性原子的—CH_3 其吸收在 2800cm^{-1} 附近
	—CH_3	2870±10	对称伸缩	s	在 2740～2720 和 2820cm^{-1} 附近出现中等强度双谱带,前者较锐,是区别酚和酮的特征频率
	—CH_2	2930±5	不对称伸缩	s	三元环中的—CH_2 出现在 3050cm^{-1}
	—CH	2850±10	对称伸缩	s	—CH 出现在 2890cm^{-1},很弱

区域	基团	吸收频率/cm^{-1}	振动形式	吸收强度	说明
第二区域	—C≡N	2260～2220	伸缩	s,针状	干扰少，当 —C≡N 伸缩振动在非共轭情况下，出现在 2240～2260cm^{-1} 附近。当与不饱和键或芳核共轭时，该峰位移到 2220～2230cm^{-1} 附近，如果分子中仅含 C、H、N 原子，—C≡N 基吸收较强而尖锐，若分子含氧原子，且离 —C≡N 基越近，—C≡N 吸收越弱
	—N≡N	2310～2135	伸缩	m	R—C≡C—H，2100～2140cm^{-1}；R′—C≡C—R，2190～2260cm^{-1}；若 R′＝R，对称分子，无红外谱带
	—C≡C—	2260～2100	伸缩	v	
第三区域	C＝C	1680～1620	伸缩	m，w	
	芳环中 C＝C	1600，1580 1500，1450	伸缩	v	苯环的骨架振动，单核芳烃在 1600 和 1500cm^{-1} 附近有 2～4 个峰，用于鉴别有无芳核的存在
	—C＝O	1850～1600	伸缩	s	其他吸收干扰少，是判断羰基（酮类、酸类、酯类、酸酐等）的特征频率，位置变动大，酸酐的 C＝O 基有两个峰，出现在 1820、1750cm^{-1}。酯类中的 C＝O 基吸收出现在 1750～1725cm^{-1}，很强；饱和吸收出现在 1740～1720cm^{-1}，若不饱和，则吸收向低波数移动；羧酸中 C＝O 基吸收出现在 1725～1700cm^{-1} 附近
	—NO_2	1600～1500	不对称伸缩	s	
	—NO_2	1300～1250	对称伸缩	s	
	S＝O	1220～1040	伸缩	s	
第四区域	C—O	1300～1000	伸缩	s	C—O 键（酯，醚，醇类）的极性很强，故强度强，常成为谱图中最强的吸收
	C—O—C	1150～900	伸缩	s	醚类中 C—O—C 的 $\nu_{as}=1100\pm50cm^{-1}$ 是最强的吸收。C—O—C 对称伸缩在 900～1000cm^{-1}，较弱
	—CH_3、—CH_2	1460±10	CH_3 不对称变形，CH_3 变形	m	大部分有机化合物都含 CH_3、CH_2 基，因此此峰常出现
	—CH_3	1380～1370	对称变形	s	很少受取代基影响，且干扰少，是 CH_3 的特征吸收，可作为判断有无甲基存在的依据
	—NH_2	1650～1560	变形	m～s	
	C—F	1400～1000	伸缩	s	
	C—Cl	800～600	伸缩	s	
	C—Br—	600～500	伸缩	s	
	C—I	500～200	伸缩	s	
	＝CH_2	910～890	面外摇摆	s	
	⁅$(CH_2)_n$⁆，n>4	720	面内摇摆	v	

注：s—强吸收，b—宽吸收带，m—中等强度吸收，w—弱吸收，sh—尖锐吸收峰，v—吸收强度可变。

3. 红外标准谱图及其检索

所谓红外标准谱图是指用高纯的化合物拍出的红外吸收光谱图，用以定性分析化合物。世界上已出版的标准红外光谱图集相当多，主要有以下几种：

（1）ASTM 穿孔卡片　可根据其化学式索引或各种索引检索所需红外谱图，也可使用

IBM 统计分类机和电子计算机检索。

（2）萨特勒红外谱图集　有化合物名称字母索引和分子式索引。若已知未知样品大概是某一种物质，则只查化合物名称字母顺序索引，便可能找到该物质的光谱图；若仅知道被分析物质属于哪一类，还不能肯定是哪一个物质，则查分子式索引。分子式索引是按碳数目的顺序排列的，即 1C、2C、3C…nC 次序排列，H 、Br、Cl、F、I、N、O、S 等也按此次序并列在一起，可按序依次查找。

还有一种谱带索引“specfinder”，根据未知样品中的几个强谱峰，从索引中查出可能化合物及其谱图。还有化学分类索引，按分子中出现的官能团来编排。

（3）DMS 周边缺口光谱卡片　利用光谱卡周边缺口，可根据光谱出现的波长或根据化合物的碳数，骨架形状，取代基的种类、类型和位置，用细棒对暗码穿孔来选出谱图，在摇动中落下，根据各种线索反复进行穿孔，可找到所需谱图。也可用分类机检索。

（4）IRDC 卡片　检索方法同 DMS 卡片。

（5）API 卡片　有名称及分子索引，知道化合物名称或分子式和结构式，可利用索引查出谱图。

进度检查

一、填空题

1. 吸收峰的位置和强度取决于分子中的各基团（化学键）的________环境。只要掌握了各种基团（化学键）的基团频率及其位移规律，就可以利用红外光谱来鉴定化合物中存在的________及其在分子中的________，再配合________和________等数据，即可确定分子结构。

2. 按照光谱与分子结构的特征可将红外吸收光谱分为：一是________区，其波数为________；二是________区，其波数为________。

3. 红外光谱区域中________是进行红外光谱定性分析的依据。因此，利用红外光谱鉴定化合物的结构，必须熟悉重要的光谱区域中________的对应关系。

4. 通常将红外光谱分为四个区域是：（1）第一区域________；（2）第二区域________；（3）第三区域________；（4）第四区域________。

5. 已出版的标准红外光谱图集主要有________卡片、________图集、________卡片、IRDC 卡片、API 卡片。

6. 通常红外光谱图用来表示各种物质的________。谱图的横坐标以________或________表示，其单位分别为________或________。谱图横坐标标度表示________位置。纵坐标多用________表示，其标度表示________强度。

7. λ 和 σ 互为________关系，其关系式为：$\sigma/\mathrm{cm}^{-1}=$________。

8. 基团的振动形式，大体可分为________振动和________振动。

9. 在红外吸收光谱中，吸收峰强度一般定性地用符号________表示很强，用符号________表示中，用符号________表示弱，用符号________表示很弱。

10. 通常把研究红外辐射与样品分子振动和（或）转动能级相互作用，利用红外吸收谱带的波长______和______来测定样品组成、分子结构等的分析方法，称为红外吸收光谱分析。

11. 基团频率表反映了__________与____________间的对应关系，是光谱学家们实测的各类化合物的__________。

12. 基团频率表可用于实际工作中利用基团与特征谱带的对应关系，用红外分析__________________________。

13. 当在红外光谱 1740cm^{-1} 附近出现强吸收，则表明未知物中含有________。在红外光谱 1500～1600cm^{-1} 区域存在中等强度的吸收峰，则可判断未知物中有无________。

二、选择题（将一个正确答案的序号填入括号内）

1. 不管分子的其余部分怎样，不同分子的共同基团都在一较狭窄的频率区间呈现吸收谱带，这吸收谱带频率就称为（　　）。

A. 特征峰　B. 基团频率　C. 振动频率

2. 若已知未知样品大概是某一种物质，则可利用萨特勒红外谱图集查（　　）索引。

A. 化合物名称字母顺序　B. 分子式　C. 化学分类

3. 波长为（　　）nm 的电磁波称为红外线。

A. 10^{-3}～10　B. 200～400　C. 780～3×10^{5}

4. 基本振动的数目（　　）基频峰数目。

A. 少于　B. 等于　C. 多于

5. 区分饱和烃与不饱和烃的分界线是（　　）cm^{-1} 波数。

A. 1000　B. 2000　C. 3000

6. 判断有无醇、酚类和有机酸的重要依据是 O—H 伸缩振动在（　　）cm^{-1}。

A. 2700～2100　B. 3750～3200　C. 4700～4100

7. ≡C—H 伸缩振动在 3300cm^{-1} 附近是鉴定（　　）最好谱带。

A. 炔基　B. 烯基　C. 醛基

8. —C═O 在（　　）cm^{-1} 伸缩振动是判断羰基（酮类、酸类、酯类、醛酐等）的特征频率。

A. 1680～1620　B. 1600～1580　C. 1850～1600

9. —CH_3 在 1380～1370cm^{-1} 对称变形振动，可作为判断有无（　　）存在的依据。

A. 丙基　B. 乙基　C. 甲基

三、判断题（正确的在括号内画“√”，错误的画“×”）

1. 红外光谱图的纵坐标多以透射比表示，纵坐标自下而上由 0%至 100%。（　　）

2. 红外光谱图在纵向随吸收强度降低，曲线上移，无吸收部分的曲线在谱图的上部。（　　）

3. 红外光谱图中所谓吸收峰峰尖是朝上的。（　　）

4. 用一定频率的红外光照射样品，如分子中的某种基团（或化学键）的振动频率与红外光的频率相同时，红外光才被吸收，产生吸收谱带。（　　）

5. 凡可用于鉴定基团（或化学键）存在的吸收峰，都称为相关吸收峰。（　　）

四、简答题

1. 红外光谱中振动的形式包括哪些？

2. 指纹区主要指哪个区域？有什么特点？

编号 FJC-82-02

学习单元 5-2　红外分光光度计的结构

学习目标： 完成本单元的学习之后，能够熟悉红外分光光度计的基本结构，掌握其工作原理。

职业领域： 化工、石油、环保、医药、冶金、建材等。

工作范围： 分析。

相关知识内容： 红外吸收光谱分析基本原理

所需仪器和设备

序号	名称及说明	数量
1	WQF-510 型红外分光光度计	1 台
2	气体吸收池	1 个
3	可拆式液体吸收池	1 个
4	固定式液体吸收池	1 个
5	注射器	1 支

一、红外分光光度计的工作原理

红外分光光度计，根据仪器原理，可分为色散型和干涉型两种。色散型双光束红外分光光度计原理，可用图 5-5 说明。从光源发出的光分为两束，一束通过样品池，另一束通过参比池，然后进入单色器。在单色器内先通过一定频率转动的扇形镜（斩光器或切光器），扇形镜作用与其他双光束分光光度计一样，周期性地切割两束光，使样品光束（放置样品）和参比光束（空白的，如进行溶液分析，则放置纯溶剂）的光交替地进入单色器中的色散棱镜或光栅，经色散后，单色光照射到检测器上，随着扇形镜的转动，检测器就交替地接收这两束光，信号经放大后，通过伺服系统进行记录。若样品光路中没有放置样品，或样品光路和参比光路吸收相同时，检测器不产生交流信号。若有样品吸收红外光时，则两光束强度有差异，使检测器上产生一定频率的交流信号（其频率取决于扇形镜的转动频率）。经交流放大器放大，此信号即可通过伺服系统驱动参比光路上光楔（光学衰减器）进行补偿，衰减参比光路的光强度。样品对某一波数的红外光吸收越多，光楔也就越多地遮住参比光路以使参比光强

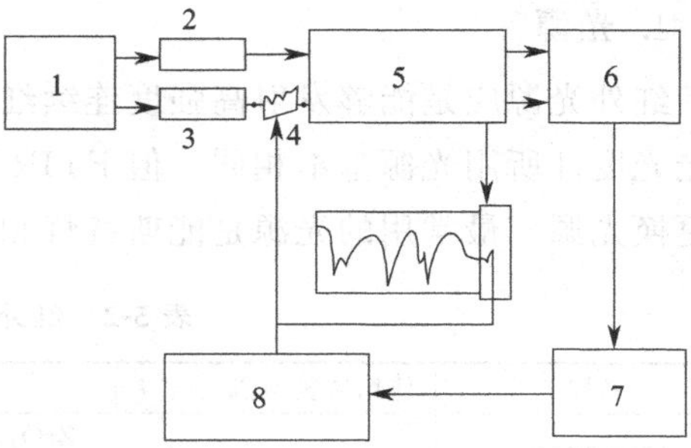

图 5-5　色散型双光束红外分光光度计原理

1—光源；2—样品池；3—参比池；4—光楔；5—单色器；6—检测器；7—电子放大器；8—笔和梳状光楔驱动装置

度同等程度地减弱，使两光束重新处于平衡，就是双光束光路中的“光学零位平衡系统”。记录表与光楔同步，而光楔部位的改变相当于样品的透射比 τ（%），它作为纵坐标直接被描绘在记录纸上。当记录笔随样品吸收情况而移动时，单色器内棱镜或光栅也以一定速度转动，使单色光的波数连续地发生改变，并与记录纸的移动同步，这就是横坐标。这样就绘出吸光强度（透射比）随波数变化的红外光谱图。

目前仪器大都配有微处理机或小型计算机，仪器的操作控制、谱图中各种参数的计算以及差谱技术、谱图检索等均可由计算机完成。

干涉型红外分光光度计，也称傅里叶变换红外分光光度计（简称 FTIR），其工作原理与色散型红外分光光度计有很大不同，可用图 5-6 说明。

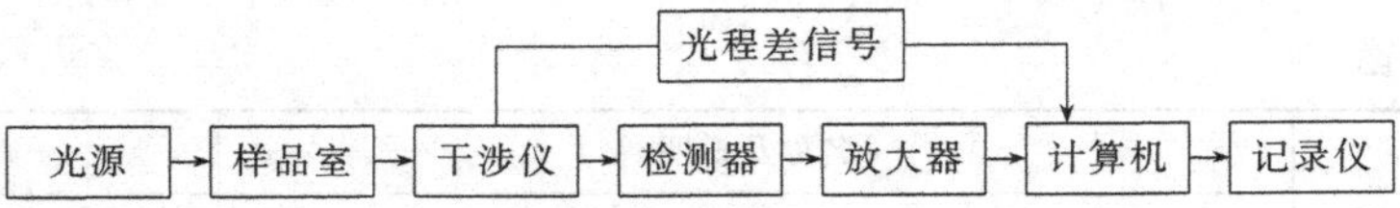

图 5-6　干涉型红外分光光度计工作原理图

在干涉型红外分光光度计中，由光源发出的光被分成两束，使两束光的光程差在某个范围内变化，同时使两束光发生干涉。以两束光的光强差为横坐标，光强度为纵坐标，由干涉后的光强度和光程差所得到的干涉图（经干涉仪转变得到），由电子计算机采集，经过快速傅里叶变换，可得吸收强度或透射比随频率或波数变化的红外光谱图。采用干涉型红外分光光度计，在装入样品和不装入样品两种情况下测定，并用前者扣除后者，就可得到样品的光谱图。

二、红外分光光度计的主要部件

色散型红外分光光度计由光源、单色器、吸收池、检测器、减光器、扇形镜和记录系统等几个基本部分组成。

干涉型红外分光光度计没有色散元件，主要由光源、迈克尔逊干涉仪、探测器和计算机等几个基本部分组成。下面简单介绍色散型红外分光光度计的主要部件。

1. 光源

红外光源应是能够发射高强度连续红外光的物体。色散型红外分光光度计和干涉型红外分光光度计所用光源基本相同。但 FTIR 对光源光束的发散情况要求更加严格，必须根据需要更换光源。最常用的光源是能斯特灯和硅碳棒。各种光源见表 5-2。

表 5-2　红外分光光度计常用的光源

名称	使用波长范围/cm^{-1}	附注
能斯特灯	5000～400	ZrO_2、ThO_2 等烧结而成，工作温度为 1500℃，用时注意防振，避免对其产生扭力、拉力
碘钨灯	10000～5000	
硅碳棒	5000～400	需用水冷却，工作温度约为 1300℃，使用时应防振，避免对其产生扭力和拉力
炽热镍铬丝圈	5000～200	
高压汞灯	＜400	用于远红外区

2. 单色器

单色器是色散型红外分光光度计的核心部件。其色散元件，早期使用棱镜，目前都采用反射型平面衍射光栅。

3. 吸收池

吸收池是样品的容器，为了能透过红外光，吸收池都用对红外光不产生吸收的 NaCl、KBr、CsI 等材料制成窗片（透光窗），使用时应注意防潮。在分析气体和液体样品时需使用吸收池，而固体样品一般用压片机压成透明薄片，直接放入光路，不需吸收池。

（1）气体吸收池　分析气体样品或蒸气压较高的液体等使用气体吸收池，如图 5-7 所示。最常使用的气体吸收池的光程为 5cm、10cm，容量为 50～150mL。

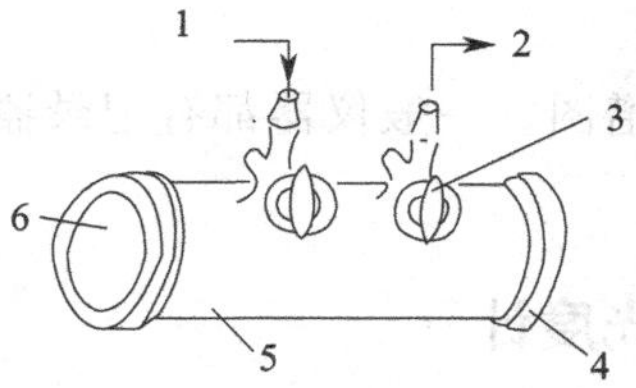

图 5-7　气体吸收池示意图

1—样品入口；2—抽气口（接真空泵）；3—活塞；4—金属槽架；5—玻璃槽体；6—窗片

（2）液体吸收池　分析液体样品用液体吸收池，一般光程为 0.01～1mm。液体吸收池主要有可拆式、固定式等。分析常温下不易挥发的液体样品或分散在白油中的固体样品，多使用可拆式液体吸收池；易挥发性液体的分析和溶液的定性或定量分析，采用固定式液体吸收池。

4. 检测器

检测器的作用是能够接收红外辐射并使之转换成电信号。色散型红外分光光度计所用检测器，有真空热电偶、高莱池、电阻测辐射热计。最常用的是真空热电偶，它用两种不同温差电势的金属如铋、锑制成热容量很小的结点，装上涂以全黑的金箔，构成热电偶的接受面，封装在高真空的外壳中。当红外光经过透光窗照到接受面上时，接受面温度升高，产生温差电动势而被检测。另一类值得重视的检测器是热释电检测器，它是用硫酸三苷酞（简称 TGS）的单晶作为检测元件。

干涉型红外分光光度计所用检测元件如表 5-3 所示。

表 5-3　干涉型红外分光光度计使用检测元件

名称	类型	工作温度/K	适用波长范围/μm	响应时间/μs
硫酸三甘肽（TGS）	热电型	295	2～1000	1
碲镉汞（MCT）	光电导型	77	0.8～40	1
硒化铅（PbSe）	光电导型	295	1～5	2
锑化铟（InSb）	光电导型、光伏型	77	1～5.5	6,1
硫化铅（PbS）	光电导型	293 或 195	1～3	—

5. **减光器（光学衰减器）**

减光器的作用是当样品光路发生吸收时平衡光强。要求在减少光束强度时均匀且呈线性变化。减光器分为楔形和光圈式两种，目前多采用楔形。减光器在参比光路中所处的位置与样品对红外光束的透射比必须有线性关系。红外光束透过样品越少，减光器移入参比光路越多。减光器的位置反映样品对红外光束透射比的大小，因此，减光器的线性度决定了光度测量误差。

6. **扇形镜（斩光器或切光器）**

扇形镜为镀铝的半圆形反射镜，它每旋转一周，样品光束和参比光束以相同的入射角交替射入单色器。旋转速度一般为每秒钟 10 周。

7. **记录系统**

红外光复杂，需要自动记录谱图。一般仪器都有记录器，新型的仪器还配有微处理机或小型计算机。

三、 WQF 510 型红外分光光度计

1. **仪器的技术指标**

WQF 510 型红外分光光度计技术指标见表 5-4。

表 5-4　WQF 510 型红外分光光度计技术指标

波数范围	7800～350cm^{-1}
分辨率	0.85cm^{-1}
波数精度	±0.01cm^{-1}
扫描速度	微机控制可选择不同的扫描速度，五挡可调
信噪比	优于 15000：1（RMS 值，在 2100 cm^{-1}附近，4cm^{-1} 分辨率，DTGS 探测器，1min 数据采集）
分数器	KBr 基片镀锗
探测器	标准配置 DTGS，另外可选 MCT
光源	高强度空气冷却红外光源
仪器尺寸	540cm×515cm×260cm
重量	28kg
数据系统	通用微机，连接喷墨或激光打印机，可输出高质量的光谱图
软件	全新中文应用软件：Windows 操作系统下的通用操作软件系统，包括谱库检索软件、定量分析软件、谱图输出软件

2. **仪器特点**

（1）新型角镜型迈克尔逊干涉仪体积更小、结构更紧凑，具有更优良的稳定性和抗振性。

（2）干涉仪多重密封防潮、防尘的设计使仪器对环境的适应能力更强。可视硅胶窗口便于观察及更换。

（3）外置隔离红外光源及大空间散热腔设计，仪器具有更高的热学稳定性，无须动态调

整就具有稳定的干涉度。

(4) 高强度红外光源采用球形反射装置，可获得均匀、稳定的红外辐射。

(5) 散热风扇弹性悬浮设计具有良好的机械稳定性。

(6) 超宽大空间样品室设计更便于工作。

(7) 程控增益放大电路、高精度 A/D 转换电路的设计及嵌入式微机的应用，提高了仪器的精度及可靠性。

(8) 光谱仪与计算机间通过 USB 方式进行控制和数据通信，完全实现即插即用。

(9) 通用微机系统，全中文应用软件界面友好、内容丰富。具备完整的谱图采集、光谱转换、光谱处理、光谱分析及谱图输出功能，使得操作更简单、方便、灵活。

(10) 拥有多种专用红外谱库，除常规检索外，用户可进行添加维护，并自定义新的谱库。

进度检查

一、填空题

1. 目前生产和使用的红外分光光度计，从仪器原理上来分，可分________型和______型两种，其中一种由______、______、______、______、______、______和______等几个基本部分组成；另一种由____、____________、______和__________等几个基本部分组成。

2. 色散型红外分光光度计最常用的光源是__________和__________。色散型和干涉型两种红外分光光度计所用光源____________。

3. 色散型红外分光光度计的核心部件是______，其色散元件，目前都采用________，而干涉型红外分光光度计__________色散元件。

4. 分析常温下不易挥发的液体样品或分散在白油中的固体样品，多使用____________吸收池；而易挥发液体的分析和溶液的定性或定量分析，使用__________吸收池；分析固体样品，一般用______压成透明薄片，直接放入光路__________吸收池。

二、判断题（正确的在括号内画“√”，错误的画“×”）

1. 分析液体样品用液体吸收池，一般光程为 0.01～1mm。 (　　)

2. 色散型红外分光光度计是由光源、单色器、吸收池、检测器、减光器、扇形镜和记录系统等几个基本部分组成。 (　　)

3. 单色器是色散型红外分光光度计的核心部件。 (　　)

4. 减光器分为楔形和光圈式两种，目前多采用光圈式。 (　　)

5. 扇形镜为镀铝的半圆形反射镜，它每旋转两周，样品光束和参比光束以相同的入射角交替射入单色器。 (　　)

三、简答题

1. 试述减光器的作用与分类。

2. 试述色散型红外分光光度计的基本组成。

3. 试述干涉型红外分光光度计的基本工作原理。

编号 FJC-82-03

学习单元 5-3　红外分光光度计操作

学习目标： 完成本单元的学习之后，能够正确操作红外分光光度计，并对其波长等进行校正调整。

职业领域： 化工、石油、环保、医药、冶金、建材等。

工作范围： 分析。

相关知识内容： 红外吸收光谱分析基本原理、红外分光光度计的结构

所需仪器、药品和设备

序号	名称及说明	数量
1	WQF-510 型红外分光光度计（或其他类型）	1 台
2	聚苯乙烯片	1 片
3	茚	适量
4	玻璃片、氟化锂片、氟化钙片、氯化钠片（根据情况选定）	各一片

一、仪器操作的一般程序

不同仪器应按各自说明书进行操作，一般程序如下：

① 接通总电源开关，数分钟后接通光源开关。

② 手动波数标尺指示为 $4000cm^{-1}$，并将记录纸的 $4000cm^{-1}$ 处对准记录笔尖。

③ 选择扫描速度，接通记录笔开关。

④ 调整零点。将波数标尺调至 $1000cm^{-1}$ 处，慢慢关闭样品光束的遮光器，用调零旋钮调节笔尖与 0%对齐。

⑤ 调整 100% ，将波数标尺调至 $4000cm^{-1}$，打开两光束的遮光器，用 100%旋钮调节笔尖对准 100%处。

⑥ 放入参比样品和被测样品。

⑦ 开启开关，记录纸走到终点自动停止，波数标尺自动停止，波数标尺自动（或手动）返回。

⑧ 关闭记录仪开关，关闭电源总开关。

二、 WQF-510 型傅里叶变换红外光谱仪的操作

1. 制样基本知识

（1）红外制样时使用的设备　红外光谱样品制备过程中常用的设备有：红外灯、玛瑙研钵、压片机等，如图 5-8 和图 5-9 所示。

（2）固体 KBr 压片法的测试片制备方法　取一圆柱形模具（根据需要，也可以使用其

图 5-8　红外灯（左）、玛瑙研钵（右）

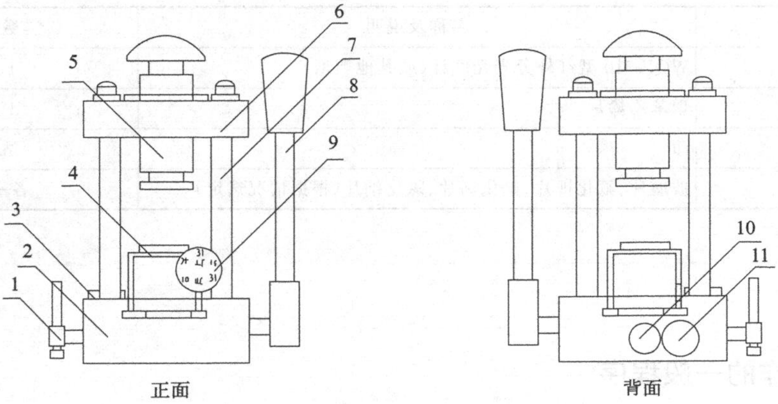

图 5-9　HY-12 型压片机的结构图

1—放油手柄；2—主体；3—油封盖；4—主柱塞工作台；5—丝杠；

6—横梁；7—立柱；8—摇把；9—压力表；10—小柱塞滑块；11—密封盖

他模具)，经酒精棉清洗后的抛光面朝上；将一张中心开有一大约 1.5cm 圆孔的纸片置于模具中央；用小药匙取规定量的、已经研细的 KBr 或加有样品的 KBr，均匀放置于圆孔中；取另一圆柱形模具，将经酒精棉清洗后的抛光面朝下，置于前一模具之上，并保持上下两个模具对齐。

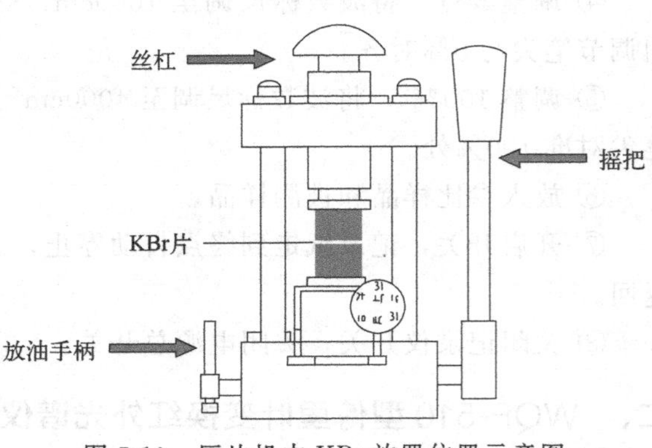

图 5-10　压片机中 KBr 放置位置示意图

如图 5-10 所示，将上述模具放在压片机主柱塞工作台中央，旋转丝杠压紧模具；将压片机放油手柄轻轻旋至最紧，然后再外旋 2～3 圈；反复摇动摇把，对样品加压，至压力表显示 30MPa 为止，放置 1～2min；将放油手柄轻轻旋至最里，此时压力表压力显示为 0，旋松丝杠，拿下模具，取出带有 KBr 的纸片，即可用于红外测试。

2. WQF-510 型傅里叶变换红外光谱仪及其使用

（1）WQF-510 型傅里叶变换红外光谱仪　WQF-510 型傅里叶变换红外光谱仪的外部形状和内部结构见图 5-11。

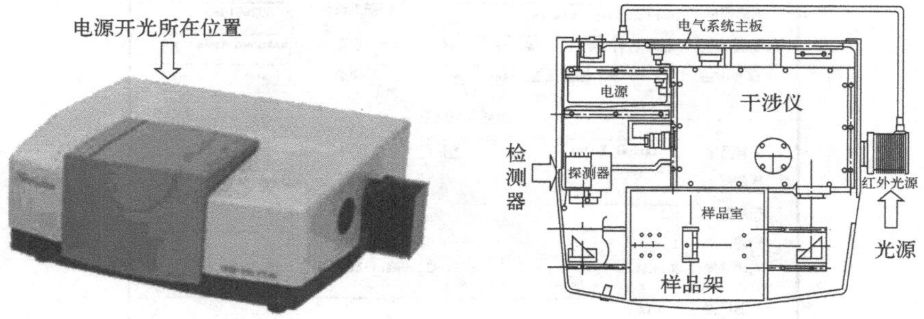

图 5-11　WQF-510 型 FTIR 仪器的外部（左图）和内部结构（右图）图

（2）红外光谱图制作

① 操作软件启动：点击桌面图标，启动驱动软件，将出现如图 5-12 所示画面。

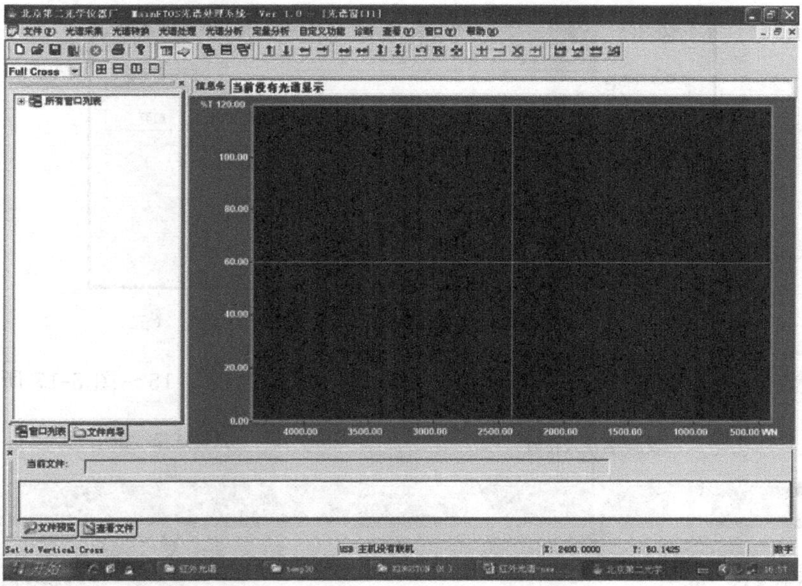

图 5-12　WQF-510 型 FTIR 驱动软件主界面

② 工作参数设置：点击“光谱采集”→“设置仪器运行参数”，利用图 5-13 所示的对话框，设置仪器工作参数。需要设置的运行参数主要包括：采样分辨率（一般为 4）、显示分辨率（一般为 8）、缺省扫描次数（背景和样品扫描次数通常相同，一般为 8、16 或 32 次）、数据范围（通常为 400.00～4000.00）。

③ 背景扫描：将空白样品置于样品架上，点击“光谱采集”→“采集仪器本底”，出现对话框后直接回车，扫描 KBr 空白（或本底）。如图 5-14 所示。

④ 透光率光谱扫描：将样品装于样品架上，运行“光谱采集”→“采集透过率光谱”，弹出采集样品光谱图对话框，通过路径选择按钮选择文件的保存位置，输入保存红外光谱图

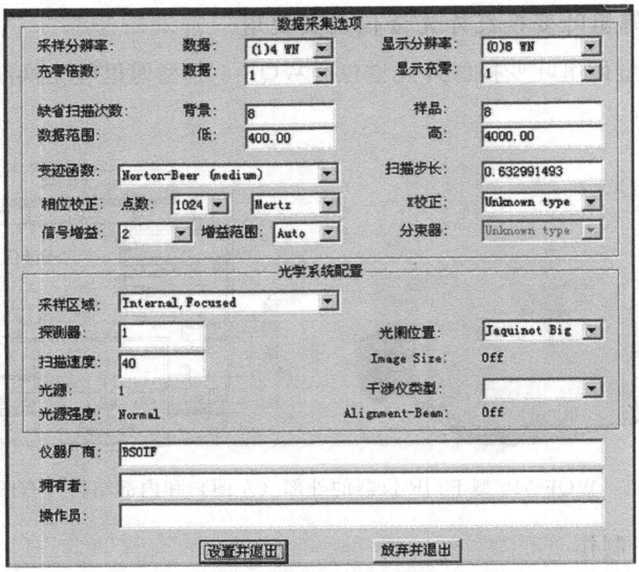

图 5-13　WQF-510 型 FTIR 运行参数设置对话框（一）

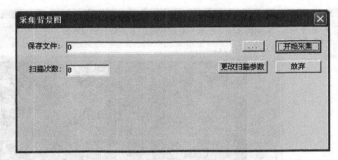

图 5-14　WQF-510 型 FTIR 运行参数设置对话框（二）

的文件名，然后点击开始采集，扫描样品的红外光谱图。如图 5-15～图 5-17 所示。

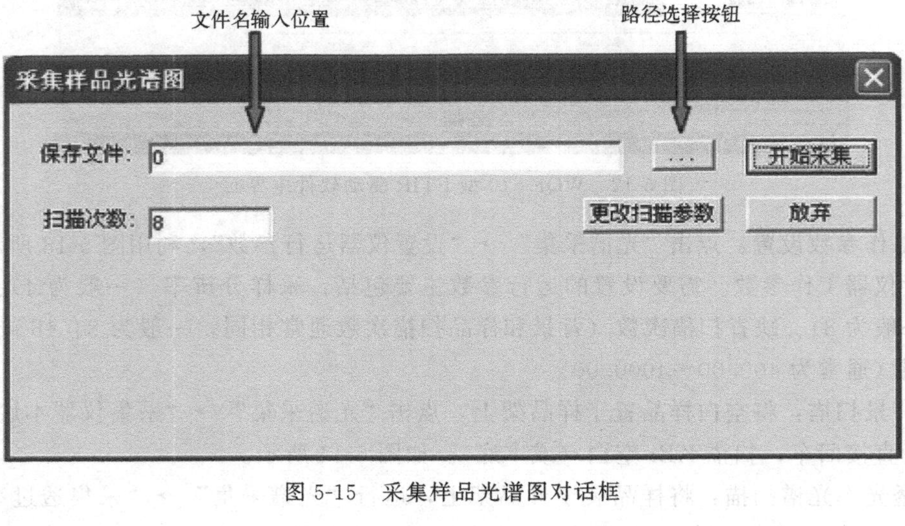

图 5-15　采集样品光谱图对话框

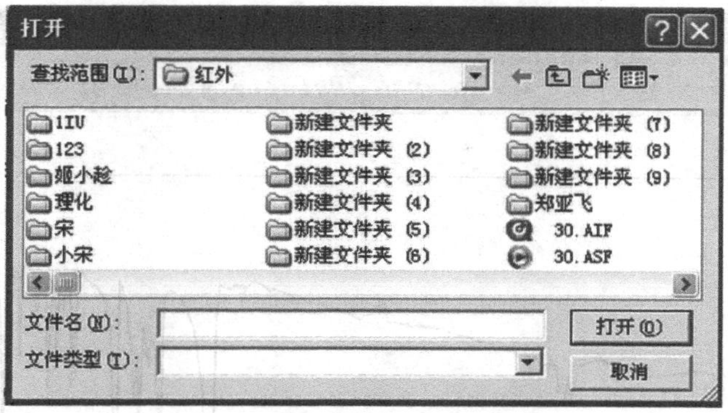

图 5-16　文件路径选择窗口

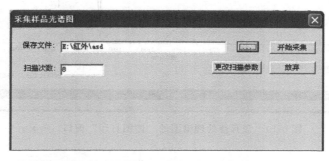

图 5-17　输入文件名后的采集样品光谱图对话框

（3）红外光谱图的处理与复制　运行“文件”→“谱图打印”，弹出谱图打印处理窗口。运行该窗口的“文件”→“打开”（或鼠标点击图标），在弹出的对话框（图 5-18）中选择相关数据，打开指定路径下的谱图文件（图 5-19）。

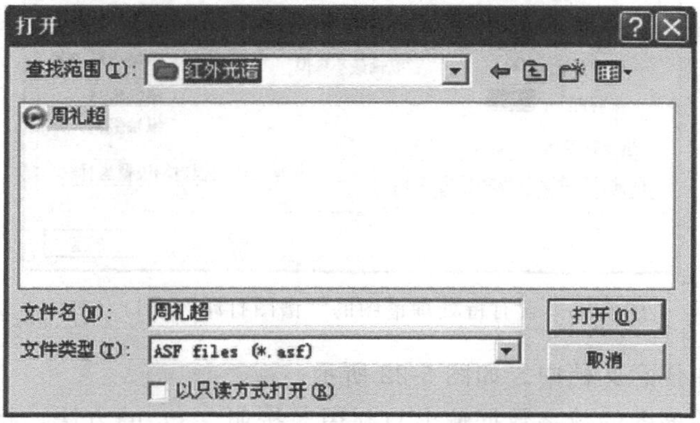

图 5-18　谱图打印时，打开文件对话框

通过运行“查看”→“显示设定参数”，打开谱图显示参数设定窗口，设定谱图显示的各种参数（通常多用于设定谱图纵、横坐标，以使“谱图打印”窗口中的谱图显示更为合理、美观），调整谱图显示情况。如图 5-20 和图 5-21 所示。

通过运行“编辑”→“复制”→“BMP 格式”，将调整好的谱图复制到剪切板上，之后

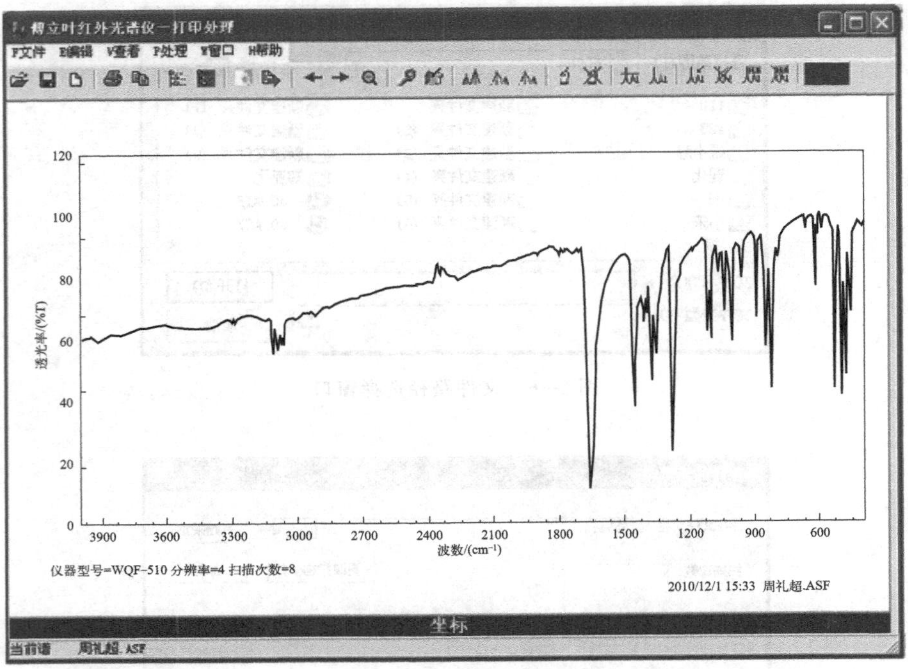

图 5-19 含有待处理谱图的“谱图打印”窗口（一）

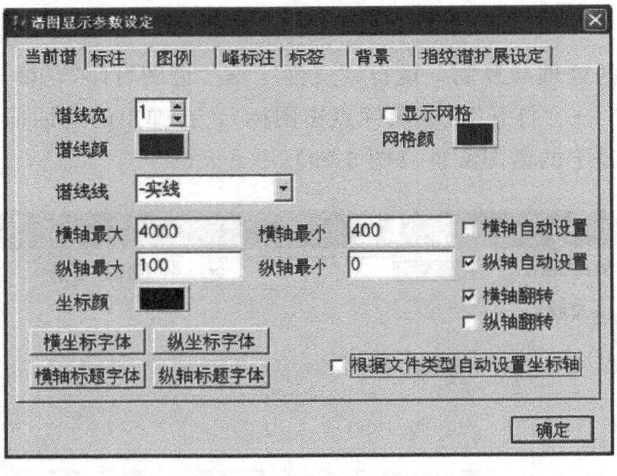

图 5-20 含有待处理谱图的“谱图打印”窗口（二）

就可以将该图粘贴在任意文档中。如图 5-22 所示。

（4）红外光谱图谱图的数字数据输出与利用　按照（3）的方法，将要输出的红外光谱图在“打印谱图”窗口打开。运行“文件”→“另存为”，输入另存后的数据文件的路径和文件名，并将文件的保存类型设置为“Text files”，点击“保存”按钮，将谱图存储为文本文档。如图 5-23 所示。

输出转换后的文本文档包含波数和透光率两列数据，该数据可复制到其他作图软件中（如 Excel 或 Origin 软件等），按照要求绘制红外光谱图。

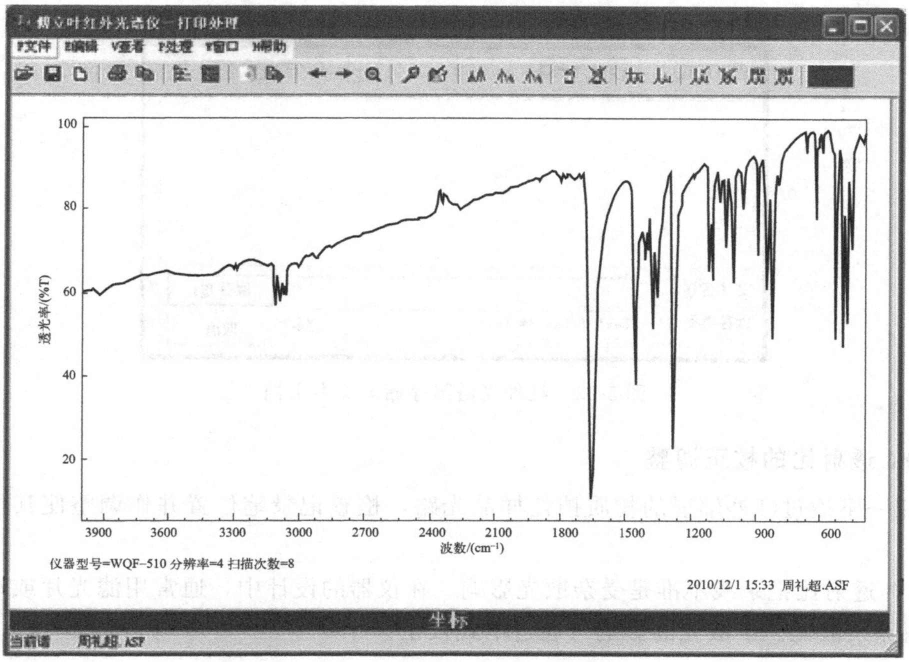

图 5-21 纵、横坐标调整后的谱图

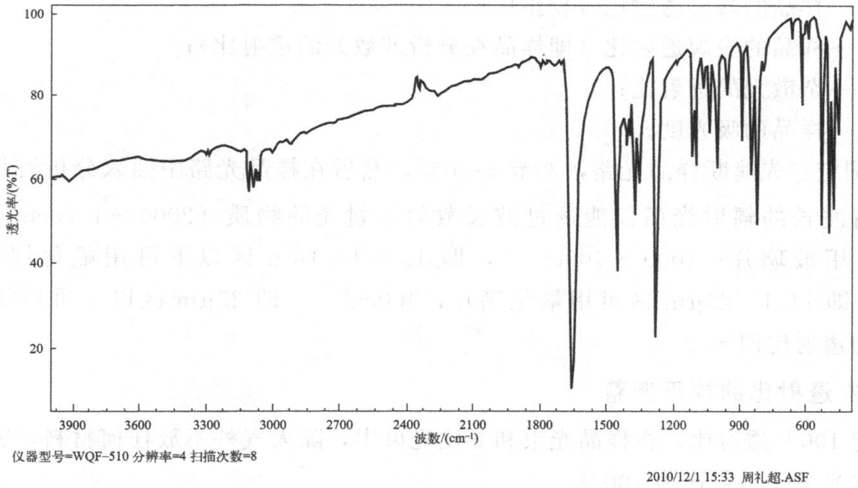

图 5-22 红外光谱图粘贴在 word 文档中情况

三、仪器的校正与检查

为了确保分析数据的准确性和可比性，应对所使用的红外分光光度计进行必要的校正、检查和调整。首先，必须按照仪器说明书选择适当的操作条件（如狭缝宽度、电平衡的调节、记录笔的应答和扫描速度），然后进行校正调整。

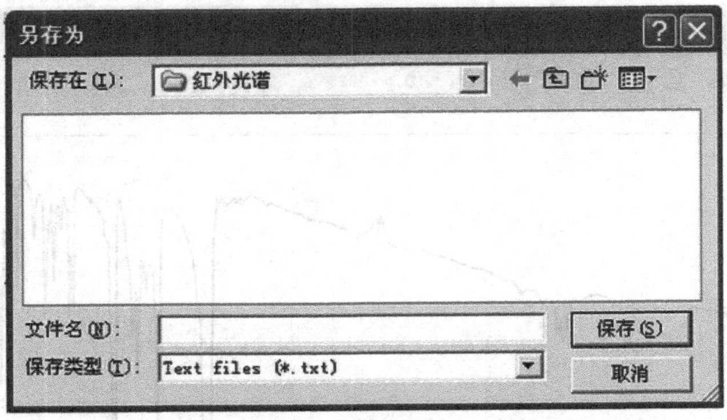

图 5-23　红外光谱图存储为文本文档

1. 0% 透射比的校正调整

① 用一不透过红外辐射的物质挡住样品光路，检查记录笔位置并作调整使其位于透射比 0%处。

② 0%透射比记录线不准是受杂散光影响。在仪器的设计中，通常用滤光片或采用双单色器来消除杂散光。杂散光的影响可通过下式校正：

$$\tau=(\tau_I-\tau_S)/(100-\tau_S) \tag{5-2}$$

$$A=\lg[(100-\tau_S)/(\tau_I-\tau_S)] \tag{5-3}$$

式中　τ ——样品的真实透射比（校正后）；

τ_I——样品的表观透射比（即样品在分析波数处的透射比）；

τ_S——杂散光的透射比；

A——样品的吸光度。

τ_S 的测定：先遮断样品光路，调节 $\tau=0\%$，然后在样品光路中插入分析波长附近，不能透过分析波长的辐射光而仅能透过波长散射辐射光的物质（2000～1000cm^{-1}，即 5～10μm 区可用玻璃片；1000～700cm^{-1}，即 10～14.1μm 区以下可用氟化锂片；700～400cm^{-1}，即 14.1～25μm 区可用氟化钙片；400cm^{-1}，即 25μm 区以下可用氯化钠片），测得此时的透射比即 τ_S。

2. 100% 透射比的校正调整

为确定 100%透射比，在样品光束和参比光束中，除大气外不放任何材料，调整样品光束中的梳状光束使透射比为 100% 。

检查 100%平直线性时（在调好电平衡的情况下），把记录笔调到 95%透射比处，记录全波段两光束的平衡性。在整个波长范围内，100%透射比时的线应该是平坦的，但在水蒸气和二氧化碳的吸收波长范围内有时会产生一些干扰。必要时按仪器说明书进行相应的调整。

3. 波长的校正

红外分光光度计的波长（或波数），出厂前已准确校正，但在使用过程中因诸多因素（如仪器转动部分之间摩擦、松动、光路的调整质量、温度等）的变化，波长的刻度位置很容易失调，因此每日都应校正，必要时还必须调整波长刻度和棱镜（或光栅）

的位置。

波长的校正应在严格的恒定条件下，按仪器说明书进行。通常用红外分光光度计实际测量出已知谱带位置的特定物质的光谱，将该实测光谱的一定位置与已知光谱一定谱带位置进行比较，再进行波数校正。一般用 0.03～0.05mm 厚的聚苯乙烯片插入样品光束中扫描，然后进行波数校正（图 5-1、表 5-5）。有时也将茚装入 0.025mm 厚的溴化钾液池内进行扫描，来核对波长的准确性（图 5-24、表 5-6）。

表 5-5　聚苯乙烯吸收谱带的波长和波数

峰号	波长/μm	波数/cm^{-1}	峰号	波长/μm	波数/cm^{-1}
1	3.243	3083	12	6.68	1452
2	3.266	3060	13	7.53	1328
3	3.303	3026	14	7.62	1312
4	3.419	2924	15	8.46	1181
5	3.508	2850	16	8.66	1154
6	5.14	1946	17	9.35	1069
7	5.35	1869	18	9.72	1028
8	5.55	1802	19	11.04	906
9	6.24	1603	20	11.89	841
10	6.31	1583	21	13.21	757
11	6.69	1494	22	14.29	700

表 5-6　茚的谱峰波数

峰号	波数/cm^{-1}	峰号	波数/cm^{-1}	峰号	波数/cm^{-1}
9	3139.5 ±1	54	1393.2±1	67	1018.5±0.2
10	3110.0 ±1	55	1361.3±0.4	69	947.2 ± 0.3
11	3068.5±2.5	56	1332.5±0.5	71	914.8 ±0.2
12	3025.0±0.5	57	1312.5±0.3	72	861.3 ±0.2
13	3015.0±0.5	58	1287.8±0.2	73	830.5 ±0.2
15	2887.0±1	60	1226.2±0.2	74	765.4 ±0.2
17	2771.0±0.5	61	1205.2±0.2	75	730.1± 0.2
48	1609.6±0.2	62	1166.2±0.3	76	718.2 ±0.3
51	1553.3±0.5	64	1122.7±0.2	77	692.8± 0.7
53	1457.8±0.5	66	1067.9±0.2		

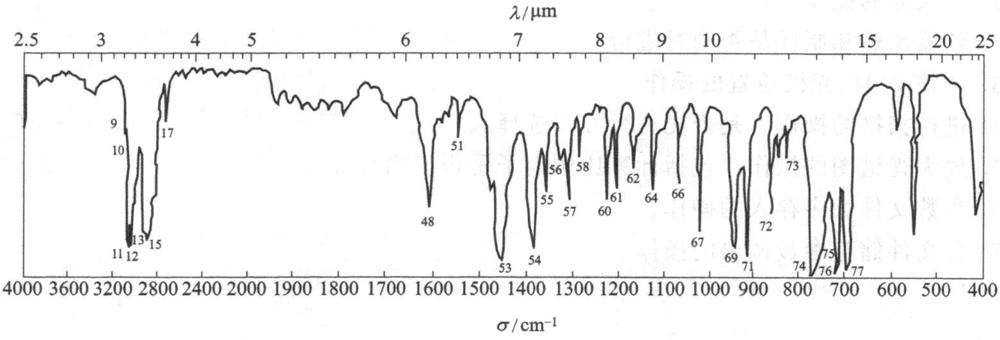

图 5-24　茚的红外光谱图

进度检查

一、填空题

1. 红外分光光度计使用过程中因诸多因素的变化，仪器波长的刻度位置很容易______，因此________都应校正。

2. 波长的校正应在________条件下，按仪器__________进行。通常用红外分光光度计实际测量出____________的特定物质的光谱，再将实测光谱的一定位置与__________一定谱带位置比较，再进行____________。

3. 通常用0.03～0.05mm厚的________片插入样品光束中扫描，然后进行波长校正。有时也将__________装入0.025mm厚的____________内进行扫描，来核对波长的准确性。

二、判断题（正确的在括号内画“√”，错误的画“×”）

1. 为了确保分析数据的准确性和可比性，应对所使用的红外分光光度计进行必要的校正、检查和调整。（　）

2. 红外光谱样品制备过程中常用的设备有红外灯、玛瑙研钵、压片机等。（　）

3. 波长的刻度位置很容易失调，因此每月都应校正，必要时还必须调整波长刻度和棱镜（或光栅）的位置。（　）

4. 通常用红外分光光度计实际测量出已知谱带位置的特定物质的光谱，将该实测光谱的一定位置与已知光谱一定谱带位置进行比较，再进行波数校正。（　）

5. 一般用0.3～0.5mm厚的聚苯乙烯片插入样品光束中扫描，然后进行波数校正。（　）

三、简答题

1. 简述红外分光光度计的一般操作程序。

2. 波长的校正方法是什么？

四、操作题

用WQF-510型红外分光光度计测定聚苯乙烯样品，检查学生使用该仪器的常规操作技能。(操作正确在括号内画“√”，错误画“×”)

1. 开仪器的操作。（　）

2. 仪器预热和制样是否同时进行。（　）

3. 调整100%光楔位置的操作。（　）

4. 进行扫描的操作（是否先进行方式选择）。（　）

5. 放大光谱图的操作（包括计算比例因子是否正确）。（　）

6. 参数文件顺序存入的操作。（　）

7. 各文件储存参数调出的操作。（　）

编号 FJC-82-04

学习单元 5-4　样品的处理和制备

学习目标： 完成本单元的学习之后，能够掌握对不同样品进行处理和制备的方法。

职业领域： 化工、石油、环保、医药、冶金、建材等。

工作范围： 分析。

相关知识内容： 红外吸收光谱分析基本原理

所需仪器、药品和设备

序号	名称及说明	数量
1	液体样品	适量
2	二硫化碳或四氯化碳	适量
3	注射器或滴管	一支
4	橡胶手套	一双
5	楔形板	一块
6	液体吸收池	一个
7	带聚四氟乙烯塞头的注射器	一支
8	玛瑙研钵、干燥器、筛网(250 目或 200 目)	各 1 个
9	马弗炉	1 台
10	溴化钾(光谱纯)或溴化钾粉料	100～300mg
11	红外灯	1 盏
12	压膜机、油压机(10～20t)、真空泵、振动球磨	各一台
13	液体石蜡或六氯丁二烯、氟化煤油等	约 5mg
14	固体样品	适量
15	气体吸收池	1 个
16	液体吸收池	1 个
17	分析天平	1 台
18	软质样品铲(硅橡胶或聚乙烯材质)，不锈钢铲	各 1 把

一、制样器的类型及使用

1. 压膜装置的结构及使用

压模装置是压片装置的主要设备，用于压片法制备固体样品时压片。压片装置由压模、振动球磨、油压机、机械真空泵组成。

压模机由模膛、柱塞、顶模、底模和底座等组成（图 5-25）。模膛和底座的材料是不锈钢，而顶模、底模和柱塞则由钼钢或工具钢制成。顶模和底模经过精磨和淬火，表面粗糙度为 0.012μm，平面度为±1μm，平行度为±2μm。

使用时应先装好模膛、底模和底座。压模机用完以后，应放于干燥处保存或用水洗净，以防 KBr 在潮湿空气下腐蚀压模机。使压模机温度高于室温 10℃以上，可以使盐片不至于在压制过程中受潮发霉。压片时压力不要过大，以免损坏压模。

另外还有改良模具（图 5-26），与标准抽气压模结构类似，它有一个样品圈，用这种模具制成的片子与样品圈结合在一起，不需将片子顶下，可直接把样品圈装上样品架测谱。在常规红外定性分析中，压好的片子一般需保留几十分钟，在短期使用时，不抽气的片子也完全可满足要求，所以模具还可简化为简易模具[图 5-27(a)、(b)]。此外，还有一些不用压机的模具。

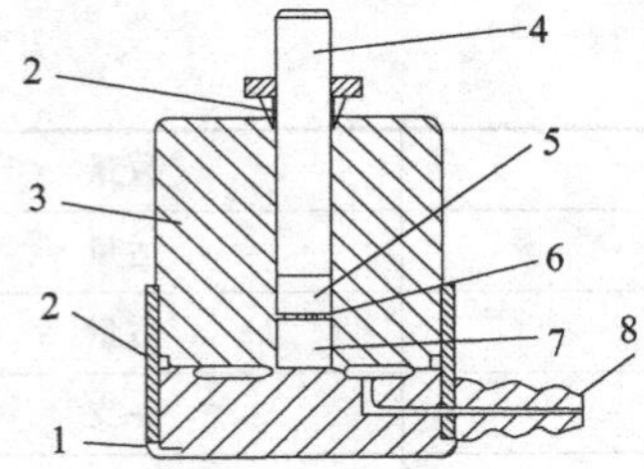

图 5-25 标准抽气压模机

1—底座；2—橡胶密封圈；3—模膛；4—柱塞；5—顶模；6—样品粉末；7—底模；8—抽气口

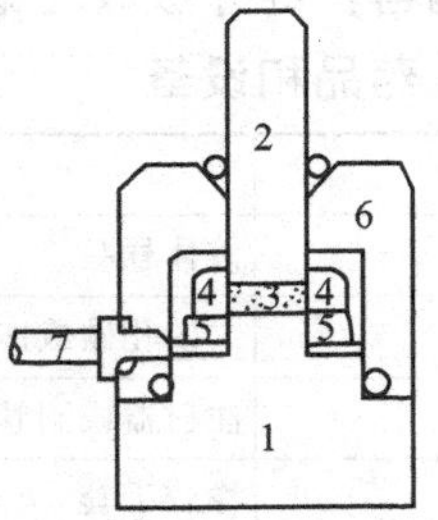

图 5-26 改良模具图

1—底座；2—柱塞；3—样品；4—样品圈；5—密封圈；6—模膛；7—抽气口

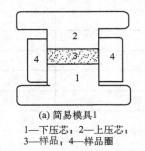

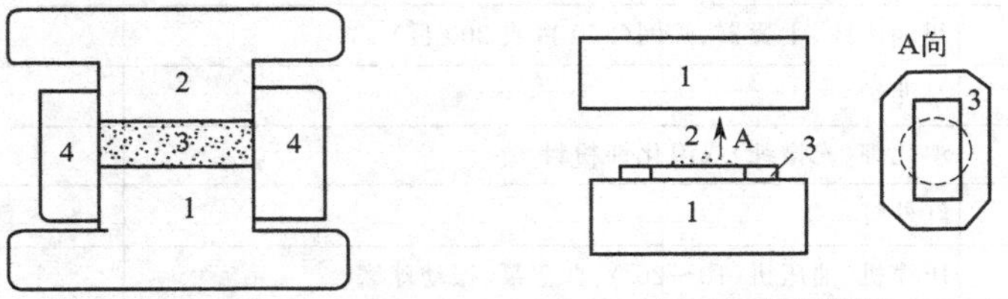

(a) 简易模具1

1—下压芯；2—上压芯；3—样品；4—样品圈

(b) 简易模具2

1—压芯块；2—样品；3—长孔或圆孔纸板

图 5-27 简易模具

2. 液体吸收池的结构及使用

（1）可拆式液体吸收池的装样

① 装样按图 5-28 中 2 至 8 次序进行，后上螺栓、螺帽。在湿度较小的环境中，戴上手套，用注射器将液体样品注放在窗片 4 上（图 5-29）。

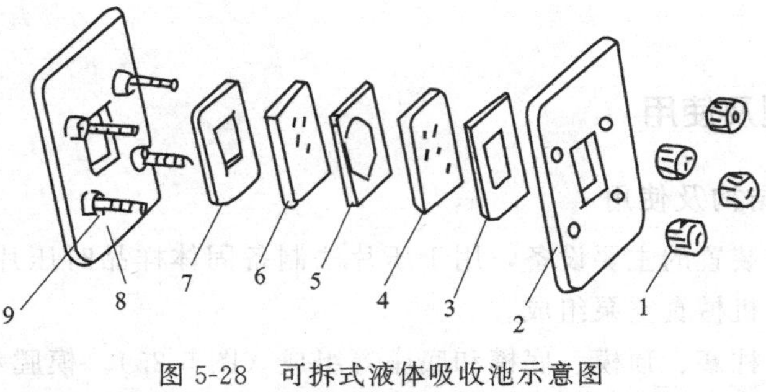

图 5-28 可拆式液体吸收池示意图

1—螺帽；2—前框；3，7—氯丁橡胶垫（或聚四氟乙烯垫）；4，6—红外透光窗片；5—铅垫；8—后框；9—螺栓

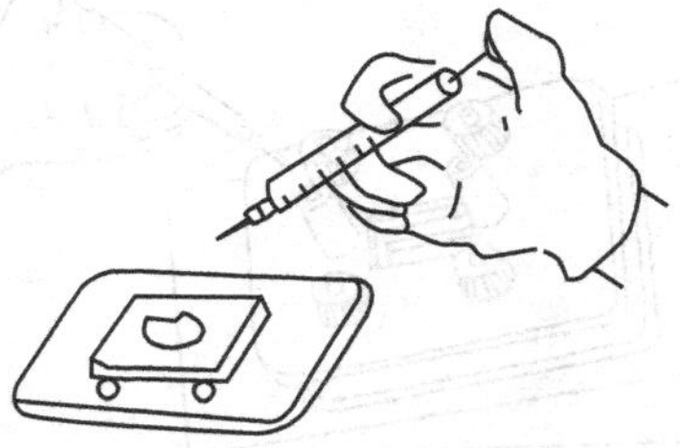

图 5-29　样品注放在窗片上

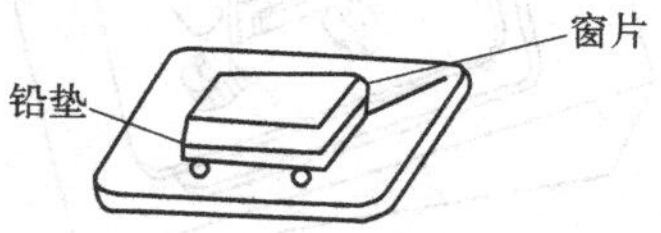

图 5-30　窗片间铅垫隔开

② 用窗片 6 覆盖，中间以铅垫 5 隔开（图 5-30），液体样品有效厚度为铅垫厚度（黏度较大不易流失的样品也可不用铅垫）。

③ 再盖上氯丁橡胶垫 7，最后装上后框，按对角线方向，逐渐拧紧螺帽、螺栓（图 5-31）。注意拧时不要用力过猛或拧得过紧，以防窗片破裂。

④ 使用完毕或更换样品，立即把吸收池各部件拆下，用经过严格干燥的四氯化碳、二硫化碳、三氯甲烷清洗干净（溶剂含水量<0.1%，不宜用含水量较多的乙醇等溶剂），盐片清洗后立即用红外灯烘干，保存在干燥器内。

（2）固定式液体吸收池的装样　固定式液体吸收池如图 5-32 所示。

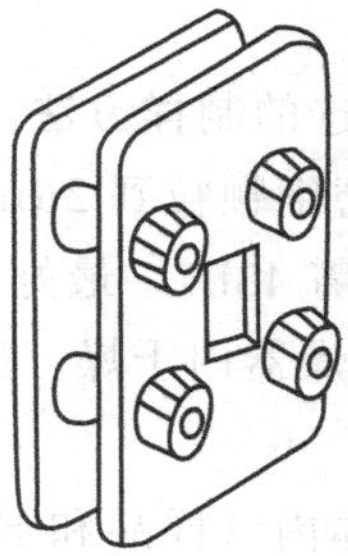

图 5-31　拧紧螺帽、螺栓

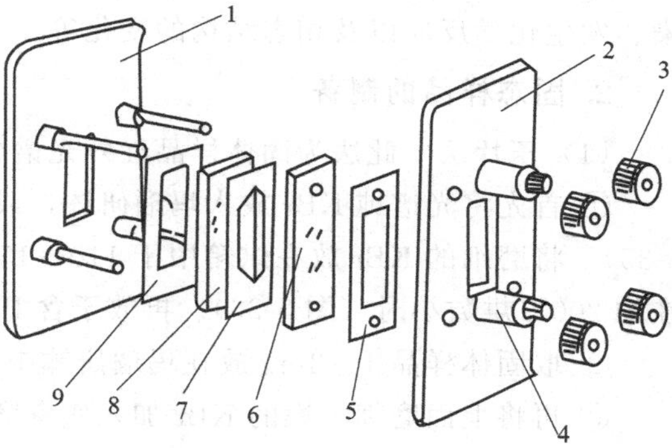

图 5-32　固定式液体吸收池

1—后框（样品架）；2—前框（样品架）；3—螺母；
4—进样口与塞子；5—前垫片；
6—有孔前窗片；7—间隔片；8—后窗片；9—后垫片

① 戴好手套，把液体吸收池放在楔形板上（上高下低），如图 5-33 所示。打开两个进孔塞子，用注射器将样品从吸收池样品入口处注射到池体中，直至样品由上面的出口溢出为止（图 5-34），立即先用塞子塞紧入口，再用塞子塞紧出口，用脱脂棉吸去外溢样品液体后即可置于仪器中。

② 使用完毕或更换样品，应立即用注射器把已测样品抽出。

③ 立即用注射器将干燥的二硫化碳、四氯化碳或三氯甲烷注入池体，反复多次清洗、抽出，一般 3～4 遍。最后把溶剂赶走，用洗耳球吹入干燥空气，使吸收池干燥，并及时放入干燥器内保存。

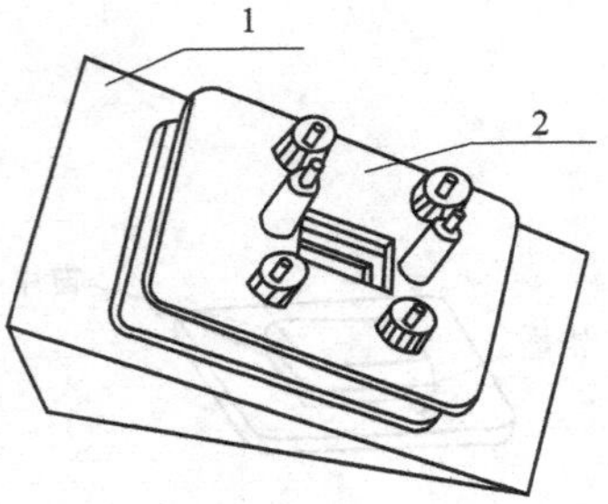

图 5-33　液体吸收池放在楔形板上
1—楔形板；2—液体吸收池

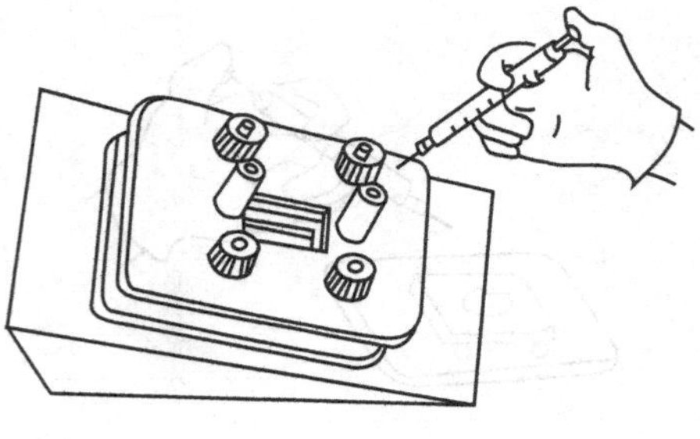

图 5-34　用注射器进样示意图

二、试样的处理与制备

1. 样品的处理

若样品中不纯物质含量超过 0.1%～1%，需提纯并将杂质除去。多组分样品的定性分析，应尽量减少其组分数。

根据样品的状态和性质不同，选用不同的样品处理方法。一般采用重结晶、蒸馏、萃取、薄层层析、柱层析、薄膜渗透等方法进行分离精制。在样品处理过程中要避免试样污染、发生化学反应以及相态结构的变化等。

2. 固态样品的制备

(1) 压片法　此法为固体样品红外光谱分析最常用、最优选的制样方法。

① 首先将光谱纯 KBr 放入玛瑙研钵，或振动球磨中充分磨细颗粒到 2μm 左右为宜（图 5-35）。将磨细的 KBr 放在烘箱中于 110～150℃充分烘干（约需 48h），最好放在马弗炉里，在约 200℃烘数小时（图 5-36）。再放于含 P_2O_5 或分子筛的干燥器内干燥（图 5-37）。

② 取固体样品 1～3mg 放在玛瑙研钵中，充分磨细。

③ 再将上面磨细干燥的 KBr 加入盛有磨细样品的玛瑙研钵内（样品和 KBr 质量比约为 1∶200，对某些样品可酌情增减），在红外灯下再研磨混合均匀（图 5-38），将粉末通过 250 目筛孔，使其粒度在 2.5μm 以下（图 5-39）。

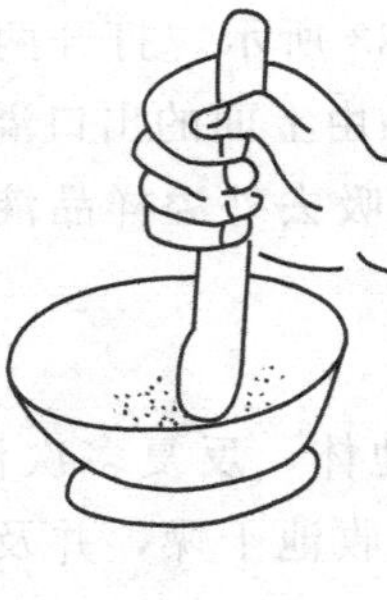

图 5-35　研磨

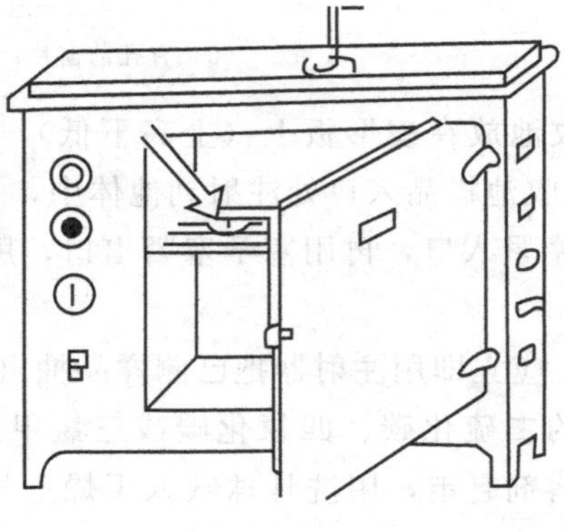

图 5-36　烘干

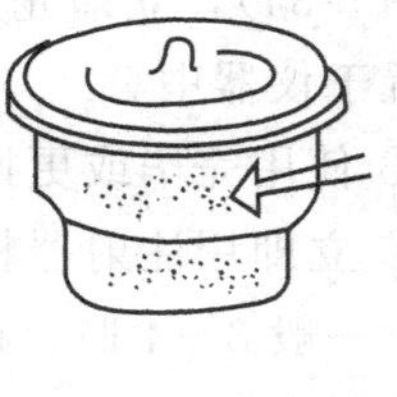

图 5-37　干燥

图 5-38 样品和溴化钾研磨均匀

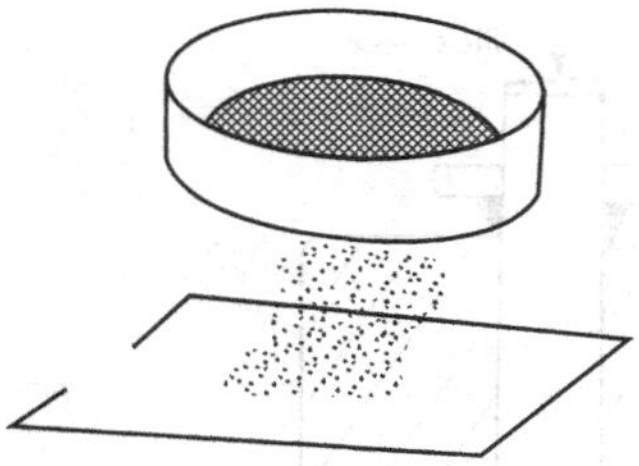

图 5-39 过筛

④ 将磨好的混合物用不锈钢铲转移到压模的底模面上并刮平，中心可以稍高些（图 5-40）。小心降下柱塞将样品粉末压平，并轻轻转几下，使粉末分布均匀，小心地轻轻拔出，观察样品粉末表面是否良好。若粉末表面均匀，则将顶模轻轻放入，其上再放上柱塞，即可放在油压机上（图 5-41）。

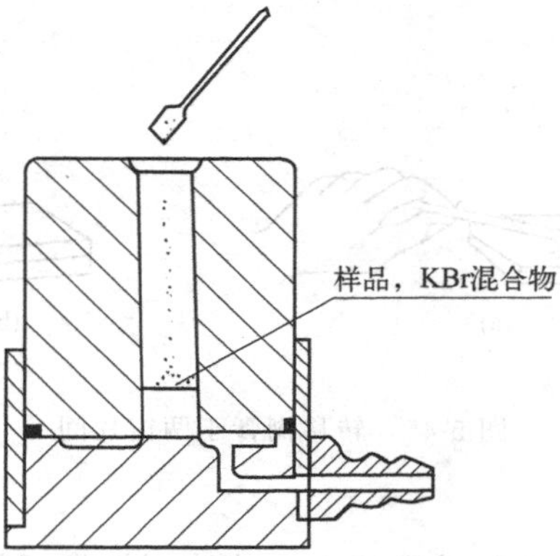

图 5-40 混合物转移到底模面上

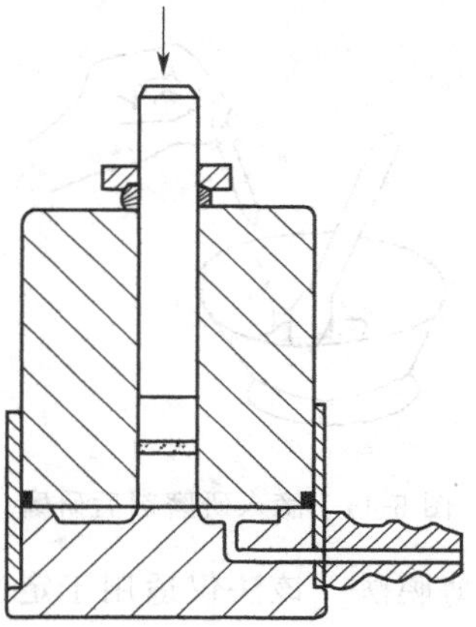

图 5-41 放上柱塞

⑤ 压片时，将压模连上真空泵抽空 2 min，逐渐加压至压力为（8.24～10.3）$\times 10^8$ Pa，并维持 2～3min（图 5-42）。

⑥ 除去真空泵，缓慢降压，取出压膜，除去底座，将压模颠倒过来，并在柱塞外圈垫上支承管，将透明片顶出，得厚度 1～2mm 的透明圆片（图 5-43）。

（2）糊剂法 此法特别适用于某些会吸潮或遇空气将产生化学变化的样品，不能用于样品中饱和 C—H 键的鉴定，也不适用于定量分析样品的制备。

① 取固体样品约 5mg 放在玛瑙研钵中，滴上一滴与样品折射率相近的液体（即研磨剂，可选石蜡油、六氯丁二氯、氟化煤油等），充分研匀（样品粒度在 5μm 以下）成糊膏状（黏稠而非液体），见图 5-44。

② 用软质样品铲（或橡胶淀帚）将糊膏夹于可拆卸池两窗片（盐片）之间（或夹于两块空白 KBr 片中），如图 5-45 所示将两块窗片对合并作上下左右相对平移，慢慢把糊膏展开呈半透明薄层。最后将对合片移入样品架上，对称缓缓施力收紧螺丝后待测。

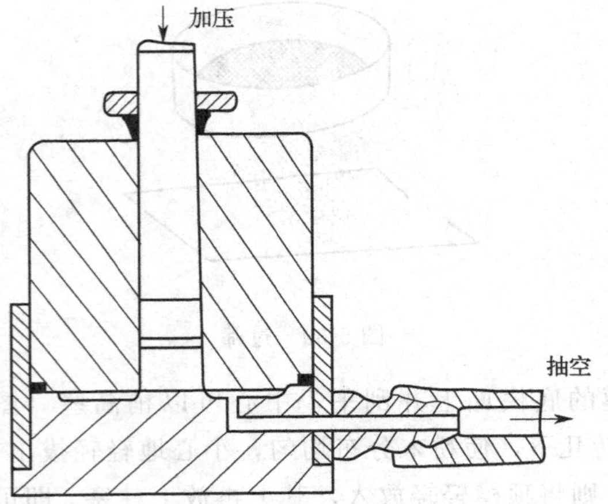

图 5-42　抽空下加压

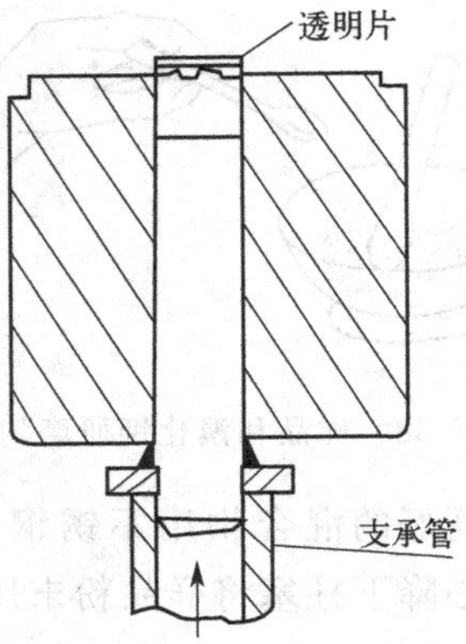

图 5-43　顶出透明片

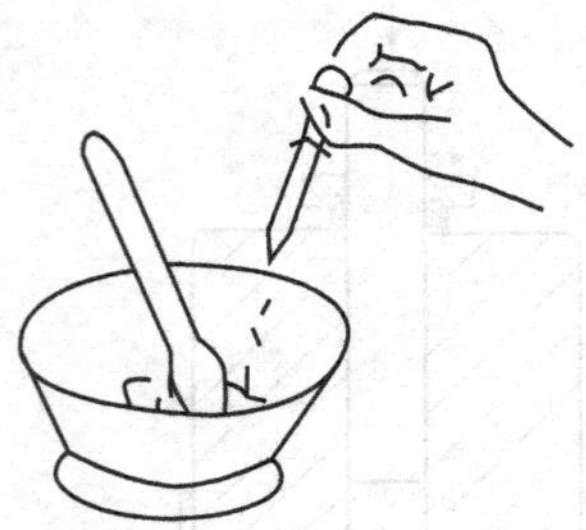

图 5-44　滴入研磨剂后研磨

图 5-45　转移糊膏于两窗片间

(3) 薄膜法　该法仅适用于定性分析。

① 用易挥发的溶剂将样品溶解，再将溶液滴在水平的玻璃板上，待溶剂挥发后样品即可成膜[图 5-46(a)、(b)]。

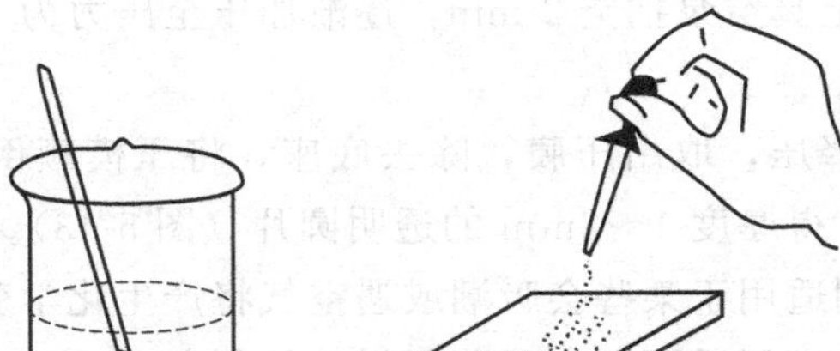

图 5-46　溶解和成膜

② 或在室温下，将上述溶液直接滴在窗片（盐片）上，使溶剂挥发成膜，然后用红外灯加热除去残留溶剂（图 5-47）。

③ 对于难找到合适溶剂，但熔融时不分解的样品，应把样品夹在两窗片间，用吸收池框架稍稍夹紧两窗片，然后放入烘箱内缓缓升温，即可使样品成膜（图 5-48）。

(4) 溶液法　此法多用于定量分析或某些特殊观察。

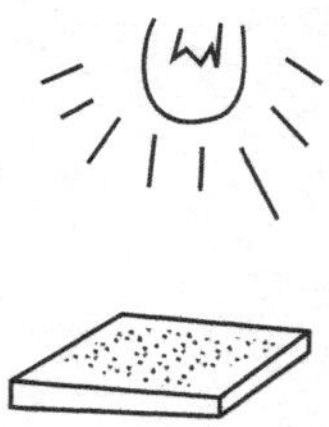

图 5-47　去除残留溶剂

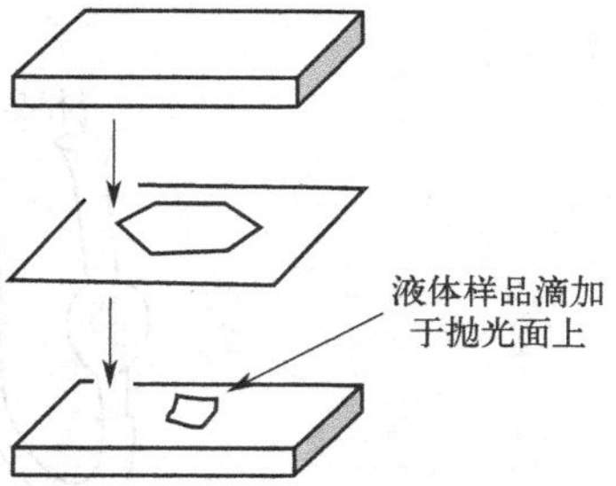

图 5-48　夹片法示意图

选择一种溶剂，它不腐蚀池窗，在分析波长处没有吸收，并对溶质不发生强的溶剂效应，通常选用四氯化碳和二硫化碳（操作必须在通风柜或有排风设备的地方进行，尤其是二硫化碳，要注意防火）。

① 用分析天平精确称取一定量的被测样品。

② 将所称得的样品放入一个体积适当的容量瓶中并摇动，使样品完全溶解。

③ 补加溶剂到刻度，并充分混合（溶剂和容量瓶的温度应和红外光谱仪相同）。注入液体吸收池即可测定。在定量分析中采用质量分数，浓度一般选5%～20%。

3. 液态样品的制备

（1）夹片法　此法适用于沸点较高，即挥发度不大的样品。

① 压制两片空白的 KBr 片（见压片法）。

② 将液体样品滴 1～2 滴在一片上，盖上另一片，两盐片间垫入不同厚度的垫片（间隔片），用专用夹具将两片夹紧，即可进行测定（图 5-49）。

（2）涂片法　此法适用于黏度大的液体样品。

① 压制一片空白的 KBr 片（见压片法）。

② 将样品涂在这片空白片上（不夹片），即可进行测定。

图 5-49　涂片

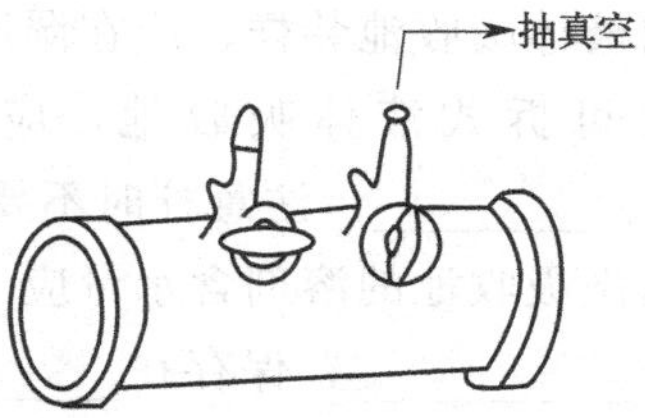

图 5-50　抽真空

（3）溶液法　此法适用于低沸点样品。

将样品注入封闭的液体吸收池中，液层厚度为 0.01～1mm（由不同间隔片确定）即可进行测定，液态样品溶液法与固态样品的溶液法相同。

4. 气态样品的制备

① 抽填空。将气体吸收池的气体抽出（图 5-50）。

② 将气体样品首先通过硅胶干燥管除去水分。

③ 将经干燥的气体样品通入气体吸收池（图 5-51），控制样品分压及吸收池总压（包括

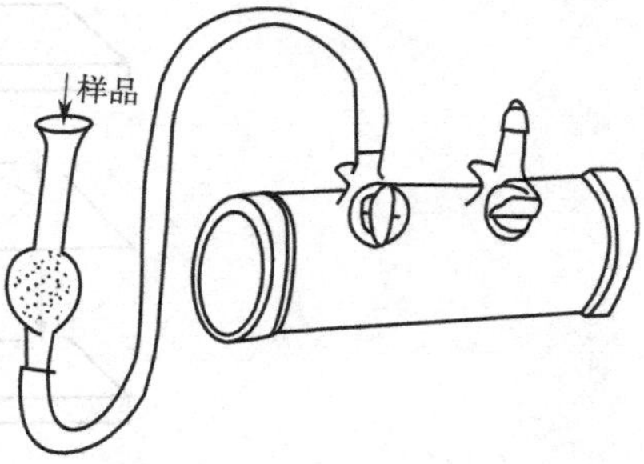

图 5-51　进气样

补充加入的任何稀释气体，如氮和氩），以达预先确定的样品浓度。测定样品气体的压力一般尽可能在 267～101325Pa 的低压状态。

三、制样时的注意事项

在红外吸收光谱分析中，样品的制备占有重要地位。如处理不当，即使分析条件和仪器性能很好，也不能得到满意的红外光谱，因此，制样时应注意：

① 样品的浓度或厚度要选择适当，以测得满意谱图。应使光谱图中大多数吸收峰的透光度处于 15%～70%范围内。

② 样品中不含游离水，防侵蚀吸收池窗片，防测得的光谱图变形。

③ 样品应是单一组分的纯物质。多组分应尽可能在测定前分离，不致使谱图无法辨认和分析。

进度检查

一、填空题

1. 对液体吸收池装样，应在湿度________的环境中，戴好________。

2. 对可拆式液体吸收池，应按一定次序装好，按________方向，逐渐拧紧________、________，注意拧时不要________或________，以防窗片破裂。

3. 清洗吸收池的溶剂含水量应________，不宜用含水量________等溶剂。盐片清洗后立即用________，保存在________内。

4. 压模机由________、________、________、________和________组成。压模装置是压片装置的________。

5. 压片装置由________、________、________和________组成。

6. 压模机使用时应装好________、________和________。

7. 压模机使用后，应放于________或________，以防 KBr 在潮湿空气下腐蚀压模。

8. 使压模机温度高于室温________以上，可以使盐片不至于在压片过程中受潮发霉。

9. 压片时压力________，以免损坏压模。

10. 红外吸收光谱分析制样时一般应注意的三点是：①样品的__________要选择适当，②样品中__________，③样品应是单一组分的__________物质。

11. 夹片法适用于__________液体样品，涂片法适用于__________液体样品，溶液法适用于__________液体样品。

12. 压片法中通常取固体样品______ mg，放于玛瑙研钵中，充分______。再将__________的 KBr 加入玛瑙研钵内，在__________下再研磨混合均匀，将粉末通过__________筛孔，使其粒度在__________以下。

13. 压片法压片时，将压模连上__________抽空______ min，逐渐加压至压力为__________ Pa，并维持__________ min。

14. 糊剂法一般取固体样品约__________ mg 放在玛瑙研钵中，滴一滴与样品__________相近的液体，充分研匀成糊膏状。

15. 薄膜法中使溶剂挥发成膜，然后用__________加热去除残留溶剂__________。

16. 气态样品制备时，将经__________气体样品通入__________。

17. 样品中杂质含量超过__________，需__________并将__________除去。多组分样品定性分析时，应尽量__________。

二、判断题（正确的在括号内画“√”，错误的画“×”）

1. 压片法中加入的 KBr 很纯，是指纯度达分析纯或光谱纯。（　　）
2. 压片法中加入的 KBr 磨细后应干燥，放在烘箱中于 100℃以下烘干。（　　）
3. 压片法中样品和 KBr 研磨混匀后应通过 250 目筛孔。（　　）
4. 糊剂法滴入样品的液体可以是石蜡、六氯丁二烯及氟化煤油等。（　　）
5. 薄膜法中对于难找到合适溶剂，但熔融时不分解的样品，应放入烘箱内快速升温，使样品成膜。（　　）
6. 红外光谱分析时，样品中只要含有杂质，就应提纯并将杂质除去。（　　）

三、操作题

根据样品的处理和制备方法，检查学生下列操作技能。（正确在括号内画“√”，错误画“×”）

1. 压片法中，研磨、干燥 KBr 的操作。（　　）
2. 压片法中，将磨细干燥的 KBr 加入磨细的样品中，再研磨、混匀、过筛的操作。（　　）
3. 压片法中，压片的操作。（　　）
4. 糊剂法中，用不锈钢刀将糊膏转移到窗片（盐片）的操作。（　　）
5. 薄膜法中，用红外灯加热将残留的溶剂去除干净的操作。（　　）
6. 夹片法中夹片的操作。（　　）

编号 FJC-82-05

学习单元 5-5 未知物的定性分析

学习目标： 完成本单元的学习之后，能够掌握用红外光谱对样品进行定性鉴定和结构分析的基本方法。

职业领域： 化工、石油、环保、医药、冶金、建材等。

工作范围： 分析。

相关知识内容： 红外吸收光谱分析基本原理、红外分光光度计的结构、红外分光光度计操作、样品的处理和制备

所需仪器、药品和设备

序号	名称及说明	数量
1	红外分光光度计（根据实际情况选用）	1台
2	被测样品（某已知物或未知物，不是新化合物，其光谱在标准谱图中已收藏）	适量
3	标准样品（根据被测样品选用）	适量
4	标准谱图集	多种

一、已知物的鉴定步骤

1. 用标准样品对照

① 根据已知被鉴定物（被测样品），选择聚集状态与已知鉴定物相同、高纯度的标准样品。

② 选择合适样品制备方法，对标准样品制样。

③ 选择合适测定条件，利用红外分光光度计测得标准光谱图。

④ 用上述同样制样方法，对已知被鉴定物制样。

⑤ 用同一台红外分光光度计，在上述选定的测定条件下测定被鉴定物的谱图。

⑥ 将被鉴定物的谱图与标准样品的标准谱图进行对照。若两者的谱带数目、位置、相对强度以及形状完全相同，则被鉴定物与标准样品为同一化合物。

2. 与标准谱图对照

① 当没有标准的纯化合物时，可从已出版的红外光谱标准谱图集，查找出鉴定已知物所需的标准谱图。

② 在被鉴定物与标准谱图上标准物物态相同的情况下，选同样制样方法进行制样。

③ 在与标准谱图上标准物相同测定条件下，用同类型红外分光光度计测出被鉴定物的谱图。

④ 将已知被鉴定物谱图与标准谱图集上查出的标准谱图进行对照，若两者的谱带数目、

位置、相对强度以及形状完全相同，则被鉴定物与标准谱图上的标准物为同一化合物。

说明：对照时必须注意现有的标准谱图峰位不很准确，而且样品也不一定很纯。如果被鉴定物比标准谱图的峰数少，则可断定不为同一物质；若被鉴定物多出几个个别的谱峰，则可能是因为样品纯度不够，也可能不为同一物质，需参考被鉴定物来源，并考虑到会引入杂质的可能因素加以综合判断。

二、未知物的测定步骤

1. 样品的处理

若样品中含微量不纯物可不处理，若不纯物含量超过 0.1%～1%，则需提纯除掉杂质。样品的处理方法根据样品的状态和性质选择，一般采用重结晶、萃取、薄层色谱法、分馏等进行分离提纯。

2. 收集样品的有关数据和资料

尽可能了解下列情况：

① 样品的外观。是气体，或液体，或固体；样品颜色、气味。

② 样品的来源和用途。

③ 样品的元素分析结果和其他物理常数（分子量、沸点、熔点、折射率等）。

3. 确定分子式

由元素分析结果提供元素的种类、不同元素原子的比例，可得实验式，再由分子量算出分子式。

4. 计算不饱和度，初步判断未知物类型

不饱和度指分子结构式与饱和的分子结构式相比所缺一价元素的“对数”，每缺两个一价元素时，不饱和度为一个单位（$U=1$）。

计算不饱和度 U 的经验公式为

$$U=1+n_4+(n_3-n_1)/2 \tag{5-4}$$

式中 n_1——分子中一价元素原子的数目；

n_3——分子中三价元素原子的数目；

n_4——分子中四价元素原子的数目。

上述公式经计算得出 $U=0$ 时，为链状饱和烃及其衍生物（不含双键）；$U=1$ 时，可能有一个双键或脂环；$U=2$ 时，可能分子中有两个双键或脂环，也可能有一个叁键，也可能一个双键、一个环；$U=4$，可能有一个苯环，等。

5. 制样

根据样品形态等，选择适当制样方法，对未知物制样。

6. 测定未知物的红外光谱图

选择适当测定条件，用红外分光光度计进行未知物光谱测定。

7. 谱图解析

对已测出的未知物谱图进行解析，可先从各个区域的特征频率入手，发现某基团后，再根据指纹区进一步核证该基团与其他基团的结合方式。

① 首先辨认特征区第一强（最强）峰的起源由何种振动所引起及可能属于什么基团和

化学键。然后找出该基团所有或主要的相关峰，以确定第一强峰属于什么基团和化学键。

② 依次解析特征区的第二强峰及相关峰，以此类推。有必要时，再解释指纹区的第一、第二……强峰及其相关峰。

③ 根据特征吸收峰和分子结构的关系，依据未知物谱图上特征吸收峰出现的位置、相对强度及形状，参照“基团频率表”确定分子中各个基团或化学键所连接的原子或原子团，并结合前述的各步，综合分析，推定未知物分子结构。

8. 用标准谱图核实验证

根据推定的分子结构，查找其标准红外光谱图进一步核实验证。充分利用标准谱图集，按索引检索所需谱图，若谱图上所有峰的位置、数目、相对强度和形状与所测谱图完全相同，则可确认推定分子结构正确。

三、应用实例

1. 某未知物，若根据元素分析结果和分子量的测定，推算其分子式为 C_8H_{10}，试对该未知物进行结构分析。

具体分析：

计算不饱和度：$U=1+8+(0-10)/2=4$，则可能有一苯环。

将未知物制样，用红外分光光度计测其红外光谱图，如图 5-52 所示。

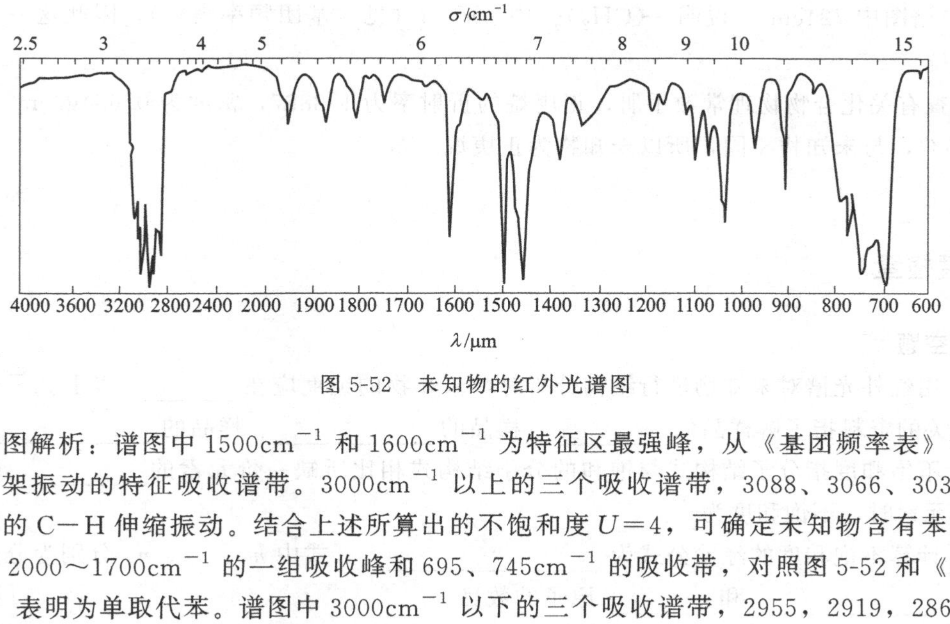

图 5-52 未知物的红外光谱图

谱图解析：谱图中 1500cm^{-1} 和 1600cm^{-1} 为特征区最强峰，从《基团频率表》中可知是苯骨架振动的特征吸收谱带。3000cm^{-1} 以上的三个吸收谱带，3088、3066、3031cm^{-1} 为苯环的 C—H 伸缩振动。结合上述所算出的不饱和度 $U=4$，可确定未知物含有苯环，从谱图中 2000～1700cm^{-1} 的一组吸收峰和 695、745cm^{-1} 的吸收带，对照图 5-52 和《基团频率表》，表明为单取代苯。谱图中 3000cm^{-1} 以下的三个吸收谱带，2955，2919，2867cm^{-1} 为 CH_3、CH_2 的 C—H 伸缩振动。

根据以上分析，结合分子式，推断该未知物为乙基苯。

查找乙基苯对应的标准红外光谱，与标准谱图对照核实，确定该未知物为乙基苯。

2. 已知某液体烃含 C 80.90%、H 16.10%，沸点为 98.4℃，折射率为 1.388，密度为 0.6835g/cm^3。对该物质进行结构分析。

具体分析：

由元素分析结果求出实验式为 C_7H_{16}。

计算不饱和度：　$U=1+7+(0-16)/2=0$。

将未知物制样，用红外分光光度计测其红外光谱图，如图 5-53 所示。

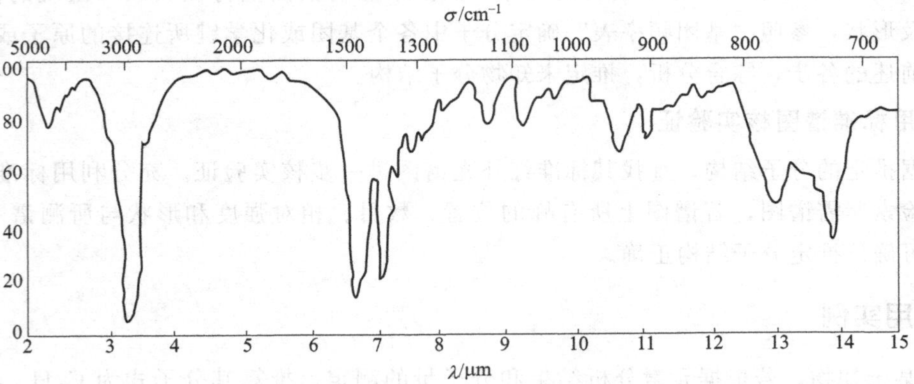

图 5-53　未知物的红外光谱图

从不饱和度 $U=0$ 可推测未知物为链状饱和烃及其衍生物（不含双键），根据实验式 C_7H_{16}，再从红外光谱图中可以看到 $3000cm^{-1}$ 处有强的吸收峰，说明分子中有大量 C—H 基团存在，$1481cm^{-1}$ 处有 CH_3，$1381cm^{-1}$ 处只有一个单峰（查图 5-53 和《基因频率表》），谱图中 $724cm^{-1}$ 说明 $-(CH_2)_n-$ 中、$n>4$（见《基团频率表》），因此这一化合物是正庚烷。

再查有关化合物物理常数手册，正庚烷的折射率为 1.3867，密度为 $0.684g/cm^3$，沸点为 98.5℃，与未知物相同，所以未知物为正庚烷。

进度检查

一、填空题

1. 用红外光谱对未知物进行结构分析时，未知物的纯度应在________以上。了解与未知物有关的资料指了解样品的________、样品的________、样品的________。

2. 不饱和度指分子结构式与饱和的分子结构式相比所缺一价元素的________，每缺两个一价元素时，不饱和度为________。

3. 计算不饱和度的经验公式为________，式中 n_1、n_3、n_4 分别为分子式中________、________和________原子的数目。

4. 对已测出的未知物光谱进行解析，可先从各个区域的________入手，发现某基团后，再根据________进一步核证________及其________的结合方式。

二、判断题（正确的在括号中画“√”，错误的画“×”）

1. 当计算得 $U=2$ 时，未知物可能有一个苯环。　（　）

2. 当计算得 $U=0$ 时，未知物为链状饱和烃及其衍生物（不含双键）。　（　）

3. 当计算得 $U=1$ 时，未知物可能有一个双键或脂环。　（　）

4. 当计算得 $U=4$ 时，未知物可能有一个脂环。（　　）

三、操作题

根据所提供的分子式以及所测得未知物的红外光谱图，对该未知物进行谱图解析，检查解析的一般步骤和解析结果正确性。（正确在括号内画“√”，错误的画“×”）

1. 会用不饱和度计算公式进行计算。（　　）
2. 根据不饱和度计算结果推断可能存在的结构。（　　）
3. 谱图解析。（　　）
4. 进行核实验证。（　　）

评分标准

红外吸收光谱定性分析技能考试内容及评分标准

一、考试内容：红外分光光度计的使用方法

1. 调节设备，以达到下列各要求：

① 需在扫描过程中对基线进行扣除。

② 若需对样品进行常规分析，要求分辨率在 $1000m^{-1}$ 处为 $3.5m^{-1}$。

③ 10 个参数文件贮存设定的操作参数。

④ 记录笔在记录纸上所在位置不一致，需调一致。

⑤ 实现记录笔与波数的同步移动。

⑥ 按一定文件的顺序用各自的操作参数连续绘制谱图。

⑦ 需要谱图纵坐标值为吸光度。

2. 将聚苯乙烯的透射比为 30%～60% 的光谱峰扩展为 0～100%，对 WQF-510 型红外分光光度计的操作。

① 确定比例因子。

② 设定扫描上下限波数。

③ 从扫描起点的实际透射比决定笔的位置 P。

④ 利用笔设定键设定笔的位置。

⑤ 开始扫描。

3. 以聚苯乙烯样品的测定为例，进行 WQF-510 型红外分光光度计的常规操作。

① 开电源。

② 仪器进入初始化。

③ 仪器预热和制样。

④ 调整光楔位置。

⑤ 扫描。

二、评分标准

1. 选键操作（28 分）

① 选“I_0 correct”键，按该键将空白 I_0 线贮存于仪器中，即可在扫描过程中对基线扣除。

② 选"sht"狭缝程序，按该键使指示灯在狭缝宽度为 2 处亮。

③ 将各种扫描条件设定后，选按 0～9 数字键，同时按下"Enter method"键。

④ 选"Goto"键调节波数位置，使记录笔在各个记录纸上的位置一致。

⑤ 选"chart"，使记录纸与波数同步移动。

⑥ 选数字键和"Recall"。如需按文件 1～5 的顺序用各自的操作参数连续绘制 5 张光谱图，则可按"1.5"，再按"Recall"键，然后按"Scan"键扫描。

⑦ 选 mole 键，按该键，使指示灯在 Absorbance 处亮。

上述七项，其中一项选错扣 2 分，操作错误扣 2 分。

2. 纵坐标扩展操作（20 分）

① 计算比例因子 K。

$$K=(100-0)/(60-30)=3.33$$

② 按"High"键和"Low"键，设定扫描上下限波数。

③ 决定记录笔位置 P。

由扫描起点的实际投射比（设在 $1200cm^{-1}$ 聚苯乙烯的 τ 值为 53%），和扩展前透射比最高值计算。

$$P=K\tau_{实}+100-K\tau_{高}=3.3\times53+100-3.3\times60=76.9$$

④ 按笔设定键"Pen Set"设定笔的位置在 76.9 处。

⑤ 按"Secm"键，得放大的光谱图。

上述五项，错一项扣 4 分。

3. WQF-510 型红外分光光度计测定样品光谱的常规操作（52 分）

① 开电源。检查认定仪器及附属设备处于完好状态后开机。操作错误扣 4 分。

② 仪器进入初始化。初始化完毕后仪器显示各项预定的参数，操作错误扣 11 分。

③ 仪器预热和制样。将仪器预热 30min 即可开始操作，同时进行样品制备。操作错误扣 15 分。

④ 调整光楔位置。用 100%↑键或 100%↓键，调整 100%光楔位置，操作错误扣 11 分。

⑤ 扫描。将聚苯乙烯薄膜样品插入样品槽，按"Scan"扫描键进行扫描，记录聚苯乙烯透射比曲线。操作错误扣 11 分。

模块 6　红外吸收光谱定量分析

编号 FJC-83-01

学习单元 6-1　红外吸收光谱定量分析的知识

学习目标： 完成本单元的学习之后，能够掌握红外吸收光谱定量分析的基本知识。

职业领域： 化工、石油、环保、医药、冶金、建材等。

工作范围： 分析

相关知识内容： 红外吸收光谱分析基本原理。

所需仪器、药品和设备

序号	名称及说明	数量
1	红外分光光度计(根据实际情况需要选用)	1 台
2	液体吸收池(根据实际情况需要选用)	1 个
3	溶剂(一般选用四氯化碳、二硫化碳、环己烷和正庚烷等)	适量

红外光谱定量分析通常按下列步骤进行：

① 确定制样方法，对样品进行处理和制备。

② 选择溶剂或压片法、糊状法中的介质，气体制样的稀释气体。

③ 选择分析谱带。

④ 确定浓度范围和配用厚度合适的吸收池。

⑤ 选定合适的仪器工作条件：100%及 0%校正等。

⑥ 用不同浓度的纯样品测谱。

⑦ 测 α 值（质量吸光系数）或绘制吸光度 A（或 τ）对浓度 c 的工作曲线。

⑧ 混合样品的配制及测谱。

⑨ 求样品中被测组分含量。

一、样品的处理和制备

详见 FJC-82-04。

二、溶剂的选择

红外吸收光谱定量分析通常都以溶液的形式进行测定。溶剂必须进行选择，应符合下列要求：

① 对样品溶解能力强。

② 与样品不发生化学反应。

③ 不腐蚀液体吸收池窗片。

④ 在选定的分析谱带处不产生吸收或吸收很小。

一般选用四氯化碳、二硫化碳、环己烷和正庚烷等为溶剂。注意必须在通风柜或有排风设备的地方进行溶解，尤其是二硫化碳，要注意防火。

三、样品的浓度选择

选择好样品的浓度或厚度（液体吸收池池厚），可获得最佳的透射比区域（一般 τ=20%～80%）。为提高分析结果的准确度，通常使用的样品浓度（质量分数）为 5%～20%。

四、池厚的测量

液体吸收池池厚的数据准确与否，直接影响定量分析结果。测量池厚最常用的方法为干涉条纹法，此法只适用于 0.01～0.5mm 池厚的测量。

(1) 将干净的空白池放于红外分光光度计的样品光束（测量光路）中，扫描一段光谱范围，可以得到一些清晰的干涉条纹，见图 6-1。

(2) 用池厚公式计算池厚：

$$b=\frac{n}{2(v_1-v_2)} \tag{6-1}$$

式中 b——液体吸收池池厚，cm；

v_1、v_2——某条干涉条纹上任取一段波长的两波数，cm^{-1}；

n——两波数 v_1 和 v_2 间所夹波的个数（$v_1>v_2$，v_1 处 $n=0$）。

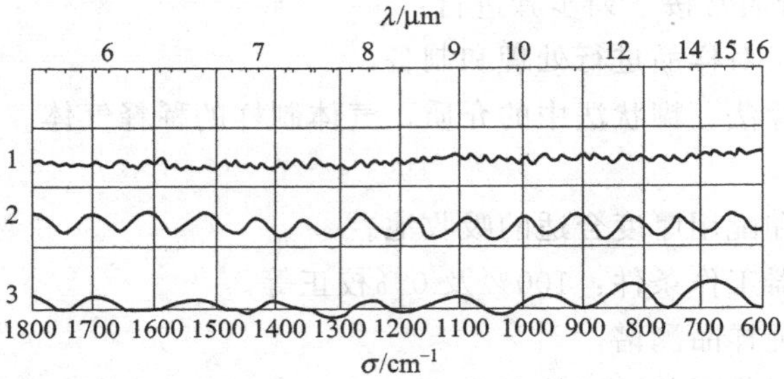

图 6-1 三个不同池厚的空液体吸收池的干涉条纹

例如，图 6-1 中第二条纹，取 v_1～v_2间为 1300～600cm^{-1}，$n=8$，则：

$$b=\frac{8}{3\times(1300-600)}=0.0038(cm) \tag{6-2}$$

注意：①液体吸收池窗片必须平行，否则测不出干涉条纹，可拆开重装。

②液体吸收池间隔片应经常校验或更换（因中间隔片会被腐蚀而厚度逐渐变化）。

③对较厚的吸收池或因两窗片的间隔片不平行而不出干涉波纹的吸收池，可用已知吸收系数的标准物质，用朗伯-比耳定律进行测定。

五、分析谱带或分析波数的选择

1. 分析谱带的选择要求

所选定的分析谱带（分析峰）适当与否，是定量分析的关键之一，通常按下列要求选定。

① 所选谱带不受或少受邻近谱带的干扰。

② 所选谱带吸收强度大。吸光度值必须落在所使用仪器的准确范围内（一般 $\tau=20\%\sim80\%$）。

③ 所选谱带比较稳定，其位置、峰形、吸光系数不受或基本不受温度、浓度等分析条件的影响。

④ 峰形不宜太尖锐，峰形太锐的谱带重复性差，但也不宜太宽。

⑤ 位置要尽量避开水蒸气和二氧化碳的吸收峰，防干扰。

⑥ 对多组分进行分析时，所选定几个分析谱带应尽可能不要离得太远。用联立方程法定量分析多组分混合物时，应选用被测组分的吸光度大于其他组分在该波数处的吸光度总和的特征峰为分析峰。

2. 分析谱带选择的操作

① 在定量分析前先用被测组分的纯物质配成标准溶液。

② 一定条件下，用一定仪器进行定性扫描得到谱图。

③ 根据谱图，按上述分析波数选择要求（原则），进行分析波数选择。

在红外吸收光谱谱图中，其纵坐标为透射比 τ，根据吸光度 A 的定义式

$$A=\lg\frac{1}{\tau} \tag{6-3}$$

便可计算吸光度 A 值。

六、物质吸光度的测定

1. 峰高法测吸光度

① 按红外分光光度计操作程序操作。

② 将仪器固定在所选分析谱带（即分析波数）处。

③ 校正仪器的透射比 0%和 100% 。

④ 将装有含被测组分溶液的吸收池放入样品光路中，测得光谱图。从光谱图的纵坐标上读出透射比 τ_1。

⑤ 用同一吸收池装入溶剂，放入样品光路中，测得光谱图，从谱图的纵坐标上读出溶剂的透射比 τ_2。

⑥ 计算样品的透射比 τ：

$$\tau=\tau_1-\tau_2$$

⑦ 求出样品吸光度 A：

$$A=\lg(1/\tau)$$

必要时进行校正。

2. 基线法测量吸光度

此法为红外吸收光谱定量分析的常用方法。

(1) 按红外分光光度计操作程序操作。

(2) 校正仪器透射比 0%和 100% 。

(3) 根据样品组分吸收谱带的位置，确定波数扫描范围，将待测样品放入样品光路中。

(4) 根据样品的形态，在参比光路中放置适当参比物（如盐片，以便清除光路中光的反射损失及溶液的吸收等）。

(5) 进行波长扫描，记录光谱图。

(6) 根据光谱图选择分析谱带，决定基线。

① 若分析峰（分析谱带）不受其他峰干扰，则可画一条与分析峰两肩 a、b（该处分析峰的透射比最大）相切的直线作为基线，见图 6-2 中的水平虚线 1。

② 若分析峰受邻近峰的干扰，则可作单点 c 水平切线为基线，见图 6-2 中的水平虚线 2。

③ 若干扰峰和分析峰紧靠在一起，它们的影响实际上是恒定的，当浓度不变化时，干扰峰的峰肩位置不会太大，则以点 d 和点 e 画一条切线为基线，见图 6-2 中的虚线 3。

④ 基线可以不是直线。根据吸收峰应是对称的原理，外推曲线可以是邻近峰的合适基线，见图 6-2 中的虚线 4。

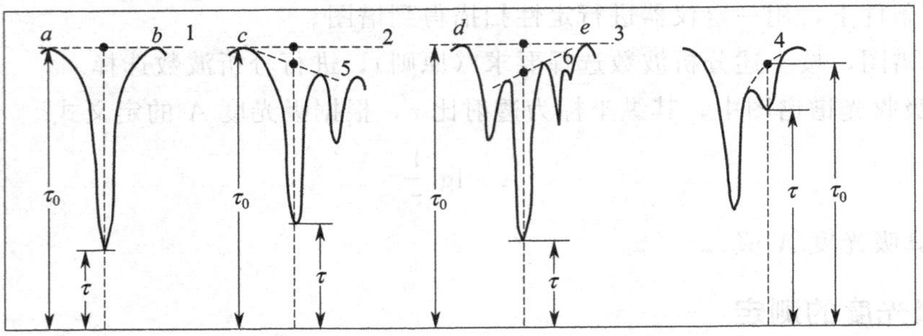

图 6-2 基线画法

说明：图 6-2 中的虚线 5 和虚线 6 也可作为基线，条件是所取的切点位置不会因浓度不同而有较大的变化。但为了保证分析的准确度，选用基线，最好能保持水平，也就是说，切线的斜率越小越好，并且要具有较低的吸光度。

(7) 求出样品吸光度 A

① 一般情况分析峰吸光度 A

$$A=\lg\frac{\tau_0}{\tau} \tag{6-4}$$

式中 τ_0——分析峰波数的垂线和基线相交点处的透射比；

τ——分析峰顶处的透射比。

【例 6-1】 如图 6-3 所示的 1-辛炔红外吸收光谱图中，求分析峰 2120cm^{-1} 处的吸光度。

根据基本公式得：

$$A=\lg\frac{\tau_0}{\tau}=\lg\frac{90}{47}=0.28$$

② 能直接测得吸光度的较新型仪器，则分析峰吸光度 A 为

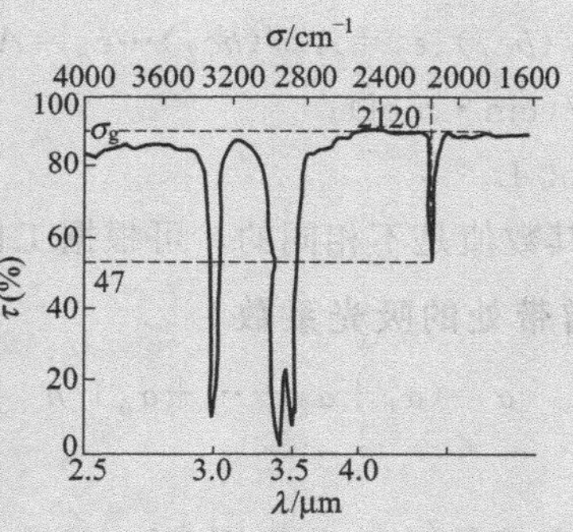

图 6-3　1-辛炔红外光谱

$$A=A_1-A_2 \tag{6-5}$$

式中　A_1——分析峰顶点处的吸光度；

A_2——基线相应处的吸光度。

七、物质吸光系数的测定

实际分析工作中，由于仪器不同，浓度和操作条件各异，用同一物质于同一波长上测得的吸收带的吸光系数是不完全相同的，甚至差别很大，因此不宜采用文献值，应在分析工作中采用实际测得的吸光系数（除分析精度要求不高的情况外）。

吸光系数测定的一般操作步骤：

1. 配制标准溶液

用标准样品（纯物质）配制成不同浓度的一系列标准溶液 c_1、$c_2 \cdots c_n$（包括被测组分的浓度在内，$n=5$ 或 4。溶剂必须与被测样品所用的溶剂相同）。

2. 记录红外吸收光谱

依次分别用同一吸收池盛装标准溶液 c_1、$c_2 \cdots c_n$，放入样品光路中。已知被测样品不存在分子间作用，则用注射器注入相同溶剂、相同厚度的吸收池作参比；被测样品不能确定分子间作用是否存在或已知存在分子间作用时，以与样品池窗片相同、厚度相当的岩盐片作参比，在相同测定条件下，用同一台红外分光光度计，分别测得不同浓度的红外吸收光谱。

3. 测定吸光度

按 FJC-83-01 吸光度测定程序操作，分别测得对应分析波数的吸光度 A_1、$A_2 \cdots A_n$。

4. 计算不同浓度的吸光系数

根据 A_1、$A_2 \cdots A_n$，标准溶液浓度 c_1、$c_2 \cdots c_n$ 和吸收池池厚 b，分别计算出不同浓度的吸光系数。

$$\alpha_1=A_1/(b\rho_1)、\ \alpha_2=A_2/(b\rho_2) \cdots \alpha_n=A_n/(b\rho_n)$$

式中　α——质量吸光系数，L/(cm·g)；

b——吸收池厚度，cm；

ρ——质量浓度，g/L。

或

$$\varepsilon_1=A_1/(bc_1)、\varepsilon_2=A_2/(bc_2)\cdots\varepsilon_n=A_n/(bc_n)$$

式中　ε——摩尔吸光系数，L/(cm·mol)；

c——物质的量浓度，mol/L。

因不同单位的吸光系数，其数值是不相同的，可根据工作需要选用。

5. 求标准样品在所分析谱带处的吸光系数

$$\alpha=(\alpha_1+\alpha_2+\cdots+\alpha_n)/n$$

或

$$\varepsilon=(\varepsilon_1+\varepsilon_2+\cdots+\varepsilon_n)/n$$

说明：用标准样品测定吸光系数时采用的某种基线，必须在测量样品时也采用同一画法的基线，因为不同画法的基线有大小不同的吸光系数。

进度检查

一、填空题

1. 红外光谱定量分析以______的形式进行测定。而溶剂必须进行选择，一般选用______、______、______和______等为溶剂。溶解操作必须在______或有______的地方进行。尤其是____________，要注意防火。

2. 为了使分析波长的吸光度值必须落在所使用的仪器的准确范围内（即最佳透射比区域，一般 $\tau=20\%\sim80\%$），除选择波长外还可以选择好样品的______或______。

3. 测量吸收池池厚通常用______法，池厚公式中的 b 表示____________，v_1 和 v_2 表示____________，n 表示____________。

4. 透射比与吸光度之间的关系为________。

5. 测吸光度有两种方法：(1)______，(2)______，其中______为红外吸收光谱定量分析时测量吸光度的常用方法。

6. 实际分析工作中，吸光系数不宜采用______，应采用______的吸光系数。

7. 当池厚 b、浓度 c 分别以 cm、g/L 为单位时，吸光系数的单位为______，当吸光系数的单位为 L/(cm·mol) 时，浓度 c 应为______浓度。

8. 用标准样品测定吸光系数时采用的某种基线，必须在测量样品时采用______的基线，因为______画法的基线有大小______的吸光系数。

二、判断题（正确的在括号内画“√”，错误的画“×”）

1. 红外定量分析所选定分析谱带可受邻近谱带的干扰。（　　）
2. 红外定量分析所选定分析谱带峰形不宜太尖锐，太宽。（　　）
3. 红外定量分析所选定分析谱带位置应尽避开水蒸气和二氧化碳的吸收峰。（　　）
4. 红外定量分析所选定分析谱带可能受温度、浓度等条件的影响。（　　）
5. 干涉条纹法测池厚，液体吸收池窗片必须平行。（　　）
6. 较厚的吸收池或两窗片的间隔片不平行，则无法测定池厚。（　　）
7. 基线法是用基线代替记录线上的 $100\%\tau$ 坐标。（　　）

8. 基线法中的基线应该是一条直线。 ( )

9. 为保证分析的准确度，选用的基线最好能保持水平，且有较低的吸光度。 ( )

10. 测定吸光系数，盛装不同浓度的吸收池，池厚也应不同。 ( )

11. 测定吸光系数，应在同一台红外分光光度计测量，测量条件根据具体情况可以不同。 ( )

12. 吸光系数表示吸收谱带强弱的一个指标，与使用的仪器无关，测定吸光系数时不必使用同一台红外分光光度计。 ( )

13. 用标准样品配制的一系列标准溶液，虽然浓度不同，但同一台红外分光光度计，按相同测量条件测得的吸光系数应大致接近。 ( )

14. 用标准样品配制的一系列标准溶液，应包括被测组分的浓度在内。 ( )

三、选择题（将一个正确答案的序号填入括号内）

1. 红外定量分析时所选溶剂对样品溶解能力（ ）。

A. 强 B. 较强 C. 弱 D. 较弱

2. 红外定量分析所选样品浓度（质量分数）为（ ）。

A. 2%～25% B. 2%～50% C. 5%～20% D. 5%～25%

3. 红外定量分析所选分析谱带吸收强度应（ ）。

A. 小 B. 较小 C. 大 D. 较大

4. 测池厚的干涉条法只适用于（ ）mm 厚的吸收池。

A. 0.1～0.5 B. 0.1～0.05 C. 0.01～0.5 D. 0.01～0.05

5. 配制不同浓度一系列（1、2…n 个）标准溶液，$n\geqslant$（ ）。

A. 2 B. 3 C. 4

6. 配制标准溶液所用溶剂与被测样品所用的溶剂（ ）。

A. 相同 B. 可以不同

7. 不同单位的吸光系数，其（ ）是相同的。

A. 数值 B. 所用池厚 C. 称呼

四、简答题

1. 简述吸光系数测定的一般操作步骤。

2. 试述分析谱带的选择要求。

编号 FJC-83-02

学习单元 6-2 红外吸收光谱定量分析应用

学习目标： 完成本单元的学习之后，能够掌握用红外分光光度计测定样品的基本方法。

职业领域： 化工、石油、环保、医药、冶金、建材等。

工作范围： 分析。

相关知识内容： 红外吸收光谱分析基本原理、红外分光光度计操作、红外光谱定量分析的知识

所需仪器、药品和设备

序号	名称及说明	数量
1	WQF-510 型红外分光光度计	1 台
2	液体吸收池（池厚 b 确定）	1 对
3	被测样品（如碳氢化合物、聚氯乙烯和聚乙酸乙烯酯等）	适量
4	纯物质（即标准样品，由被测样品确定）	适量
5	溶剂（根据分析波数按溶剂选择要求选择，如精制后用红外光谱测定在 $3000cm^{-1}$ 处无吸收的三氟三氯乙烷等）	适量
6	配制标准溶液所需的仪器	一套
7	压片法制样工具	一套
8	溴化钾（分析纯）	适量
9	硫氰化钾（分析纯）	适量
10	直尺	1 把
11	铅笔	1 支
12	方格坐标纸	适量
13	分析天平（0.1mg）	1 台

一、工作曲线法

1. 工作曲线法适用范围

工作曲线法适用于定量分析简单组分的样品，也适用于多组分样品，但要求用一系列组成不同的样品来作标准样品。此法特别适用于重复性的定量分析。

2. 工作曲线法定量分析样品的操作

（1）配制标准溶液　根据被测样品的要求，采用相应不同的样品制备方法。配制已知浓度的一系列的标样 c_1、$c_2 \cdots c_n$（$n \geqslant 4$，应包括被测样品的浓度在内，或配制的浓度范围尽可能接近被测样品浓度。浓度通常为质量分数 ω 或质量浓度）。

（2）记录红外吸收光谱　同一台红外分光光度计，在相同条件下依次将厚度确定、盛装有不同浓度的标准溶液的同一吸收池，放入样品光路中，在同一厚度的参比池中放置纯溶

剂，分别测得不同的浓度对应的红外吸收光谱。

(3) 测定吸光度　按 FJC-83-01 吸光度测定程序操作，测得各自分析波数处的 A_1、A_2…A_n。

(4) 绘制工作曲线　以浓度为横坐标，相应的吸光度为纵坐标，用铅笔和直尺在坐标纸上绘制出工作曲线（如图 6-4 所示）。

(5) 测定样品被测组分的吸光度　按上述 1、2、3 步骤，用同一台红外分光光度计、同一对液体试样池，在同样测量条件下测出样品溶液的红外吸收光谱。在样品被测组分 a 相应的分析波数处求出吸光度 A_a。

(6) 查样品被测组分浓度　根据上述所求吸光度 A_a，利用工作曲线查得样品中被测组分 a 的浓度 c_a（如图 6-5 所示）。

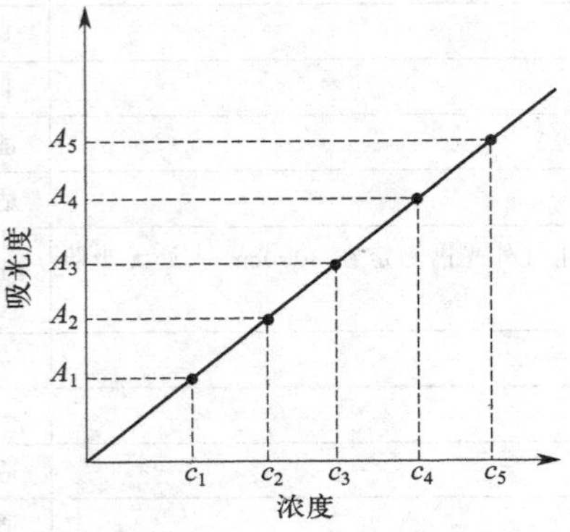

图 6-4　工作曲线

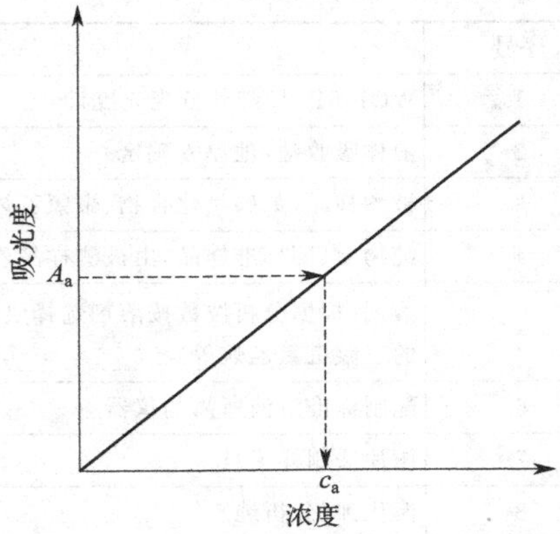

图 6-5　根据工作曲线查被测组分浓度

3. **注意事项**

① 进行分析时必须注意仪器灵敏度的变化。

② 应定期检查和校正工作曲线。

③ 所选分析谱带透射比应在 20%～80%范围为宜。

④ 关键是选择合适的溶剂和分析波数。所选溶剂在分析波数处无吸收或吸收很小，以便在参比池放置纯溶剂加以补偿。所选分析波数应无干扰、有较好峰形和一定强度。例如测定混合制剂（含有氨茶碱、非那西汀、咖啡因三种组分）中氨茶碱的浓度。已测出被测组分氨茶碱的红外光谱和工作曲线如图 6-6 所示，由图可以看出应选择 14.46μm 作为分析波数。选择溶剂为 CS_2。

二、联立方程法

1. 联立方程法适用范围

此法适用于定量分析气体，液体和溶液状态的多组分而谱带又彼此重叠严重的样品。

2. 联立方程法定量分析样品的操作

(1) 选择分析波长　按仪器及样品的基本性质选择分析谱带进行具体的操作，对被测样

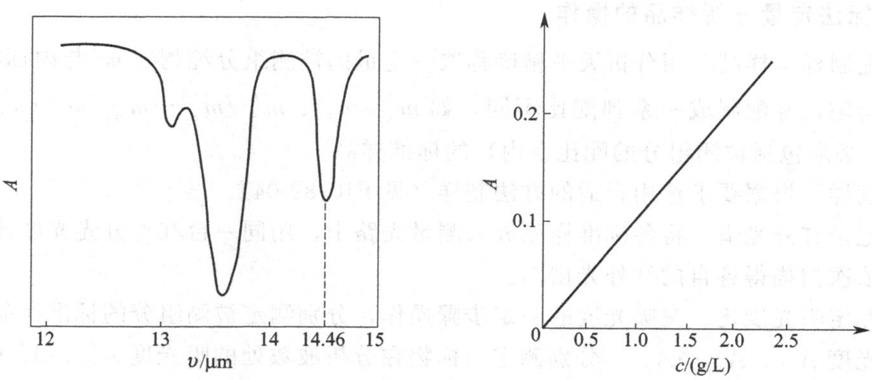

图 6-6 分析波数选择和工作曲线举例

品中几个组分分别选定各自分析波数 1、2…n。

（2）测定吸光系数　按吸光系数测定步骤操作。分别用被测样品所含 n 个组分的纯物质配制 4～5 种不同浓度的标样，测得 1 组分在 1、2…n 分析波数处的吸光系数 α_{11}、α_{21}…α_{n1}；2 组分在 1、2…n 分析波数处的吸光系数 α_{12}、α_{22}…α_{n2}；……；n 组分在 1、2…n 分析波数处的吸光系数 α_{1n}、α_{2n}…α_{nn}。

（3）测定被测样品吸光度　按吸光度的测定步骤操作。将被测样品注入样品池（与测定吸光系数同一吸收池），以与测定吸光系数时相同条件，在所选分析波数 1、2…n 处测定该样品的吸光度（即样品中 n 个组分分别在分析波数 1、2…n 处的总吸光度）A_1、A_2…A_n。

（4）测定池厚　按池厚的测量方法，测定吸收池池厚 b。

（5）计算被测样品中 n 个组分的浓度 c_1、c_2…c_n，按：

$$\begin{cases}A_1=\alpha_{11}bc_1+\alpha_{12}bc_2+\cdots+\alpha_{1n}bc_n\\A_2=\alpha_{21}bc_1+\alpha_{22}bc_2+\cdots+\alpha_{2n}bc_n\\\cdots\\A_n=\alpha_{n1}bc_1+\alpha_{n2}bc_2+\cdots+\alpha_{nn}bc_n\end{cases}\tag{6-6}$$

解联立方程，得 n 个组分的浓度 c_1、c_2…c_n。

3. 操作注意事项

（1）选择合适的分析波长　应按仪器及样品的基本性质选择合适的分析波长。

（2）读准吸光度　必须读准谱图上那些没有峰值吸收的某波数上的吸光度值。特别是在谱带的斜波上更需注意所读数据的准确性。

（3）测定吸光系数时选取合适的浓度　各组分纯物质配制浓度应接近被测样品中该组分的浓度，且应在该浓度附近配制 4～5 个浓度点以求较可靠的吸光系数值。

三、吸光度比法

吸光度比法分为内标法和比较法。

1. 吸光度比法适用范围

此法适用于液体和溶液样品定量分析，更适用于固体样品以固相进行定量分析。

2. **内标法定量分析样品的操作**

(1) 配制标准样品　用分析天平精确称取一定量的被测组分纯物质 m'_a 与内标物 m'_s，将它们混合均匀，并配制成一系列配比不同，如 m'_{a_1}/m'_{s_1}、$m'_{a_2}/m'_{s_2}\cdots m'_{a_n}/m'_{s_n}$（$n\geqslant 4$，一般为 4 或 5，必须包括被测组分的配比在内）的标准样品。

(2) 制样　根据要求选用合适的方法制样（见 FJC-82-04）。

(3) 记录红外光谱　将各标准样品放入测量光路中，用同一台红外分光光度计，在相同条件下，依次扫描得各自的红外光谱图。

(4) 测定吸光度比　按吸光度的测定步骤操作，分别测定被测组分的标准样品在分析波数处的吸光度 A'_{a_1}、$A'_{a_2}\cdots A'_{a_n}$；分别测定内标物在分析波数处的吸光度 A'_{s_1}、$A'_{s_2}\cdots A'_{s_n}$，得吸光度比分别为 A'_{a_1}/A'_{s_1}、$A'_{a_2}/A'_{s_2}\cdots A'_{a_n}/A'_{s_n}$。

(5) 绘制分析曲线　以吸光度比 A'_a/A'_s 为纵坐标，以配比 m'_a/m'_s 为横坐标，在方格坐标纸上，用铅笔和直尺画出分析曲线（如图 6-7 所示）。

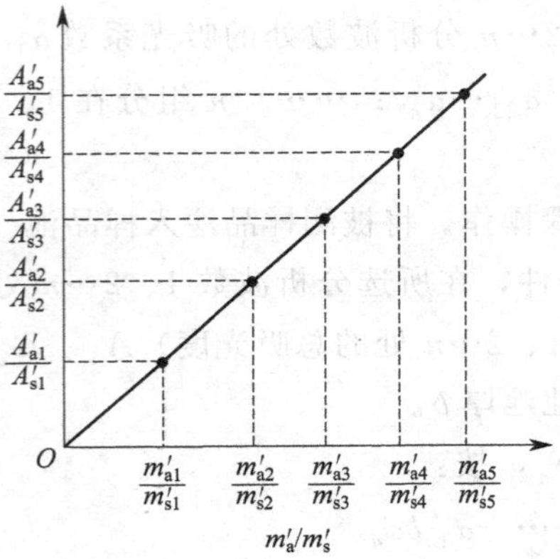

图 6-7　分析曲线

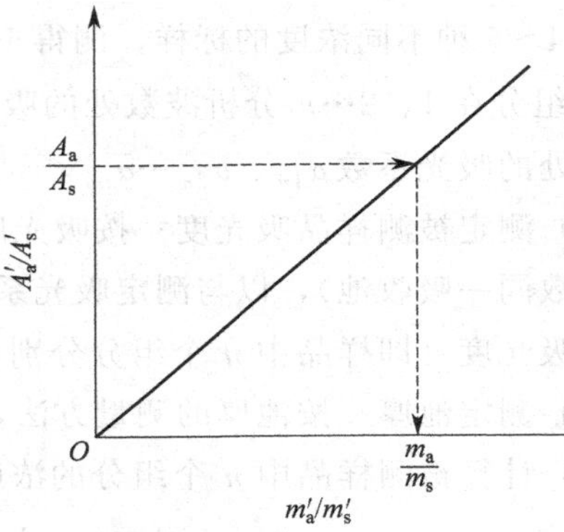

图 6-8　由样品吸光度比查相应配比

(6) 测定样品吸光度比　用分析天平称取质量为 m 的被测样品，加入一定量（精确称量）的内标物，同前述 1、2、3、4 各步骤，进行混合制样，记录红外光谱，测定吸光度，得吸光度比值 A_a/A_s。

(7) 求样品中被测组分质量　根据吸光度比 A_a/A_s，在分析曲线上查得相应的配比 m_a/m_s（如图 6-8 所示），则被测组分 a 质量为

$$m_a=(m_a/m_s)\cdot m_s$$

(8) 计算被测组分在样品中的质量分数

$$\omega(a)=(m_a/m)\times 100\%$$

式中　ω(a)——被测组分 a 的质量分数；

m——样品的质量，kg；

m_a——样品中被测组分 a 的质量，kg。

(9) 操作注意事项

① 选用合适的内标物。内标物所具有的特征吸收谱带不被样品中任何组分干扰，内标物的谱图应尽可能简单，避免过多干扰样品组分的谱带；内标物应相当稳定，不与样品或介

质发生化学作用、不吸水、不怕光、不分解、易磨碎、易与样品混合均匀。常用的内标物有硫氰化铅、碳酸钙、六溴化苯和叠氮化钠（特征吸收峰分别为 $2045cm^{-1}$、$1300cm^{-1}$、$1255cm^{-1}$、$2140cm^{-1}$）。

② 减少误差引入。混合操作必须充分均匀，操作时样品不得损失，每次研磨细粒度尽可能相近，减少引起的误差。

3. 比较法定量分析样品的操作

以被测样品是二组分混合物为例。

（1）配制标准样品　将组分 a 和 b 的纯物质，以多种接近于被测样品的比例混合，配制含组分 a 和 b 不同配比（浓度比）的一系列标准混合物样品，$\omega'_{(a)1}/\omega'_{(b)1}$、$\omega'_{(a)2}/\omega'_{(b)2}\cdots\omega'_{(a)n}/\omega'_{(b)n}(n\geqslant4)$。

（2）记录红外光谱　将各标准混合物样品放入测量光路，用同一台红外分光光度计，在相同条件下，依次扫描，得到各自红外吸收光谱图。

（3）测吸光度比　按吸光度的测定步骤操作，分别测得 a 和 b 二组分的吸光度 A'_{a_1}、$A'_{a_2}\cdots A'_{a_n}$ 和 A'_{b_1}、$A'_{b_2}\cdots A'_{b_n}$，得吸光度比 A'_{a_1}/A'_{b_1}、$A'_{a_2}/A'_{b_2}\cdots A'_{a_n}/A'_{b_n}$。

（4）绘制分析曲线　以吸光度比值 A'_a/A'_b 为纵坐标，以其已知浓度比为横坐标，用直尺和铅笔作图，得分析曲线（如图 6-9 所示）。

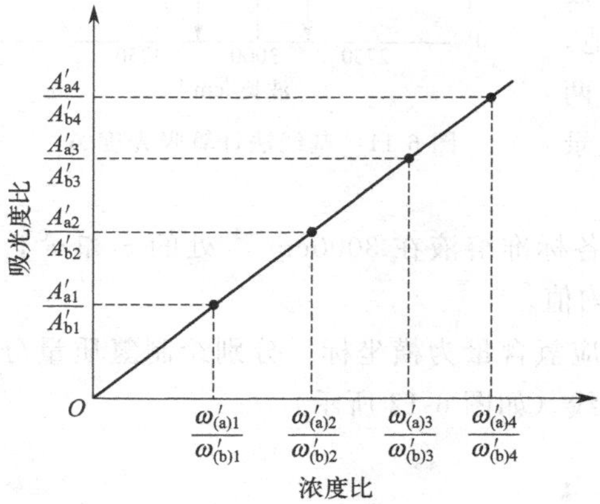

图 6-9　分析曲线

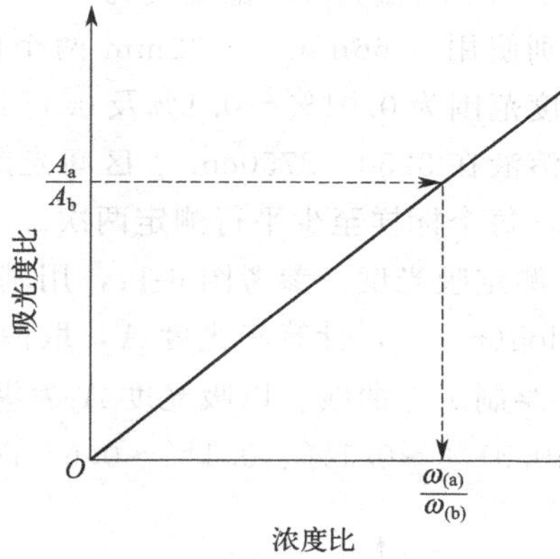

图 6-10　由样品吸光度比查浓度比

（5）测样品吸光度比　用与 3 步骤中同样方法、同样条件、同一台红外分光光度计，测定样品中 a 和 b 组分的吸光度 A_a 和 A_b，得样品的吸光度比 A_a/A_b。

（6）求样品两组分浓度比　根据 A_a/A_b，在分析曲线上查得对应的浓度比 $\omega_{(a)}/\omega_{(b)}$，其值为 K，如图 6-10 所示，即

$$\omega_{(a)}/\omega_{(b)}=K$$

（7）计算样品两组分浓度

$$\omega_{(a)}/\omega_{(b)}=K$$
$$\omega_{(a)}+\omega_{(b)}=1$$

解得

$$\omega_{(a)}=K/(K+1)$$
$$\omega_{(b)}=1/(K+1)$$

式中 $\omega_{(a)}$ ——样品中 a 组分质量分数；

$\omega_{(b)}$ ——样品中 b 组分质量分数；

K——样品中 a 和 b 组分的浓度比值。

四、应用实例

1. 碳氢化合物中氢含量的测定

（1）测定原理　测定并记录样品在 3250～2750cm^{-1} 区间的红外光谱，采用基线法，求出样品在 3000cm^{-1} 处的吸光度，从工作曲线上查出样品中氢含量。

（2）操作步骤

① 配制标准溶液。以三氟三氯乙烷为溶剂，用已知氢含量的氟油配制两组标准溶液，氢浓度范围分别为 0.01%～0.1%，0.1%～0.6% 。

② 记录红外光谱图。用 WQF-510 型红外分光光度计或其他型号红外分光光度计，按仪器说明书选择所用仪器的最佳工作条件，参考下列参数调节仪器：狭缝宽度 5000cm^{-1} 处为 0.1mm，3000cm^{-1} 处为 0.15mm，增益为 4，稳定度为 4，扫描速度为慢速。分别使用 0.66mm、0.32mm 两个固定吸收池，测定浓度范围为 0.01%～0.1%及 0.1%～0.6%，两组标准溶液在 3250～2750cm^{-1} 区间光谱吸收，记录光谱图，每个标样至少平行测定两次。

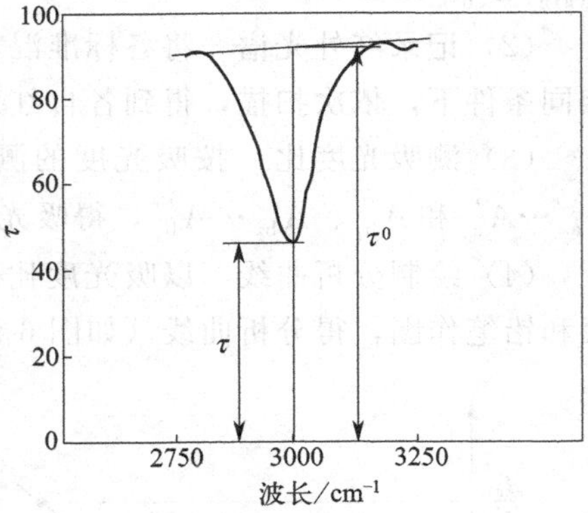

图 6-11　基线法计算吸光度 A

③ 测定吸光度。参考图 6-11，用基线法求出各标准溶液在 3000cm^{-1} 处的 τ 和 τ^0，根据 $A=\log(\tau^0/\tau)$，计算吸光度 A，取两次测定平均值。

④ 绘制工作曲线。以吸光度 A 为纵坐标，对应氢含量为横坐标，分别绘制氢质量分数范围为 0.01%～0.1%、0.1%～0.6%两条工作曲线（如图 6-12 所示）。

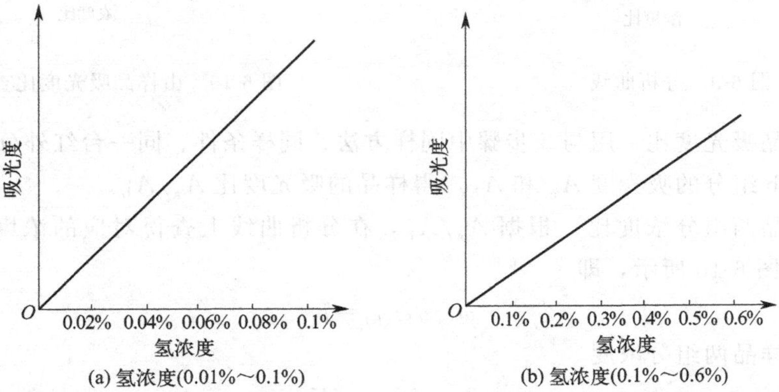

图 6-12　氢浓度范围为 0.01%～0.1%、0.1%～0.6%两条工作曲线

⑤ 记录样品红外光谱图根据样品中氢的大概含量，选择合适的吸收池（0.66mm 或 0.32mm ）记录样品在 3250～2750cm^{-1} 区间的红外光谱，每个样品至少平行测定两次。

⑥ 测定样品吸光度

按步骤③求出样品在 3000cm^{-1} 处的吸光度 A_H。

(3) 测定结果　根据样品吸光度 A_H，从工作曲线上查出样品中氢含量（如图 6-13 所示）。

2. 聚氯乙烯和聚乙酸乙烯酯混合物中聚乙酸乙烯酯含量的测定

(1) 测定原理　使用 KBr 压片技术，并以 KSCN 作内标物，用内标法进行测定，在双光束红外分光光度计上记录红外光谱图。聚乙酸乙酯的分析波长为 1724cm^{-1}，内标物 KSCN 的谱峰为 2128cm^{-1}。

(2) 操作步骤

① 配制标准样品并制样。将 KBr-KSCN 基本混合物（由 KBr 和 0.2%KSCN 组成）在玛瑙研钵里研磨 5min，然后分为六份，每份在振动球磨中粉碎 2min。此后把各部分混合起来并重新在研钵中研磨。再重复一次全部过程。然后，将此混合物放于 P_2O_5 的干燥器中。

再将聚乙酸乙烯酯在振动球磨中粉碎 10min，并在研钵中研磨。

分别用分析天平称取 0.39mg、0.58mg、1.02mg、1.51mg、2.25mg 聚乙酸乙烯酯，各加 KBr-KSCN 基本混合物到 100mg 于振动球磨中，粉碎 10min。

在直径为 13mm 的压模机中，在不大的压力下用压杆（即柱塞）压平，然后小心提起压杆，把金属薄片放入压模，将压模机在抽气条件下加压 5300kg/cm^2（1kg/cm^2 = 0.1MPa）压制 5min，得压片。

② 记录红外光谱。将压片同支持架一起装于红外分光光度计上，记录 1724cm^{-1} 和 2128cm^{-1} 的光谱。

③ 测定标样吸光度比。用基线法，分别测得各标样在 1724cm^{-1} 和 2128cm^{-1} 吸光度，得吸光度比分别为 0.204、0.304、0.534、0.791、1.179。

④ 绘制工作曲线。以标样吸光度比为纵坐标，以待测组分与标准物质的配比为横坐标，用铅笔和直尺作图，得工作曲线（分析曲线），见图 6-14。

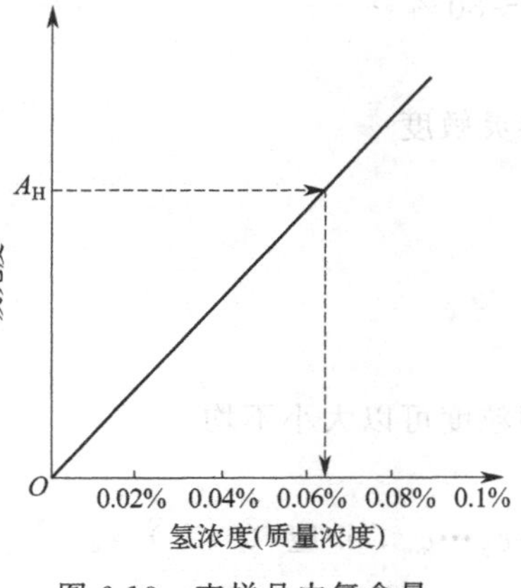

图 6-13　查样品中氢含量

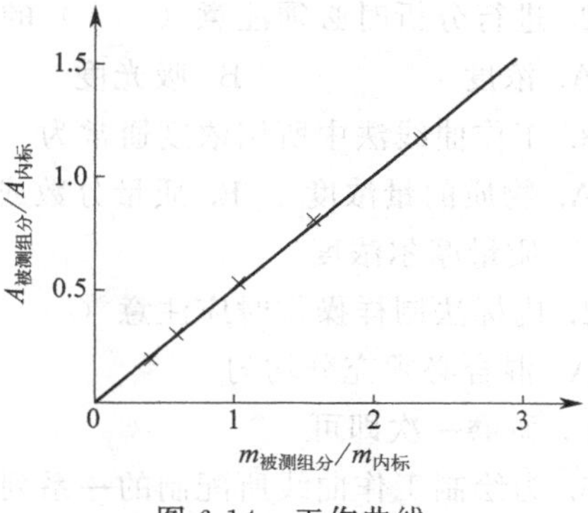

图 6-14　工作曲线

(3) 测定结果

将被测聚氯乙烯和聚乙酸乙烯酯混合样品，同上述操作步骤①、②、③进行处理测定，测定吸光度比。根据所绘制的工作曲线求出被测混合物样品中聚乙酸乙烯酯的含量。

进度检查

一、填空题

1. 工作曲线法适用于定量分析________的样品，也能适用于多组分样品，但要求用一系列__________的样品作标准样品。此法特别适用于________的定量分析。

2. 联立方程法适用于定量分析气体、液体和溶液状态的________________的样品。

3. 吸光度比法适用于液体和溶液样品定量分析，更适用于________进行定量分析。

4. 工作曲线法中的工作曲线真实地反映了被测组分的________________之间的关系，分析工作中应对工作曲线定期________。

5. 工作曲线法配制一系列标准溶液时应包括________在内，或配制的浓度范围应尽可能接近________浓度。

6. 工作曲线法操作关键是选择合适的________。

二、判断题（正确的在括号内画"√"，错误的画"×"）

1. 测定标准溶液和被测组分的吸光度时，都用同一台红外分光光度计。（　）

2. 在工作曲线法和吸光度比法中的工作曲线（分析曲线）都是以吸光度为纵坐标，以浓度为横坐标。（　）

3. 联立方程法测定吸光系数时，各组分纯物质配制浓度应接近被测样品中该组分的浓度。（　）

4. 吸光度比法在配制标准样品时，被测组分纯物质必须精确称量，而内标物可以不精确称量。（　）

5. 工作曲线法中所选溶剂应在分析波数无吸收或吸收很小，是为了在参比池放置纯溶剂加以补偿。（　）

三、选择题（将一个正确答案的序号填入括号内）

1. 工作曲线法所选分析谱带，其透射比应在（　）范围为宜。

A. 20%～60%　　B. 30%～70%　　C. 40%～80%

2. 进行分析时必须注意（　）的变化。

A. 浓度　　B. 吸光度　　C. 仪器灵敏度

3. 工作曲线法中所用浓度通常为（　）。

A. 物质的量浓度　　B. 质量分数或质量浓度

C. 质量摩尔浓度

4. 内标法制样操作时应注意（　）。

A. 混合必须充分均匀　　B. 研磨粒度可以大小不均

C. 研磨一次即可

5. 为绘制工作曲线所配制的一系列标准溶液 c_1、$c_2 \cdots c_n$，n 应（　）4。

A. ≤　　B. ＝　　C. ≥

编号 FJC-83-03

学习单元 6-3 红外分光光度计的维护和保养

学习目标： 完成本单元的学习之后，能够了解红外分光光度计的维护和保养方法。

职业领域： 化工、石油、环保、医药、冶金、建材等。

工作范围： 分析。

相关知识内容： 红外吸收光谱分析基本原理、红外分光光度计的结构、红外分光光度计操作

所需设备

序号	名称及说明	数量
1	WQF-510 型红外分光光度计	1 台

一、使用环境要求

WQF-510 型 FT-IR 光谱仪系统所处的工作场所应保持干净和整齐，因为灰尘和烟雾都会影响系统的工作。工作场所禁止吸烟。

W0QF-510 型 FT-IR 光谱仪含有激光辐射。若打开干涉仪的盖子，将有激光辐射，激光功率为 2MW，不会对人身造成伤害。但注意千万不要正视激光！

二、环境和通风条件

室温必须在 15～30℃之间。相对湿度要求小于 60％。

光学部件，特别是分光器，对环境湿度有很严格的要求。注意对光学系统的维护。光学镜头是整个系统工作的关键，且价格昂贵。在潮湿的环境下工作时，一定要注意保护光学镜头。冷的仪器一旦打开后被暴露在潮湿的空气中，就可能发生水汽冷凝现象，当仪器第一次使用或搁置很长一段时间再使用仪器时，首先应让仪器预热几个小时。

此外，还应防止周围环境中的腐蚀性气体或其他类型的有毒物质对仪器的破坏，在操作过程中，环境中的卤代烃气体的总量不得高于 25μL/L，以避免红外光源的损坏以及由此产生的氢卤酸的腐蚀。

电学部件，电源等都会发热，因此须保持仪器通风口和通风窗的正常工作以利于散热。仪器四周至少应保留 10cm 的空隙以使空气流通。

在干涉仪内部的光源采用的是一个高温红外光源，干涉仪一定不能在含有可燃或易爆气体的环境中工作。如果因为某种原因要打开光源，千万不能接触光源的高温表面，否则会被烧伤。

红外光源应定期更换，连续 24h 工作长达 3～6 个月，应更换一次。否则从红外光源中挥发出的物质会溅射到附近的光学元件表面，从而降低系统的能量。

三、振动

光学平台和外围系统的设计能防止一般的振动，但仪器仍应避免剧烈的振动或撞击。光谱仪最好放置在一个单独的稳固面上。电扇、马达等的持续振动体应分隔开来。

四、电源和电缆

WQF-510 型 FT-IR 光谱仪系统使用的是 220V 交流电源，必须接地可靠。

诸如电源和断电等的瞬间干扰以及电压超差等都会引起一些问题，如数据丢失、结果异常以及系统锁闭等。仪器附近的大型电器设备所产生的经常性的电流强弱变化也会影响仪器的正常运行。为此建议采取以下防护措施：

① 确保电源电压稳定在 220V±10%的范围之内。

② 如果电源经常出现问题，就应配置一台电源稳压器。

③ 光谱仪系统应使用专门的电源插座，不应与其他电器设备共用。

④ 如果四周铺有地毯，就应在仪器之下放一块防静电的橡胶垫子。

⑤ 仪器电源应接地，不要取消保护接地或使用没有接地导体的延伸电缆。必须用三电极的延伸电缆和插座。

进度检查

一、填空题

1. 红外光谱室的温度必须在________之间。空气的相对湿度应该小于______。

2. WQF-510 型 FT-IR 光谱仪系统使用的电源是______V 交流电源，______接地可靠。

3. 光谱仪最好放置在一个_____的稳固面上。电扇、马达等的持续振动体应分隔开来。

二、简答题

1. 采取怎样的措施可以预防红外光谱分析中的一些问题，如数据丢失、结果异常以及系统锁闭等？

2. 光学部件的保护应注意哪些事项？

红外吸收光谱定量分析技能考试内容及评分标准

一、考试内容：吸光度的测定和未知样品中被测物质含量的测定

用工作曲线法进行未知样品中环己酮含量的测定，配制已知环己酮浓度的环己烷标准溶液和测出的吸光度对应值见表 6-1。

表 6-1 环己烷标准溶液中环己酮吸光度数据表

浓度/(g/L)	吸光度(分析峰在 1715cm^{-1}，池厚 0.096mm)	浓度/(g/L)	吸光度(分析峰在 1715cm^{-1}，池厚 0.096mm)
5	0.190	25	0.390
10	0.244	30	0.444
15	0.293	35	0.487
20	0.345	40	0.532

并测出一未知样品的部分红外光谱图如图 6-15 所示。

要求：

（1）根据未知样品光谱图，用基线法测出该未知样品的吸光度。

① 选择分析谱带。

② 决定基线。

③ 计算出样品吸光度。

（2）绘制工作曲线。

（3）测定未知样品中环己酮的含量。

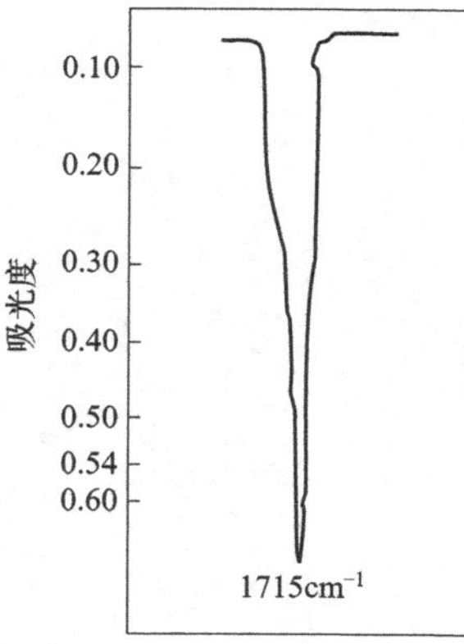

图 6-15　未知样品的部分红外光谱图

二、评分标准

1. 用基线法测未知样品的吸光度（55 分）

（1）根据已测出的未知样品的红外光谱图，正确选择分析峰（分析谱带）为 $1715cm^{-1}$（$5.83\mu m$）。查其吸光度 $A_1=0.54$（分析峰顶点处）。

选错分析峰扣 10 分，查 A_1 错误扣 5 分。

（2）因所选分析峰不受其他峰干扰，则画一条与分析峰两肩 a、b 相切的直线为基线。

基线确定错误或画错扣 20 分。

（3）计算出样品吸光度。

由基线法测量出基线相应的吸光度（即背景吸光度）$A_2=0.07$，A_1 已知，则样品（在分析光谱峰处）的吸光度为 $A=A_1-A_2=0.54-0.07=0.47$。

A_2、A 求错，分别扣 10 分。

2. 绘制工作曲线（30 分）

根据已配制的标准溶液浓度和测出的吸光度数据，以浓度为横坐标，相应的吸光度为纵坐标，用铅笔和直尺在坐标纸上正确绘出工作曲线图。

横坐标标注错误扣 5 分，纵坐标标注错误扣 5 分，工作曲线画不正确扣 20 分。

3. 查算出未知样品中环己酮含量（15 分）

根据求算出的样品吸光度，在绘好的工作曲线图（图 6-16）中查算出未知样品中环己酮含量为 32.5g/L。

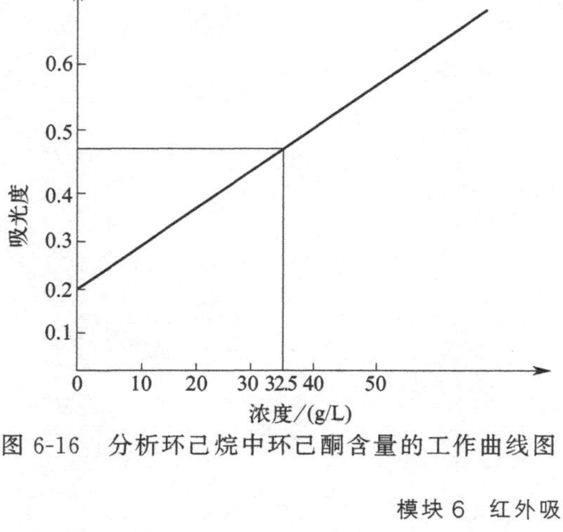

图 6-16　分析环己烷中环己酮含量的工作曲线图

模块 7　原子吸收光谱分析

编号 FJC-84-01

学习单元 7-1　原子吸收光谱分析的原理

学习目标： 完成本单元的学习之后，能够掌握原子吸收光谱分析的原理。

职业领域： 化工、石油、环保、医药、冶金、建材等。

工作范围： 分析。

相关知识内容： 分光光度计分类、结构

一、原子吸收光谱分析的基本概念

原子吸收光谱分析法（atomic absorption spetrophotometry，AAS）又称原子吸收分光光度法。它与可见、紫外等分光光度法有极相似之处。不过原子吸收光谱分析不是用可见光或紫外光作光源，而是用被测元素制成的空心阴极灯作光源，用被测溶液喷入火焰后挥发热解成自由原子的蒸气代替分光光度计中吸收池里的溶液，是基于蒸气相中被测元素的基态原子对其共振波长光能量的吸收作用来测定试样中被测元素含量的一种方法。如图 7-1 所示。

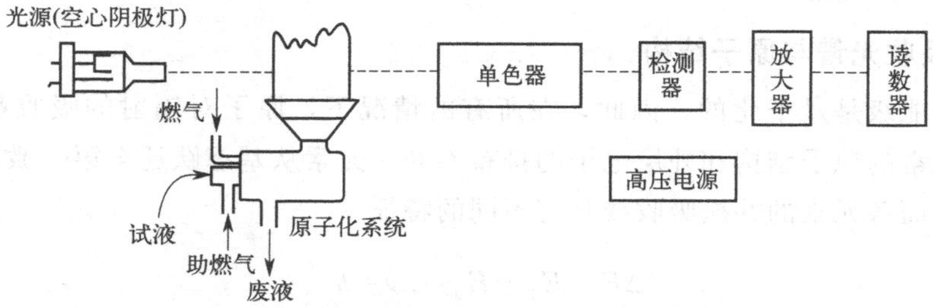

图 7-1　原子吸收光谱分析过程示意图

原子吸收光谱的主要用途是分析各类样品中金属元素的含量，尤其是在微量和痕量分析中显示出独到之处，广泛地用于低含量元素的定量测定，可对 70 余种金属元素及非金属元素进行定量。

原子吸收分光光度法具有检出限低、分析速度快、仪器简单以及准确、快速、操作容易掌握、干扰少等优点。

二、原子吸收光谱分析的基本原理

1. 基本原理

元素原子的核外电子处于最低能级时的状态称为基态。当外界给予能量时，电子由基态

跃迁到能量较高的状态，称为激发态。原子基态和最低能级的激发态（第一激发态）之间的跃迁能量所对应的谱线称为共振线，它能够被基态原子所吸收。如图 7-2 所示。

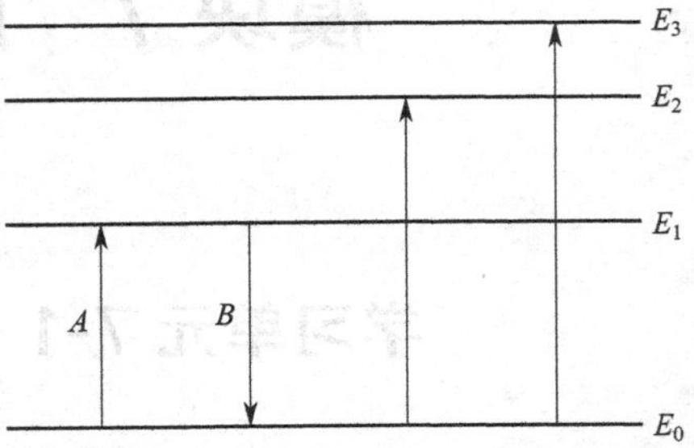

图 7-2　能级图

原子吸收与原子的外层电子在不同能级之间的跃迁有关。当电子从低能级跃迁到高能级时，必须吸收相当于两个能级间能量差的能量，所吸收光辐射的波长为：

$$\lambda = hc\ /\Delta E \tag{7-1}$$

式中　h——普朗克常数；

c——光速；

ΔE——两能级间能量差。

当光源发出的辐射通过基态自由原子蒸气，且入射辐射的频率等于原子中外层电子由基态跃迁到较高能态（通常是第一激发态）所需要能量频率时，原子就从辐射场中吸收能量，产生共振吸收，同时伴随着原子吸收光谱的产生。

由于各种元素的原子结构和外层电子排布是不相同的，因而电子从基态跃迁至第一激发态所吸收的能量也各不相同，从而使每种元素都具有特定的共振吸收线。对大多数元素来说，共振吸收线就是最灵敏线。在原子吸收光谱实际分析工作中，通常都是利用处于基态的待测元素的原子蒸气对由光源发射出的待测元素的共振线的吸收来进行定量分析的。从理论上讲，原子吸收光谱应该是线状光谱，但实际上任何原子发射或吸收的谱线都不是绝对单色的几何线，而是具有一定宽度的谱线。谱线在无外界影响时仍有一定宽度，称之自然宽度，其数量级约为 10^{-5}nm。

2. 原子吸收光谱与原子结构

由于原子能级是量子化的，因此，在所有的情况下，原子对辐射的吸收都是有选择性的。由于各元素的原子结构和外层电子的排布不同，元素从基态跃迁至第一激发态时吸收的能量不同，因而各元素的共振吸收线具有不同的特征。

$$\Delta E = E_1 - E_0 = h\nu = h\ \frac{c}{\lambda} \tag{7-2}$$

原子吸收光谱位于光谱的紫外区和可见区。原子吸收光谱线并不是严格几何意义上的线，而是占据着有限的相当窄的频率或波长范围，即有一定的宽度。原子吸收光谱的轮廓以原子吸收谱线的中心波长和半宽度来表征。中心波长由原子能级决定。半宽度是指在中心波长的地方，最大吸收系数一半处，吸收光谱线轮廓上两点之间的频率差或波长差。半宽度受到很多实验因素的影响。吸收线轮廓如图 7-3 所示。

3. 影响原子吸收谱线轮廓的两个主要因素

（1）多普勒变宽　多普勒宽度是由于原子热运动引起的。从物理学中已知，一个运动着的原子发出的光，如果运动方向离开观测者，则在观测者看来，其频率较静止原子所发出光的频率低；反之，如原子向着观测者运动，则其频率较静止原子发出的光的频率高，这就是多普勒效应。原子吸收分析中，对于火焰和石墨炉原子吸收池，气态原子处于无序热运动

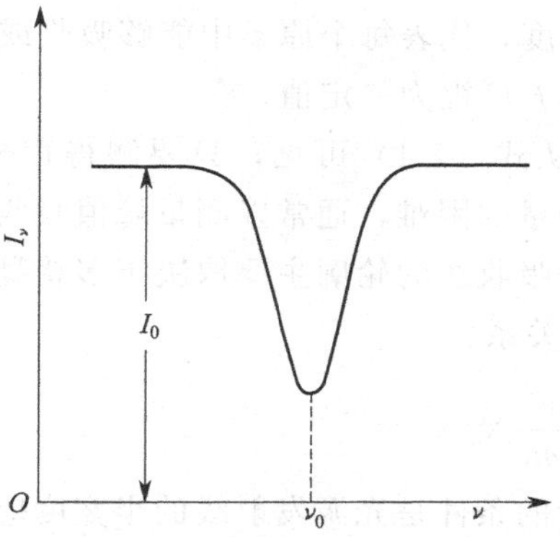

(a) I_ν 与 ν 的关系

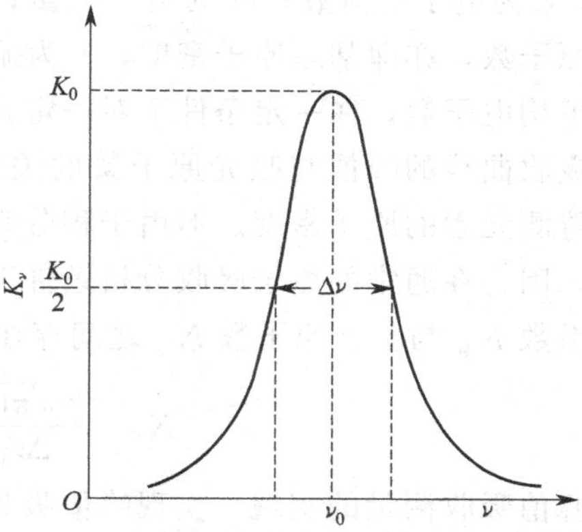

(b) 吸收线轮廓与半宽度

图 7-3 吸收线轮廓

中，相对于检测器而言，各发光原子有着不同的运动分量，即使每个原子发出的光是频率相同的单色光，但检测器所接受的光则是频率略有不同的光，于是引起谱线的变宽。

谱线的多普勒变宽 $\Delta\nu_D$ 可由下式决定：

$$\Delta\nu_D=\frac{2\nu_0}{c}\sqrt{\frac{2\ln 2RT}{M}}=7.162\times10^{-7}\nu_0\sqrt{\frac{T}{M}} \tag{7-3}$$

式中，R 为气体常数；c 为光速；M 为相对原子质量；T 为热力学温度（K）；ν_0 为谱线的中心频率。由式（7-3）可见，多普勒宽度与元素的原子量、温度和谱线频率有关。随温度升高和原子量减小，多普勒宽度增加。

（2）碰撞变宽　当原子吸收区的原子浓度足够高时，碰撞变宽是不可忽略的。因为基态原子是稳定的，其寿命可视为无限长，因此对原子吸收测定所常用的共振吸收线而言，谱线宽度仅与激发态原子的平均寿命有关，平均寿命越长，则谱线宽度越窄。原子之间相互碰撞导致激发态原子平均寿命缩短，引起谱线变宽。

碰撞变宽分为两种，即赫鲁兹马克变宽和洛伦茨变宽。

① 赫鲁兹马克变宽。被测元素激发态原子与基态原子相互碰撞引起的变宽，称为共振变宽，又称赫鲁兹马克变宽（Holtzmork）。在通常的原子吸收测定条件下，被测元素的原子蒸气压力很少超过 10^{-3}mmHg，共振变宽效应可以不予考虑。

② 洛伦茨变宽。分析原子与气体中的局部粒子（原子、离子和分子等）相互碰撞引起的谱线变宽，称为洛伦茨变宽（Lorentz）或压力变宽。洛伦茨变宽效应的大小，直接正比于每个原子在单位时间内碰撞次数。洛伦茨变宽使中心频率位移，谱线轮廓不对称，影响分析的灵敏度。

4. 原子吸收光谱的测量

（1）吸收曲线的面积与吸光原子数的关系　原子吸收光谱产生于基态原子对特征谱线的吸收。在一定条件下，基态原子数 N_0 正比于吸收曲线所包括的整个面积。根据经典色散理论，其定量关系式为：

$$\int K_\nu \mathrm{d}\nu=\frac{\pi e^2}{mc}N_0 f \tag{7-4}$$

式中，e 为电子电荷数；m 为电子质量；c 为光速；N_0 为单位体积原子蒸气中吸收辐射的基态原子数，亦即基态原子密度；f 为振子强度，代表每个原子中能够吸收或发射特定频率光的平均电子数，在一定条件下对一定元素，f 可视为一定值。

(2) 吸收曲线的峰值与吸光原子数的关系　从式 (7-4) 可见，只要测得积分吸收值，即可算出待测元素的原子密度。但由于积分吸收测量的困难，通常以测量峰值吸收代替测量积分吸收，因为在通常的原子吸收分析条件下，若吸收线的轮廓主要取决于多普勒变宽，则峰值吸收系数 K_0 与基态原子数 N_0 之间存在如下关系：

$$K_0=\frac{2\sqrt{\pi\ln 2}}{\Delta\nu_D}\times\frac{e^2}{mc}N_0 f \tag{7-5}$$

(3) 峰值吸收测量的实现　实现峰值吸收测量的条件是光源发射线的半宽度应小于吸收线的半宽度，且通过原子蒸气的发射线的中心频率恰好与吸收线的中心频率 ν_0 相重合。

若采用连续光源，要达到能分辨半宽度为 10^{-3}nm，波长为 500nm 的谱线，按计算需要有分辨率高达 50 万的单色器，这在目前的技术条件下还十分困难。因此，目前原子吸收仍采用空心阴极灯等特制光源来产生锐线发射。

(4) 原子吸收测量的基本关系式　当频率为 ν、强度为 I_ν 的平行辐射垂直通过均匀的原子蒸气时，原子蒸气对辐射产生吸收，符合朗伯 (Lambert) 定律，即

$$I_\nu=I_{0\nu}e^{-K_\nu L} \tag{7-6}$$

式中，$I_{0\nu}$ 为入射辐射强度；I_ν 为透过原子蒸气吸收层的辐射强度；L 为原子蒸气吸收层的厚度；K_ν 为吸收系数。

当在原子吸收线中心频率附近一定频率范围测量 $\Delta\nu$ 时，则

$$I_0=\int_0^{\Delta\nu} I_{0\nu}\,d\nu \tag{7-7}$$

$$I=\int_0^{\Delta\nu} I_\nu\,d\nu=\int_0^{\Delta\nu} I_{0\nu}e^{-K_\nu L}\,d\nu \tag{7-8}$$

当使用锐线光源时，$\Delta\nu$ 很小，可以近似地认为吸收系数在 $\Delta\nu$ 内不随频率 ν 的变化而改变，并以中心频率处的峰值吸收系数 K_0 来表征原子蒸气对辐射的吸收特性，则吸光度 A 为

$$A=\lg\frac{I_0}{I}\lg\frac{\int_0^{\Delta\nu} I_\nu\,d\nu}{\int_0^{\Delta\nu} I_{0\nu}e^{-K_\nu L}\,d\nu}=\lg\frac{\int_0^{\Delta\nu} I_\nu\,d\nu}{e^{-K_\nu L}\int_0^{\Delta\nu} I_\nu\,d\nu}=0.43K_0L \tag{7-9}$$

将式(7-5) 代入式(7-9)，得到

$$A=0.43\frac{2\sqrt{\pi\ln 2}}{\Delta\nu_D}\times\frac{e^2}{mc}N_0 fL \tag{7-10}$$

在通常的原子吸收测定条件下，原子蒸气相中基态原子数 N_0 近似地等于总原子数 N (见表 7-1)。

表 7-1　某些元素共振线的 N_i/N_0 值

共振线/nm	g_i/g_0(激发态和基态能级的统计权重)	激发能/eV	N_i/N_0(分布在激发态和基态能级的原子数目) T=2000K	T=3000K
Na 589.0	2	2.104	0.99×10^{-5}	5.83×10^{-4}
Sr 460.7	3	2.690	4.99×10^{-7}	9.07×10^{-5}
Ca 422.7	3	2.932	1.22×10^{-7}	3.55×10^{-5}

续表

共振线/nm	g_i/g_0(激发态和基态能级的统计权重)	激发能/eV	N_i/N_0(分布在激发态和基态能级的原子数目)	
			T=2000K	T=3000K
Fe 372.0		3.332	2.99×10^{-9}	1.31×10^{-6}
Ag 328.1	2	3.778	6.03×10^{-10}	8.99×10^{-7}
Cu 324.8	2	3.817	4.82×10^{-10}	6.65×10^{-7}
Mg 285.2	3	4.346	3.35×10^{-11}	1.50×10^{-7}
Pb 283.3	3	4.375	2.83×10^{-11}	1.34×10^{-7}
Zn 213.9	3	5.795	7.45×10^{-13}	5.50×10^{-10}

在实际工作中，要求测定的并不是蒸气相中的原子浓度，而是被测试样中的某元素的含量。当在给定的实验条件下，被测元素的含量 c 与蒸气相中总原子数 N 之间保持稳定的比例关系时，有

$$N=\alpha c \tag{7-11}$$

式中，α 是与实验条件有关的比例常数。因此，式(7-11) 可以写为

$$A=0.43\frac{2\sqrt{\pi\ln 2}}{\Delta\nu_D}\times\frac{e^2}{mc}fL\alpha c \tag{7-12}$$

当实验条件一定时，各有关参数为常数，式(7-12) 可以简写为

$$A=kc \tag{7-13}$$

式中，k 为与实验条件有关的常数。式(7-12) 与式(7-13) 即为原子吸收测量的基本关系式。

当试样在原子化器中处于高温状态时，待测元素的原子就转化为原子蒸气。其中处于基态的原子蒸气约有99%。这些基态原子蒸气可以选择性地吸收由该元素原子所发出的共振线。吸收的程度即吸光度 A，取决于基态原子的数量。由于原子蒸气中99%的原子处于基态，因此，吸光度 A 也取决于原子蒸气的数量，也就取决于试样中该元素原子的多少。因此，在原子吸收光谱分析中，吸光度 A 和试样原子浓度也符合光吸收定律，即：

$$A=\lg\frac{I_o}{I_t}=KcL \tag{7-14}$$

式中 A——吸光度；

I_o——光源发射光的强度；

I_t——原子蒸气吸收后的透过光强度；

K——原子吸收系数；

c——样品溶液的浓度；

L——原子蒸气的宽度。

若实验条件固定，原子蒸气宽度不变，即可测定吸光度求出待测元素的浓度。

三、原子吸收光谱分析的过程

首先将试样制成溶液或直接放入原子化器中。在原子化器中，试样中的待测元素原子转化为原子蒸气。待测元素的元素灯发出特征光谱线通过原子蒸气。该特征谱线被基态原子吸收，强度减弱后进入分光器，将分析线分离出的光投到检测器上转换为电信号，经放大后记

录或数字显示，得到吸光度 A，据此可计算出待测元素的含量。

四、定量分析方法

原子吸收光谱分析的定量方法有标准曲线法、标准加入法、浓度直读法和内标法等。

1. 标准曲线法

这是最常用的分析方法。配制一组合适的标准溶液，在最佳测定条件下，由低浓度到高浓度依次测定它们的吸光度 A，以吸光度 A 对浓度 c 作图。在相同的测定条件下，测定未知样品的吸光度，从 A-c 标准曲线上用内插法求出未知样品中被测元素的浓度。如图 7-4 所示。

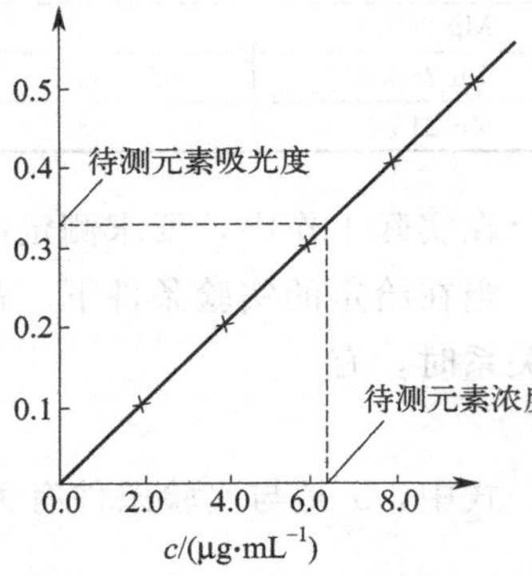

图 7-4　标准曲线法

2. 标准加入法

当无法配制合适的标准样品时，使用标准加入法。分别取几份等量的被测试样，其中一份不加入被测元素，其余各份试样中分别加入不同已知量 c_1、c_2、$c_3 \cdots c_n$ 的被测元素，然后，在标准测定条件下分别测定它们的吸光度 A，绘制吸光度 A 对被测元素加入量 c_x 的曲线。

如果被测试样中不含被测元素，在正确校正背景之后，曲线应通过原点；如果曲线不通过原点，说明含有被测元素，截距所对应的吸光度就是被测元素所引起的效应。外延曲线与横坐标轴相交，交点至原点的距离所相应的浓度 c_x，即为所求的被测元素的含量。如图 7-5 所示。应用标准加入法，一定要彻底校正背景。

3. 浓度直读法

浓度直读法的基础是标准曲线法。先用一个标样定标，通过标尺扩展，将测定吸光度值调整为浓度值，以后测定试样时直接得到它的浓度值。

4. 内标法

在试样溶液和标准溶液中分别加入一定量的内标物元素，然后测量试样溶液中待测元素和内标物元素的吸光度比值 D_x。再测量标准溶液（几个不同含量）待测元素和内标物元素的吸光度，求其比值 D。以 D 对应标准溶液中待测元素的质量 m 作图，制成标准曲线。在标准曲线上可查得 D_x 所对应的试样中待测元素的质量 m_x。如图 7-6 所示。一些常用的内标元素见表 7-2。

表 7-2　一些常用的内标元素

分析元素	内标元素	分析元素	内标元素	分析元素	内标元素
Al	Cr，Mn	Cu	Sr，Cd，Mn	Na	Li
Au	Mn	Fe	Au，Mn	Ni	Cd
Ca	Sr	K	Li	Pd	Zn
Cd	Mn	Mg	Cd	Si	Cr，V
Co	Cd	Mn	Cd，Zn	V	Cr
Cr	Mn	Mo	Sn	Zn	Mo，Cd

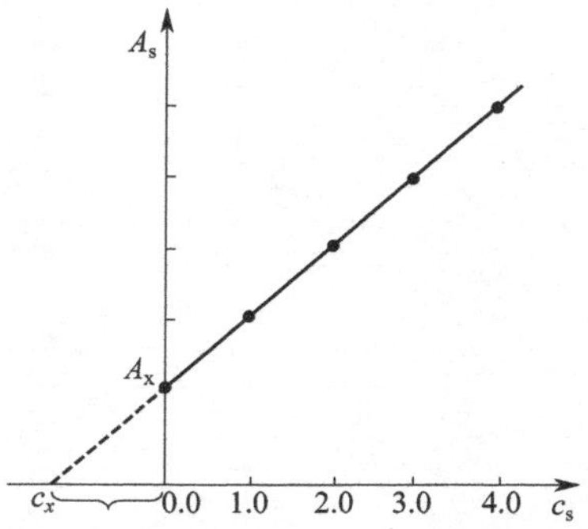

图 7-5　标准加入法工作曲线

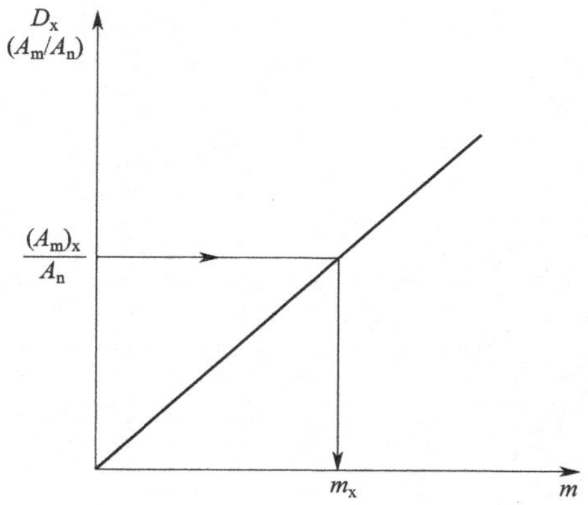

图 7-6　内标法工作曲线

进度检查

一、填空题

1. 原子吸收光谱分析是通过__________对__________吸收，测定__________，求出被测元素的含量。

2. 元素原子的核外电子处于最低能级时的状态，称为__________态，处于较高能级时的状态称为__________态。

3. 原子吸收光谱分析的定量方法有__________法、__________法和__________法等。

4. 影响原子吸收谱线轮廓的两个主要因素是__________、__________。

二、名词解释

1. 共振吸收线
2. 吸收轮廓
3. 自然变宽
4. 赫鲁兹马克变宽
5. 洛伦茨变宽
6. 中心频率

三、判断题（正确的在括号内画“√”，错误的画“×”）

1. 在原子吸收光谱分析中，吸光度和试样原子浓度也符合光吸收定律。（　　）
2. 待测元素的元素灯发出待征光谱线，经分光器分光后通过原子蒸气。（　　）
3. 当试样组成复杂、待测元素含量较低时，原子吸收光谱分析应采用标准曲线法。（　　）

四、简答题

1. 原子吸收法的基本原理是什么？
2. 原子吸收中影响谱线变宽的因素有哪些？
3. 原子吸收光谱分析的定量方法有哪些？

编号 FJC-84-02

学习单元 7-2 原子吸收光谱仪的结构

学习目标： 完成本单元的学习之后，能够掌握原子吸收光谱仪的结构和工作原理。

职业领域： 化工、石油、环保、医药、冶金、建材等。

工作范围： 分析。

相关知识内容： 原子吸收光谱分析的原理

所需设备

序号	名称及说明	数量
1	原子吸收光谱仪	1台

一、工作原理

原子吸收光谱仪又称原子吸收分光光度计，有单光束型和双光束型两种。其结构原理见图 7-7～图 7-10。

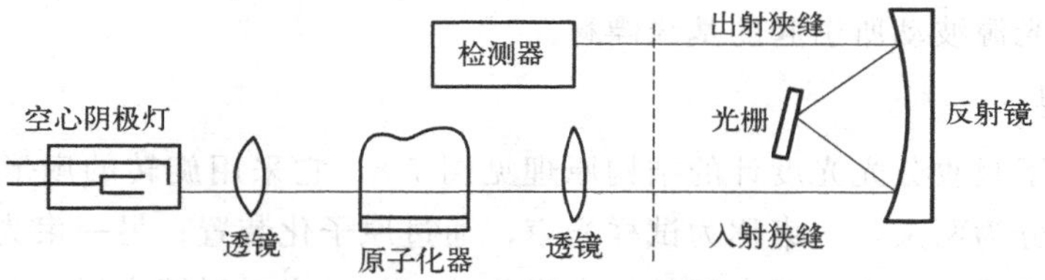

图 7-7 单道单光束原子吸收分光光度计光学系统示意图

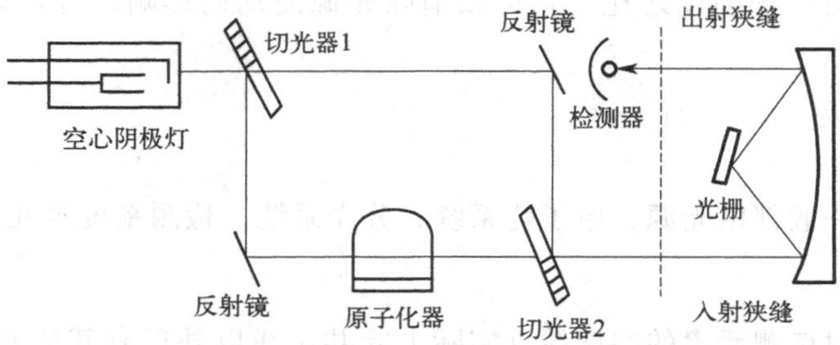

图 7-8 单道双光束原子吸收分光光度计光学系统示意图

1. 单光束型

单光束型原子吸收分光光度计的结构原理见图 7-7。光源是空心阴极灯，由稳压电源供电。它所发出的光经过火焰，其中的共振线有一部分被火焰中待测元素的基态原子所吸收，透过光经单色器分光后，未被吸收的共振线照射到检测器上，由此产生的光电流经放大器放

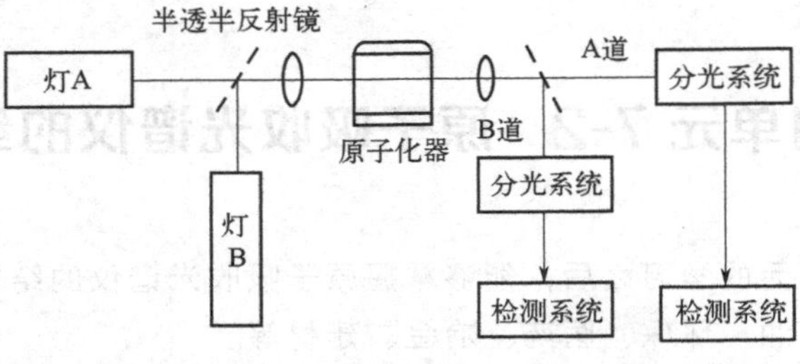

图 7-9　双道单光束原子吸收分光光度计光学系统示意图

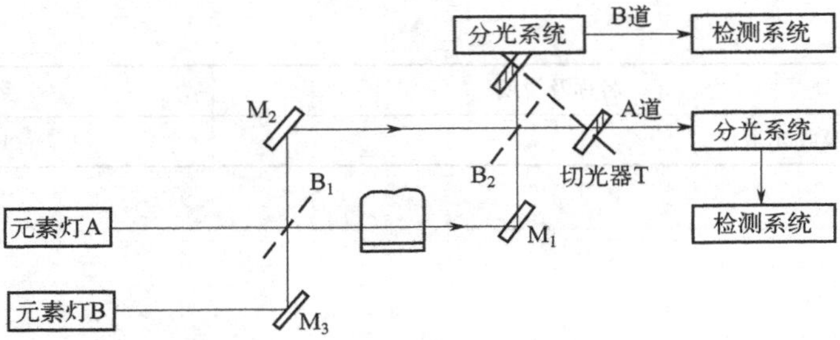

图 7-10　双道双光束原子吸收分光光度计光学系统示意图

大后，就可以从读数装置或记录仪上读出吸光度值。

单光束原子吸收分光光度计的操作简单，有较好的准确度和灵敏度，因而应用广泛。其缺点是不能消除光源波动所引起的基线漂移。

2. 双光束型

双光束型原子吸收分光光度计的结构原理见图 7-8。它采用旋转的扇形反射镜，将来自空心阴极灯的光分为两束，一束称为试样光束，通过原子化装置；另一束为参比光束，不通过原子化装置，而通过具有可调光阑的空白吸收池。经过半反射镜之后，两束光经过同一光路交替通过单色器，投射到检测器上。检测器将得到的信号分离为参比信号和试样信号，并在读数装置上显示出两信号强度之比。它可以消除光源波动的影响，有较高的准确度和灵敏度。

二、组成及其作用

原子吸收光谱仪一般都由光源、原子化系统、分光系统、检测系统等几部分组成。

1. 光源

光源的作用是辐射待测元素的共振线（实际上除共振线以外还有其他非共振线），作为原子吸收分析的入射光。能作为光源的有空心阴极灯、无极放电灯及蒸气放电灯。但应用最广泛的是空心阴极灯。其中间有一个钨棒制作的阳极和一个空心圆柱形阴极。阴极内含有待测元素的金属或合金，灯内充氖气或氩气然后封闭。通电后阴极可发射出待测元素的共振线。

对光源的基本要求是：

a. 发射的共振辐射的半宽度要明显小于吸收线的半宽度；

b. 辐射强度大、背景低，低于特征共振辐射强度的1%；

c. 稳定性好，30min之内漂移不超过1%，噪声小于0.1%；

d. 使用寿命长于5000毫安时（5mA工作电流下可以用1000个小时）。

(1) 空心阴极灯　空心阴极灯是能满足上述各项要求的理想的锐线光源，应用最广。空心阴极灯的结构如图7-11所示。它有一个由被测元素材料制成的空心阴极和一个由钛、锆、钽或其他材料制作的阳极。阴极和阳极封闭在带有光学窗口的硬质玻璃管内，管内充有压强为2～10mmHg（1mmHg=133.3Pa）的惰性气体氖或氩，其作用是产生离子撞击阴极，使阴极材料发光。

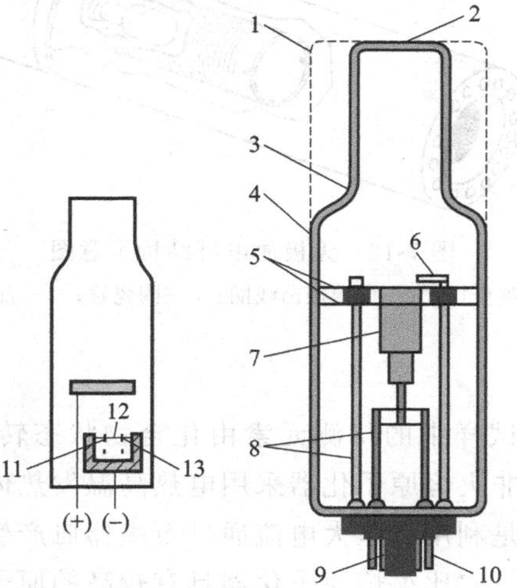

图7-11　空心阴极灯结构示意图

1—紫外玻璃窗口；2—石英窗口；3—逐级密封；4—玻璃套；5—云母屏蔽；6—阳极；7—阴极；8—支架；9—八角管座；10—连接管脚；11，13—阴极位降区；12—负辉光区

空心阴极灯放电是一种特殊形式的低压辉光放电，放电集中于阴极空腔内。当在两极之间施加几百伏电压时，便产生辉光放电。在电场作用下，电子在飞向阳极的途中，与载气原子碰撞并使之电离，放出二次电子，使电子与正离子数目增加，以维持放电。正离子从电场获得动能。如果正离子的动能足以克服金属阴极表面的晶格能，当其撞击在阴极表面时，就可以将原子从晶格中溅射出来。除溅射作用之外，阴极受热也会导致阴极表面元素的热蒸发。溅射与蒸发出来的原子进入空腔内，再与电子、原子、离子等发生第二类碰撞而受到激发，发射出相应元素的特征共振辐射。

空心阴极灯常采用脉冲供电方式，以改善放电特性，同时便于使有用的原子吸收信号与原子化池的直流发射信号区分开，称为光源调制。在实际工作中，应选择合适的工作电流。灯电流过小，放电不稳定；灯电流过大，溅射作用增加，原子蒸气密度增大，谱线变宽，甚至引起自吸，导致测定灵敏度降低，灯寿命缩短。

由于原子吸收分析中每测一种元素需换一个灯，很不方便，现已制成多元素空心阴极灯，但发射强度低于单元素灯，且如果金属组合不当，易产生光谱干扰，因此，使用尚不普遍。

(2) 无极放电灯　对于砷、锑等元素的分析，为提高灵敏度，亦常用无极放电灯作光源。无极放电灯是由一个数厘米长、直径 5～12cm 的石英玻璃圆管制成。管内装入数毫克待测元素或挥发性盐类，如金属、金属氯化物或碘化物等，抽成真空并充入压力为 67～200Pa 的惰性气体氩或氖，制成放电管。

将此管装在一个高频发生器的线圈内，并装在一个绝缘的外套里，然后放在一个微波发生器的同步空腔谐振器中。这种灯的强度比空心阴极灯大几个数量级，没有自吸，谱线更纯。如图 7-12 所示。

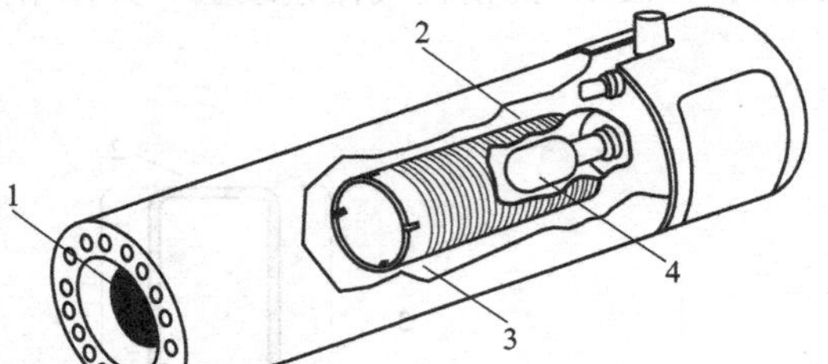

图 7-12　无极放电灯结构示意图

1—石英窗口；2—螺旋振荡线圈；3—陶瓷管；4—石英灯管

2. 原子化系统

原子化系统的作用是将试样中的待测元素由化合物状态转变为基态原子蒸气。它分火焰、非火焰原子化器两种。非火焰原子化器采用电热高温发热体。目前广泛应用的是高温石墨炉原子化器。其基本原理是利用低压大电流通过石墨器皿产生高温，使置于其中的少量溶液或固体试样蒸发和原子化。它比火焰原子化器具有较高的原子化效率，更高的灵敏度和更低的检出极限，因而发展很快。

(1) 火焰原子化器　火焰原子化法中，常用的是预混合型原子化器，其结构如图 7-13 所示。这种原子化器由雾化器、混合室和燃烧器等组成。

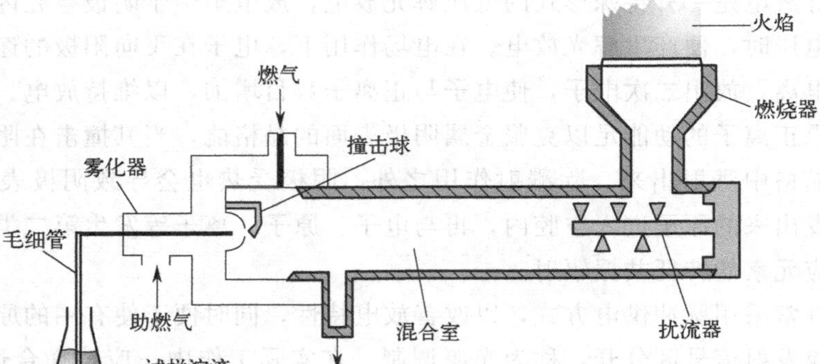

图 7-13　火焰原子化器示意图

雾化器是关键部件，其作用是将试液雾化，使之形成直径为微米级的气溶胶。混合室的作用是使较大的气溶胶在室内凝聚为大的溶珠沿室壁流入泄液管排走，使进入火焰的气溶胶在混合室内充分混合均匀以减少它们进入火焰时对火焰的扰动，并让气溶胶在室内部分蒸发脱溶。燃烧器最常用的是单缝燃烧器，其作用是产生火焰，使进入火焰的气溶胶蒸发和原子化。因此，原子吸收分析的火焰应有足够高的温度，能有效地蒸发和分解试样，并使被测元素原子化。此外，火焰应该稳定、背景发射和噪声低、燃烧安全。原子吸收测定中最常用的火焰是乙炔-空气火焰，此外，应用较多的是氢-空气火焰和乙炔-氧化亚氮高温火焰。乙炔-空气火焰燃烧稳定，重现性好，噪声低，燃烧速度不是很快，温度足够高（约 2300℃），对大多数元素有足够的灵敏度。氢-空气火焰是氧化性火焰，燃烧速度较乙炔-空气火焰快，但温度较低（约 2050℃），优点是背景发射较弱，透射性能好。乙炔-氧化亚氮火焰的特点是火焰温度高（约 2955℃），而燃烧速度并不快，是目前应用较广泛的一种高温火焰，用它可测定 70 多种元素。

（2）非火焰原子化器　非火焰原子化法中，常用的是管式石墨炉原子化器（图 7-14），管式石墨炉原子化器由加热电源、保护气控制系统和石墨管状炉组成。加热电源供给原子化器能量，电流通过石墨管产生高热高温，最高温度可达到 3000℃。保护气控制系统是控制保护气的。仪器启动，保护气氩气流通，空烧完毕，切断氩气流。外气路中的氩气沿石墨管外壁流动，以保护石墨管不被烧蚀，内气路中氩气从管两端流向管中心，由管中心孔流出，以有效地除去在干燥和灰化过程中产生的基体蒸气，同时保护已原子化了的原子不再被氧化。在原子化阶段，停止通气，以延长原子在吸收区内的平均停留时间，避免对原子蒸气的稀释。

石墨炉原子化器的操作分为干燥、灰化、原子化和净化四步，由微机控制实行程序升温。

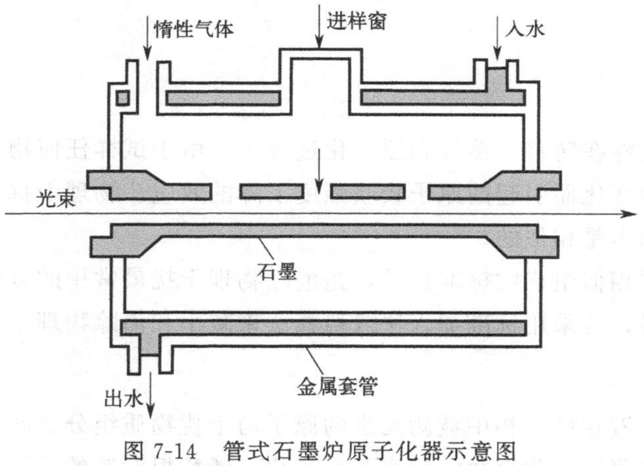

图 7-14　管式石墨炉原子化器示意图

3. 分光系统

分光系统又称单色器、分光器，分光器由入射狭缝、出射狭缝、反射镜和色散元件组成，其作用是将所需要的共振吸收线分离出来。分光器的关键部件是色散元件，现在商品仪器都是使用光栅。原子吸收光谱仪对分光器的分辨率要求不高，曾以能分辨开镍三线 Ni230.003nm、Ni231.603nm、Ni231.096nm 为标准，后采用 Mn279.5nm 和 279.8nm 代替镍三线来检定分辨率。光栅放置在原子化器之后，以阻止来自原子化器内的所有不需要的辐射进入检测器。

4. 检测系统

检测系统主要由检测器和讯号指示仪表组成，它的作用是将单色器分出的光信号进行光电转换。原子吸收分光光度计广泛使用光电倍增管作检测器。光电倍增管输出的光电流与入射光强度和光电倍增管的倍增系数成正比。按接收光波长范围的不同，光电倍增管分为两种，即紫敏光电管和红敏光电管。如图 7-15 所示。

（1）紫敏光电管　具有 Cs-Sb 阴极光电发射表面，能接收 200～625nm 波长范围的入射光。

（2）红敏光电管　具有 Ag-CsO 光电发射表面，能接收 625～1000nm 波长范围的入射光。

由控制器产生的电信号经放大、解调后送到信号指示仪表中，以吸光度值指示出来。指示的方法很多，可以用指针式电表、记录仪或数字显示器，还可以用微处理机计算结果并打印报告。

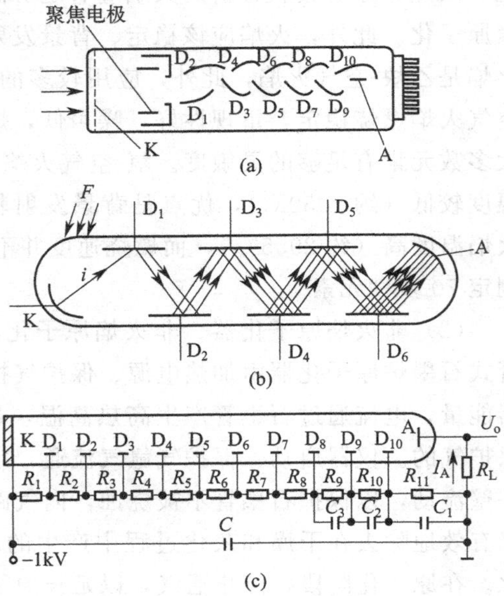

图 7-15　光电倍增管示意图

K—光敏阴极；D—倍增极；A—阳极；R—电阻

三、干扰效应

1. 物理干扰

物理干扰是指试样在转移、蒸发和原子化过程中，由于试样任何物理特性（如黏度、表面张力、密度等）的变化而引起的原子吸收强度下降的效应。物理干扰是非选择性干扰，对试样各元素的影响基本是相似的。

配制与被测试样相似组成的标准样品，是消除物理干扰最常用的方法。在不知道试样组成或无法匹配试样时，可采用标准加入法或稀释法来减小和消除物理干扰。

2. 化学干扰

化学干扰是由于液相或气相中被测元素的原子与干扰物质组分之间形成热力学更稳定的化合物，从而影响被测元素化合物的解离及原子化。磷酸根对钙的干扰，硅、钙形成难解离的氧化物，钨、硼、稀土元素等生成难解离的碳化物，从而使有关元素不能有效原子化，都是化学干扰的例子。化学干扰是一种选择性干扰。

消除化学干扰的方法有：化学分离；使用高温火焰；加入释放剂和保护剂；使用基体改进剂（见表 7-3）等。例如磷酸根在高温火焰中就不干扰钙的测定，加入锶、镧或 EDTA 等都可消除磷酸根对测定钙的干扰。在石墨炉原子吸收法中，加入基体改进剂，提高被测物质的稳定性或降低被测元素的原子化温度以消除干扰。例如，汞极易挥发，加入硫化物生成稳定性较高的硫化汞，灰化温度可提高到 300℃；测定海水中 Cu、Fe、Mn、As，加入 NH_4NO_3，使 NaCl 转化为 NH_4Cl，在原子化之前低于 500℃的灰化阶段除去。用于抑制化学干扰的试剂见表 7-4。

表 7-3　分析元素与基体改进剂

分析元素	基体改进剂	分析元素	基体改进剂	分析元素	基体改进剂	分析元素	基体改进剂
镉	硝酸镁	镉	组氨酸	锗	硝酸	汞	盐酸＋过氧化氢
	Triton X-100		乳酸		氢氧化钠		柠檬酸
	氢氧化铵		硝酸	金	Triton X-100＋Ni	磷	镧
	硫酸铵		硝酸铵		硝酸铵	硒	硝酸铵
锑	铜		硫酸铵	铜	O_2		镍
	镍		磷酸二氢铵	铁	硝酸铵		铜
	铂，钯		硫化铵	铅	硝酸铵		钼
	H_2		磷酸铵		磷酸二氢铵		铑
砷	镍		氟化铵		磷酸		高锰酸钾，重铬酸钾
	镁		铂		镧	硅	钙
	钯	钙	硝酸		铂，钯，金	银	EDTA
铍	铝，钙	铬	磷酸二氢铵		抗坏血酸	碲	镍
	硝酸镁	钴	抗坏血酸		EDTA		铂，钯
铋	镍	铜	抗坏血酸		硫脲	铊	硝酸
	EDTA，O_2		EDTA		草酸		酒石酸＋硫酸
	钯		硫酸铵	锂	硫酸，磷酸	锡	抗坏血酸
	镍		磷酸铵	锰	硝酸铵	钒	钙，镁
硼	钙，镁		硝酸铵		EDTA	锌	硝酸铵
	钙＋镁		蔗糖		硫脲		EDTA
镉	焦硫酸铵		硫脲	汞	银		柠檬酸
	镧		过氧化钠		钯		
	EDTA		磷酸	汞	硫化铵		
	柠檬酸	镓	抗坏血酸		硫化钠		

表 7-4　用于抑制化学干扰的试剂

试剂	类型	干扰元素	测定元素
La	释放剂	Al，Si，PO_4^{2-}，SO_4^{2-}	Mg
Sr	释放剂	Al，Be，Fe，Se，NO_3^-，SO_4^{2-}，PO_4^{3-}	Mg，Ca，Ba
Mg	释放剂	Al，Si，PO_4^{3-}，SO_4^{2-}	Ca
Ba	释放剂	Al，Fe	Mg，K，Na
Ca	释放剂	Al，F	Mg
Sr	释放剂	Al，F	Mg
Mg＋ $HClO_4$	释放剂	Al，P，Si，SO_4^{2-}	Ca
Sr＋$HClO_4$	释放剂	Al，P，B	Ca，Mg，Ba
Nd，Pr	释放剂	Al，P，B	Sr
Nd，Sm，Y	释放剂	Al，P，B	Ca，Sr
Fe	释放剂	Si	Cu，Zn
La	释放剂	Al，P	Cr
Y	释放剂	Al，B	Cr
Ni	释放剂	Al，Si	Mg
甘油高氯酸	保护剂	Al，Fe，Th，稀土，Si，B，Cr，Ti，PO_4^{3-}，SO_4^{2-}	Mg，Ca，Sr，Be
NH_4Cl	保护剂	Al	Na，Cr
NH_4Cl	保护剂	Sr，Ca，Ba，PO_4^{3-}，SO_4^{2-}	Mo
NH_4Cl	保护剂	Fe，Mo，W，Mn	Cr
乙二醇	保护剂	PO_4^{3-}	Ca
甘露醇	保护剂	PO_4^{3-}	Ca

续表

试剂	类型	干扰元素	测定元素
葡萄糖	保护剂	PO_4^{3-}	Ca,Sr
水杨酸	保护剂	Al	Ca
乙酰丙酮	保护剂	Al	Ca
蔗糖	保护剂	P,B	Ca,Sr
EDTA	结合剂	Al	Mg,Ca
3-羟基喹啉	结合剂	Al	Mg,Ca
$K_2S_2O_7$	结合剂	Al,Fe,Ti	Cr
Na_2SO_4	结合剂	可抑制16种元素的干扰	Cr
$Na_2SO_4+CuSO_4$	—	可抑制镁等十几种元素的干扰	

3. 电离干扰

在高温下原子电离，使基态原子的浓度减少，引起原子吸收信号降低，此种干扰称为电离干扰。电离效应随温度升高、电离平衡常数增大而增大，随被测元素浓度增大而减小。加入更易电离的碱金属元素，可以有效地消除电离干扰。

4. 光谱干扰

光谱干扰包括谱线重叠、光谱通带内存在非吸收线、原子化池内的直流发射、分子吸收、光散射等。当采用锐线光源和交流调制技术时，前三种因素一般可以不予考虑，主要考虑分子吸收和光散射的影响，它们是形成光谱背景的主要因素。

分子吸收干扰是指在原子化过程中生成的气体分子、氧化物及盐类分子对辐射吸收而引起的干扰。光散射是指在原子化过程中产生的固体微粒对光产生散射，使被散射的光偏离光路而不为检测器所检测，导致吸光度值偏高。

光谱背景除了波长特征之外，还有时间、空间分布特征。分子吸收通常先于原子吸收信号产生，当有快速响应电路和记录装置时，可以从时间上分辨分子吸收和原子吸收信号。样品蒸气在石墨炉内分布的不均匀性，导致了背景吸收空间分布的不均匀性。提高温度使单位时间内蒸发出的背景物的浓度增加，同时也使分子解离增加。这两个因素共同制约着背景吸收。在恒温炉中，提高温度和升温速率，使分子吸收明显下降。在石墨炉原子吸收法中，背景吸收的影响比火焰原子吸收法严重，若不扣除背景，有时根本无法进行测定。

四、测定条件的选择

1. 分析线选择

通常选用共振吸收线为分析线，测定高含量元素时，可以选用灵敏度较低的非共振吸收线为分析线。As、Se 等共振吸收线位于 200nm 以下的远紫外区，火焰组分对其有明显吸收，故用火焰原子吸收法测定这些元素时，不宜选用共振吸收线为分析线。

2. 狭缝宽度选择

狭缝宽度影响光谱通带宽度与检测器接受的能量。原子吸收光谱分析中，光谱重叠干扰的概率小，可以允许使用较宽的狭缝。调节不同的狭缝宽度，测定吸光度随狭缝宽度变化而变化，当有其他的谱线或非吸收光进入光谱通带内时，吸光度将立即减小。不引起吸光度减小的最大狭缝宽度，即为应选取的合适的狭缝宽度。

3. 空心阴极灯的工作电流选择

空心阴极灯一般需要预热 20～30min 才能达到稳定输出。灯电流过小，放电不稳定，故光谱输出不稳定，且光谱输出强度小；灯电流过大，发射谱线变宽，导致灵敏度下降，校正曲线弯曲，灯寿命缩短。选用灯电流的一般原则是，在保证有足够强且稳定的光强输出条件下，尽量使用较低的工作电流。通常以空心阴极灯上标明的最大电流的 1/2～2/3 作为工作电流。在具体的分析场合，最适宜的工作电流由实验确定。

4. 原子化条件的选择

(1) 火焰类型和特性　在火焰原子化法中，火焰类型和特性是影响原子化效率的主要因素。对低、中温元素，使用空气-乙炔火焰；对高温元素，宜采用氧化亚氮-乙炔高温火焰；对分析线位于短波区（200nm 以下）的元素，使用空气-氢火焰是合适的。对于确定类型的火焰，稍富燃的火焰（燃气量大于化学计量）是有利的。对氧化物组成不十分稳定的元素如 Cu、Mg、Fe、Co、Ni 等，用化学计量火焰（燃气与助燃气的比例与它们之间化学反应计量相近）或贫燃火焰（燃气量小于化学计量）也是可以的。为了获得所需特性的火焰，需要调节燃气与助燃气的比例。

(2) 燃烧器的高度选择　在火焰区内，自由原子的空间分布不均匀，且随火焰条件而改变，因此，应调节燃烧器的高度，以使来自空心阴极灯的光束从自由原子浓度最大的火焰区域通过，以期获得高的灵敏度。

(3) 程序升温的条件选择　在石墨炉原子化法中，合理选择干燥、灰化、原子化及除残温度与时间是十分重要的。干燥应在稍低于溶剂沸点的温度下进行，以防止试液飞溅。灰化的目的是除去基体和局外组分，在保证被测元素没有损失的前提下应尽可能使用较高的灰化温度。原子化温度的选择原则是，选用达到最大吸收信号的最低温度作为原子化温度。原子化时间的选择，应以保证完全原子化为准。原子化阶段停止通保护气，以延长自由原子在石墨炉内的平均停留时间。除残的目的是消除残留物产生的记忆效应，除残温度应高于原子化温度。

5. 进样量选择

进样量过小，吸收信号弱，不便于测量；进样量过大，在火焰原子化法中，对火焰产生冷却效应，在石墨炉原子化法中，会增加除残的困难。在实际工作中，应测定吸光度随进样量的变化，达到最满意的吸光度的进样量，即为应选择的进样量。

进度检查

一、填空题

1. 原子吸收光谱仪按结构原理不同可分为______________型和______________型。

2. 原子化系统分为______________和______________两类。

3. 色散元件有________和________两种。原子吸收分光光度计多采用________作为色散元件。

4. 光电倍增管按接收光波长范围不同分为：①________光电管，能接收________nm 范围的入射光。②________光电管，能接收________nm 范围的入射光。

二、判断题（正确的在括号内画"√"，错误的画"×"）

1. 单光束型原子吸收分光光度计可以消除光源波动所引起的基线漂移。（ ）
2. 双光束型原子吸收分光光度计在读数装置上显示的是两个信号强度之比。（ ）
3. 光源的作用是产生待测元素的共振线作为分析的入射光。（ ）
4. 对于难原子化的元素，应当采用空气-煤气焰作为原子化的火焰。（ ）
5. 与火焰原子化器相比，高温石墨炉原子化器具有更高的灵敏度和更低的检出极限。（ ）

三、简答题

1. 进样量的选择应当注意什么？
2. 原子化条件的选择包括哪些？
3. 消除化学干扰的方法有哪些？
4. 简述原子化系统的作用与分类。

编号 FJC-84-03

学习单元 7-3　原子吸收光谱仪操作

学习目标：完成本单元的学习之后，能够掌握原子吸收光谱仪的操作方法。

职业领域：化工、石油、环保、医药、冶金、建材等。

工作范围：分析。

相关知识内容：原子吸收光谱分析的原理、原子吸收光谱仪的结构

所需设备

序号	名称及说明	数量
1	TAS-990 型火焰原子吸收光谱仪	1 台

TAS-990 型火焰原子吸收光谱仪是北京普析通用仪器有限责任公司生产的单光束原子吸收光谱仪。该仪器具有先进的横向加热石墨炉设计，最大程度实现了石墨管的温度均匀一致；高度的自动化功能，最大程度满足了使用者的需求；先进可靠的安全保护系统，全方位地保护操作人员的安全；优异的可扩展性，可简单、快捷应对分析样品多样化、复杂化的进样系统，轻松满足多种分析需求；最可靠的助手软件-AAWin2.0 等功能。TAS-990 型火焰原子吸收光谱仪技术参数见表 7-5。

表 7-5　TAS-990 型火焰原子吸收光谱仪技术参数

波长范围	190～900nm
光谱带宽	0.1nm、0.2nm、0.4nm、1.0nm、2.0nm 五档自动切换
波长准确度	±0.25nm
波长重复性	0.15nm
基线漂移	0.005A/30min
背景校正	氘灯背景校正：可校正 1A 背景
火焰分析	
特征浓度(Cu)	(0.03μg/mL)/1%
检出限(Cu)	0.006μg/mL
精密度	RSD≤1%
石墨炉分析	
特征量(Cd)	0.5×10^{-12}g
检出限(Cd)	1.0×10^{-12}g
精密度	RSD≤3%

TAS-990 型火焰原子吸收光谱仪如图 7-16 所示。

以 TAS-990 型火焰原子吸收光谱仪为例说明其操作步骤。

一、开机顺序

① 打开抽风设备。

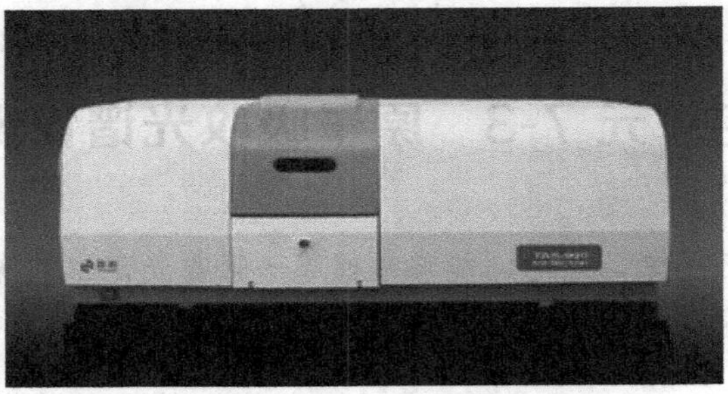

图 7-16　TAS-990 型火焰原子吸收光谱仪

② 打开稳压电源。

③ 打开计算机电源，进入 Windows 桌面系统。

④ 打开 TAS-990 型火焰原子吸收光谱仪主机电源。

⑤ 双击 TAS-990 程序图标“AAwin”，选择“联机”，单击“确定”，进入仪器自检画面。等待仪器各项自检“确定”后进行测量操作。

二、测量操作步骤

1. 选择元素灯及测量参数

① 选择“工作灯（W）”和“预热灯（R）”后单击“下一步”。

② 设置元素测量参数，可以直接单击“下一步”。

③ 进入“设置波长”步骤，单击寻峰，等待仪器寻找工作灯最大能量谱线的波长。寻峰完成后，单击“关闭”，回到寻峰画面后再单击“下一步”。

④ 单击“下一步”，进入完成设置画面，单击“完成”。

2. 设置测量样品和标准样品

① 单击“样品”，进入“样品设置向导”选择“浓度单位”。

② 单击“下一步”，进入标准样品画面，根据所配制的标准样品设置标准样品的数目及浓度。

③ 单击“下一步”，进入辅助参数选项，可以直接单击“下一步”；单击“完成”，结束样品设置。单击测量参数，选定参数后按“确定”。

3. 点火步骤

① 选择“燃烧器参数”输入燃气流量为 1500 以上。

② 检查废液管内是否有水。

③ 打开空压机，观察空压机压力是否达到 0.2MPa。

④ 打开乙炔，调节分压表压力为 0.05MPa；用发泡剂检查各个连接处是否漏气。

⑤ 单击点火按键，观察火焰是否点燃；如果第一次没有点燃，请等 5～10s 再重新点火。

⑥ 火焰点燃后，把进样吸管放入蒸馏水中，单击“能量”，选择“能量自动平衡”调整能量到 100%。

4. 测量步骤

（1）标准样品测量　把进样吸管放入空白溶液，单击“校零”键，调整吸光度为零；单击“测量”键，进入测量画面（在屏幕右上角），依次吸入标准样品（必须按浓度从低到高测量）。

注意：在测量中一定要注意观察测量信号曲线，直到曲线平稳后再按测量键“开始”，自动读数3次，完成后再把进样吸管放入蒸馏水中，冲洗几秒钟后再测定下一个样品。

做完标准样品后，把进样吸管放入蒸馏水中，单击“终止”按键。把鼠标指向标准曲线图框内，单击右键，选择“详细信息”，查看相关系数 R 是否合格。如果合格，进入样品测量。

（2）样品测量　把进样吸管放入空白溶液，单击“校零”键，调整吸光度为零；单击“测量”键，进入测量画面（屏幕右上角），吸入样品，单击“开始”键测量，自动读数3次，完成一个样品测量。注意事项同标准样品测量方法。

（3）测量完成　如果需要打印，单击“打印”，根据提示选择需要打印的结果；如果需要保存结果，单击“保存”，根据提示输入文件名称，单击“保存（S）”按钮。以后可以单击“打开”调出此文件。

5. 结束测量

① 如果需要测量其他元素，单击“元素灯”，操作同上（二、测量操作步骤）。

② 如果完成测量，**一定要先关闭乙炔**，等到计算机提示**“火焰异常熄灭，请检查乙炔流量”**，再关闭空压机，按下放水阀，排出空压机内水分。

三、关机顺序

① 退TAS－990程序：单击右上角“关闭”按钮，如果程序提示“数据未保存，是否保存”，根据需要选择，一般打印数据后可以选择“否”，程序出现提示信息后单击“确定”退出程序。

② 关闭主机电源，罩上仪器罩。

③ 关闭计算机电源、稳压器电源。15min后再关闭抽风设备，关闭实验室总电源，完成测量工作。

注意事项：此“操作步骤”只是简单操作顺序，具体操作步骤和详细内容请参考说明书的相关内容。由于原子吸收在分析过程中会有很多干扰因素，请查阅相关手册和资料！

进度检查

一、填空题

1. TAS-990型火焰原子吸收光谱仪具有先进的__________设计。

2. 该仪器采用__________分光，波长范围为__________nm。

3. 原子吸收光谱仪使用前应预热灯和仪器______________min。

二、判断题（正确的在括号内画“√”，错误的画“×”）

1. 在测量中一定要注意观察测量信号曲线，直到曲线平稳后再按测量键“开始”，自动

读数 3 次，完成后再把进样吸管放入蒸馏水中，冲洗几秒钟后再读下一个样品。（　）

2. “燃烧器参数”输入燃气流量为 1000 以上。（　）

3. 如果完成测量，一定要先关闭乙炔，等到计算机提示“火焰异常熄灭，请检查乙炔流量”；再关闭空压机，按下放水阀，排出空压机内水分。（　）

4. 原子吸收光谱仪不用预热。（　）

三、简答题

1. 原子吸收光谱仪光源起什么作用？对光源有什么要求？

2. 使用空心阴极灯应注意哪些问题？

3. 什么是试样的原子化？试样原子化的方法有哪几种？

四、操作题

实际进行 TAS-990 型火焰原子吸收光谱仪火焰原子化法测定的操作，由教师检查下列项目是否正确：

1. 准备工作。

2. 测量工作。

3. 结束工作。

编号 FJC-84-04

学习单元 7-4　土壤中铜和锌的含量测定

学习目标： 完成本单元的学习之后，能够掌握用火焰原子吸收光谱法测定土壤中铜和锌含量。

职业领域： 化工、石油、环保、医药、冶金、建材等。

工作范围： 分析。

相关知识内容： 原子吸收光谱分析的原理、原子吸收光谱仪的结构、原子吸收光谱仪操作

所需仪器、药品和设备

序号	名称及说明	数量
1	TAS-990 型火焰原子吸收光谱仪	1 台
2	铜、锌空心阴极灯	各 1 只
3	LZ3-100 型函数记录仪	1 台
4	氧气钢瓶	1 个
5	25mL 容量瓶	9 个
6	铜标准液（含铜量为 100mg/L）	适量
7	锌标准液（含锌量为 100mg/L）	适量
8	土壤样品	适量

一、测定原理

火焰原子吸收光谱法是根据某元素的基态原子对该元素的特征谱线产生选择性吸收来进行测定的分析方法。将试样喷入火焰，被测元素的化合物在火焰中离解形成原子蒸气，由锐线光源（空心阴极灯）发射的某元素的特征谱线光辐射通过原子蒸气层时，该元素的基态原子对特征谱线产生选择性吸收。根据在一定条件下特征谱线光强的变化与试样中被测元素的浓度的比例关系，通过测量自由基态原子对选用吸收线的吸收程度，确定试样中该元素的浓度。

湿法消化是使用强氧化性酸，如 HNO_3、H_2SO_4、$HClO_4$ 等与有机化合物溶液共沸，使有机化合物分解除去。干法灰化是在高温下灰化、灼烧，使有机物质被空气中的氧气氧化而破坏。本实验采用湿法消化土壤中的有机物质。

二、测定步骤

1. 标准曲线的绘制

取 6 个 25mL 容量瓶，依次加入 0.0mL、1.00mL、2.00mL、3.00mL、4.00mL、5.00mL 浓度为 100mg/L 的铜标准溶液和 0.00mL、0.10mL、0.20mL、0.40mL、0.60mL、0.80mL 浓

度为100mg/L的锌标准溶液，用1%的稀硝酸溶液稀释至刻度，摇匀，配成含0.00mg/L、4.00mg/L、8.00mg/L、12.00mg/L、16.00mg/L、20.00mg/L铜标准系列和0.00mg/L、0.40mg/L、0.80mg/L、1.20mg/L、1.60mg/L、2.40mg/L、3.20mg/L的锌标准系列，然后分别在324.7nm和213.9nm处测定吸光度，绘制标准曲线。

2. 样品的测定

（1）样品的消化　准确称取1.000g土样于100mL烧杯中（2份），用少量去离子水润湿，缓慢加入5mL王水（硝酸∶盐酸＝1∶3），盖上表面皿。同时做1份试剂空白，把烧杯放在通风柜内的电炉上加热，开始低温，慢慢提高温度，并保持微沸状态，使其充分分解，注意消化温度不宜过高，防止样品外溅。当激烈反应完毕，使有机物分解后，取下烧杯冷却，沿烧杯壁加入2～4mL高氯酸，继续加热分解直至冒白烟，样品变为灰白色，揭去表面皿，赶出过量的高氯酸，把样品蒸至近干，取下冷却，加入5mL 1%的稀硝酸溶液加热，冷却后用中速定量滤纸过滤到25mL容量瓶中，滤渣用1%稀硝酸洗涤，最后定容，摇匀待测。

（2）测定　将消化液在与标准系列相同的条件下，直接喷入空气-乙炔火焰中，测定吸收值。原子吸收测量条件见表7-6。

表7-6　原子吸收测量条件

元素	Cu	Zn
λ/nm	324.8	213.9
I/mA	2	4
光谱通带(A)	2.5	2.1
增益	2	4
燃气	C_2H_2	C_2H_2
助气	空气	空气
火焰	氧化	氧化

三、数据处理

所测得的吸收值（如试剂空白有吸收，则应扣除空白吸收值）在标准曲线上得到相应的浓度 c(mg/mL)，则试样中：

$$\text{酮或锌的含量(mg/kg)}=\frac{cV}{m}\times 1000 \tag{7-15}$$

式中　c——标准曲线上得到的相应浓度，mg/mL；

V——定容体积，mL；

m——试样质量，g。

四、注意事项

① 小心控制温度，升温过快反应物易溢出或碳化。

② 土壤消化物若不呈灰白色，应补加少量高氯酸，继续消化。由于高氯酸对空白影响大，要控制用量。

③ 高氯酸具有氧化性，应待土壤里大部分有机物消化完全，冷却后再加入，或者在常温下，有大量硝酸存在下加入，否则会使杯中样品溅出或爆炸，使用时务必小心。

④ 若高氯酸氧化作用进行过快，有爆炸可能时，应迅速冷却或用冷水稀释，即可停止高氯酸氧化作用。

进度检查

一、填空题

1. 原子吸收光谱法测铜含量时，用________灯，在________火焰中进行测定。

2. 工作曲线的横坐标是________，纵坐标是________。

3. 铜标准溶液既可用________溶于浓硝酸制得，又可用________溶于水制得。

二、判断题（正确的在括号内画“√”，错误的画“×”）

1. 若高氯酸氧化作用进行过快，有爆炸可能时，应迅速冷却或用冷水稀释，即可停止高氯酸氧化作用。 (   )

2. 湿法消化是使用强氧化性酸，如 HCl 等与有机化合物溶液共沸，使有机化合物分解除去。 (   )

3. 样品分解时可以直接高温加热。 (   )

三、简答题

1. 简述湿法消化的基本原理。

2. 简述干法灰化的基本操作。

3. 使用高氯酸时应当注意什么？

编号 FJC-84-05

学习单元 7-5　工业废水中镍含量测定

学习目标： 完成本单元的学习之后，能够掌握用火焰原子吸收光谱法测定工业废水中镍含量。

职业领域： 化工、石油、环保、医药、冶金、建材等。

工作范围： 分析。

相关知识内容： 原子吸收光谱分析的原理、原子吸收光谱仪的结构、原子吸收光谱仪操作

所需仪器、药品和设备

序号	名称及说明	数量
1	TAS-990 型火焰原子吸收光谱仪	1 台
2	镍空心阴极灯	1 只
3	LZ3-100 型函数记录仪	1 台
4	氧气钢瓶	1 个
5	液量注射器	1 支
6	100mg/mL 镍标准溶液(含 2%盐酸)	100mL
7	盐酸	500mL
8	二次去离子水	10L

注：①镍标准贮备液：称取光谱纯金属镍 1.0000g，准确到 0.0001g，加硝酸 10mL，待完全溶解后，用去离子水稀释至 1000mL，每毫升溶液含 1.00mg 镍。

②镍标准工作溶液：移取镍标准贮备液 10.0mL 于 100mL 容量瓶中，用(1+1)硝酸溶液稀释至标线，摇匀。此溶液中镍的浓度为 100mg/L。

一、适用范围

本方法是用火焰原子吸收分光光度法直接测定工业废水中镍含量。

本方法适用于工业废水及受到污染的环境水样，最低检出浓度为 0.05mg/L，校准曲线的浓度范围 0.2～5.0mg/L 。

二、测定原理

火焰原子吸收光谱法是根据某元素的基态原子对该元素的特征谱线产生选择性吸收来进行测定的分析方法。将试样喷入火焰，被测元素的化合物在火焰中离解形成原子蒸气，由锐线光源（空心阴极灯）发射的某元素的特征谱线光辐射通过原子蒸气层时，该元素的基态原子对特征谱线产生选择性吸收。根据在一定条件下特征谱线光强的变化与试样中被测元素的浓度的比例关系，通过测量自由基态原子对选用吸收线的吸收程度，确定试样中该元素的浓度。

三、试样制备

① 采样前，所用聚乙烯瓶用洗涤剂洗净，再用（1＋1）硝酸浸泡24h以上，然后用水冲洗干净。

② 若需测定镍总量，样品采集后立即加入硝酸，使样品pH为1～2。

③ 测定可滤态镍时，采样后尽快通过0.45μm滤膜过滤，并立即酸化。

四、测定步骤

1. 试样处理

测定镍总量时，一般要进行消解处理。取适量水样（含镍在10～250μg），加5mL硝酸，置于电热板上在近沸状态下将样品蒸发近干。冷却后再加入硝酸5mL，重复上述操作一次，必要时再加入硝酸或高氯酸，直到消解完全，等蒸至近干，加（1＋99）硝酸溶解残渣，若有不溶沉淀应通过定量滤纸过滤至50mL容量瓶中，加（1＋99）硝酸至标线，摇匀。

2. 空白试验

用水代替试样，采用相同的步骤，且与采样和测定中所用的试剂用量相同做空白试验。

3. 干扰

① 本方法测镍基体干扰不显著，但当无机盐浓度较高时则产生背景干扰，采用背景校正器进行校正；在测量浓度许可时，也可采用稀释法。

② 使用232.0nm作吸收线，存在波长相距很近的镍三线，选用较窄的光谱通带可以克服邻近谱线的光谱干扰。

4. 校准曲线的绘制

用（1＋99）硝酸溶液稀释标准工作溶液配制至少5个标准溶液，且试样的浓度应落在0.2～5.0mg/L范围内。按所选择的仪器工作参数调好仪器，用（1＋99）硝酸溶液调零后，测量每份溶液的吸光度，绘制校准曲线。

5. 测量

在测量标准溶液的同时，测量空白和试样。根据扣除空白后试样的吸光度，从校准曲线查出试样中镍的含量。

注：测定可滤态镍时用制备的试样直接喷入测定。

五、结果计算

实验样品中镍的浓度c(mg/L)按下式计算：

$$c=\frac{m}{V} \tag{7-16}$$

式中 c——实验样品中镍浓度，mg/L；

m——试样中镍的含量，μg；

V——分取水样的体积，mL。

六、精密度和准确度

本方法还用于含镍0.07～5.45mg/L的矿山、冶炼、电镀、机械等行业41种废水样品分析，其相对标准偏差为0.2% ～10%，加标回收率为92% ～109%。

进度检查

一、填空题

1. 由于水中镍的含量很低，通常采用______法进行测定，绝对灵敏度可达______g。

2. 镍在中性溶液中会形成________，因此本测定中的溶液必须加入________使溶液显酸性。

3. 本测定中采用________灯，用________进样。

二、判断题（正确的在括号内画“√”，错误的画“×”）

1. 使用232.0nm作吸收线，存在波长相距很近的镍三线，选用较窄的光谱通带可以克服邻近谱线的光谱干扰。（ ）

2. 测定可滤态镍时，采样后尽快通过0.45μm滤膜过滤，并立即酸化。（ ）

3. 按所选择的仪器工作参数调好仪器，用（10＋90）硝酸溶液调零后，测量每份溶液的吸光度，绘制校准曲线。（ ）

三、简答题

1. 测定液态镍样品时应当注意什么？

2. 测镍时应当如何消除干扰？

编号 FJC-84-06

学习单元 7-6　原子吸收光谱仪的维护保养与安全防护

学习目标： 完成本单元的学习之后，能够掌握原子吸收光谱仪的维护保养与安全防护知识。

职业领域： 化工、石油、环保、医药、冶金、建材等。

工作范围： 分析。

相关知识内容： 原子吸收光谱分析的原理、原子吸收光谱仪的结构、原子吸收光谱仪操作

所需设备

序号	名称及说明	数量
1	TAS—990 型火焰原子吸收光谱仪	1 台

一、原子吸收光谱仪的维护保养

1. 空心阴极灯

空心阴极灯平时应放置在干燥处。使用时，灯电流应由低到高缓慢加大。否则会使阴极表面发生喷射，损坏阴极并缩短灯的寿命。长期不用的灯应每隔数月点燃半小时，以保持灯的性能和延长使用寿命。若灯的性能降低了，可将阴极与阳极反接处理，使阳极温度急剧升高，加速吸气剂对杂质气体的吸收，从而使灯的性能得到改善。

2. 喷雾器

以铂铱合金制成的毛细管喷雾器不宜测定高氟浓度试样，以防腐蚀损坏。对低氟浓度试样，用后也应及时用水清洗。要防止吸喷溶液的塑料毛细管被污染、折断及堵塞。

3. 雾化室

雾化室应定期用棉花浸取适当溶剂仔细清洗积垢。清洗时应注意防止擦损内壁。喷雾过较高浓度的碱溶液及含大量有机物的试液后应该彻底清洗，以避免记忆效应和减少腐蚀。吸喷有机物试液后，可依次用纯有机溶剂、1%硝酸和水吸喷 5min 进行清洗，再空吸几分钟。

4. 燃烧器

燃烧器缝隙中有碳和无机盐沉积。应在点燃火焰前先吸喷水溶液，缝隙中还会有水积聚。这些都需要加以清除。清除方法是：在火焰熄灭后，先用滤纸插入揩拭。如无效，可取下燃烧器在自来水下用细软毛刷刷洗。如已成熔珠，可用细砂纸仔细打磨清除。严禁用酸浸泡。

5. 单色器

单色器被密封在一个防尘、防潮的金属铸件盒内。严禁用手触摸光学元件。如有灰尘，

可用气体吹去或用滴管滴加少量丙酮冲掉。不要用擦镜纸等擦拭。光栅受潮易发霉，应经常更换暗盒内的干燥剂。仪器室内应注意通风、干燥，以防湿度过大。光学元件除说明书指定的调节部分以外，严禁自行调节。

6. 光电倍增管

光电倍增管应贮藏在干燥、黑暗及阴凉的容器内。使用时应轻拿轻放，严防振动。仪器中的光电倍增管应密封、防潮、防止漏光。外加电压应低于最高允许电压，一般低于最高允许电压150V较为合适。测试完毕后应立即切断电源，以减少光照时间。严禁强光直接照射。

二、原子吸收光谱仪的安全防护

1. 仪器在操作过程中紧急情况的处理

(1) 遇停电时，必须迅速关闭燃气，然后再将各部分控制机构调到操作前的状态。

(2) 操作时嗅到有乙炔或其他石油气气味时，可能有管道或接头漏气。应立即关闭燃气，将室内通风，避免明火，检查漏气处。

(3) 火焰骚动不稳，可能是燃气、助燃气比例不对，或燃气严重污染，应立即关闭燃气进行处理。

(4) 指示仪表突然波动，可能是高压控制失灵，个别元件损坏，某处导线接触点熔断开路、线路断开等。电源电压变动太大，也会引起指示仪表波动。应立即关闭电源进行检查。

2. 防止回火

(1) 防止废液排出管漏气，出口处应水封。

(2) 燃烧器狭缝不能过宽。对100mm×0.5mm的燃烧器，当宽度大于0.8mm时，就有发生回火的危险。

(3) 用氧化亚氮-乙炔火焰时，乙炔流量不能小于2L/min。

(4) 助燃气与乙炔流量比例不能相差过大。

3. 通风

在仪器的原子化器上方，应安装耐腐蚀材料制作的排风罩及通风管道。排风罩应离仪器原子化器窗口20～30cm，抽气量为1700～2500L/min，不宜过大或过小。简单的测试方法是在通风罩旁点燃的香烟烟雾能够流畅地进入通风罩即可。室外出口管道应弯曲向下，防止空气倒流。

4. 清洁

原子吸收光谱分析测定的元素含量一般很低，要特别注意防止污染、挥发和吸附损失。

实验环境和器皿的清洁程度对测定结果影响很大，应注意环境的清洁和器皿的干净。

进度检查

一、填空题

1. 吸喷有机物试液后，清洗雾化室的方法是依次用________、________和________

____吸喷 5min。

2. 火焰骚动不稳，可能是__________比例不对，或__________，应立即__________进行处理。

3. 仪器在操作过程中遇停电，必须迅速________，然后将__________调到__________状态。

4. 操作时嗅到乙炔气味，可能有__________，应立即__________。

二、选择题（将正确答案的序号填入括号内）

1. 下列防止回火的措施不正确的是（　　）。

A. 废液排出口用水封

B. 放宽燃烧器狭缝的宽度

C. 用氧化亚氮-乙炔焰时，乙焰流量不小于 2L/min

D. 助燃气与乙炔流量比例相差不大

2. 安装排风罩时，下列各项不正确的是（　　）。

A. 排风罩安装在原子化器上方

B. 抽气量为 1500 L/min

C. 用耐腐蚀材料制作排风罩

D. 室外出口管道应弯曲向上

3. 光电倍增管贮藏时，操作正确的是（　　）。

A. 光电倍增管应贮藏在干燥、黑暗及阴凉的容器内

B. 光电倍增管应贮藏在潮湿、黑暗及阴凉的容器内

C. 光电倍增管应贮藏在干燥、明亮及阴凉的容器内

D. 光电倍增管应贮藏在干燥、黑暗及高温的容器内

三、判断题（正确的在括号内画"√"，错误的画"×"）

1. 排风罩应离仪器原子化器窗口 20～30cm，抽气量为 1700～2500L/min，不宜过大或过小。（　　）

2. 火焰骚动不稳，可能是燃气、助燃气比例不对，不必进行处理。（　　）

3. 空心阴极灯在使用过程中电流越大越好。（　　）

四、简答题

1. 如何维护保养原子吸收光谱仪？

2. 如何防止回火？

3. 喷雾器在使用过程中应当注意什么？

评分标准

原子吸收光谱分析技能考试内容及评分标准

一、考试内容：矿物中铜含量的测定

1. 基本操作

(1) 矿物试样的处理：称样 0.01～0.1g，酸解，转移定容。

(2) 原子吸收光谱仪的开机：开电源，调程序，开气体，点火。

(3) 测定。

① 在下列工作条件下，以空白溶液为参比，用原子吸收光谱仪测定标准系列溶液和试液的吸光度。

铜空心阴极灯电流：6mA；

吸收线波长：324.75nm；

单色器通带：0.21mm；

燃烧器高度：2～4mm；

火焰：空气-乙炔焰。

② 以测得的标准系列溶液的吸光度为纵坐标，铜的浓度为横坐标绘制工作曲线。

③ 根据试液的吸光度在工作曲线上查出试液中铜的浓度。

2. 结果计算

矿样中铜的质量分数可按下式计算：

$$w_{(Cu)}=\frac{c\times 250\times 10^{6}}{m_{样}}\times 100\%$$

式中 $w_{(Cu)}$ ——矿样中铜的质量分数；

c——由工作曲线上查得铜的浓度，μg/mL；

$m_{样}$——矿样的质量，g。

二、评分标准

1. 基本操作（60 分）

(1) 矿物样的处理（15 分）

① 称量操作。(3 分)

分析天平的操作，数据记录（错一步扣 1 分，单项分扣完为止）。

② 酸解处理。(6 分)

盐酸处理，硝酸处理，水处理（错一步扣 1 分，单项分扣完为止）。

③ 转移定容。(6 分)

每错一步扣 1 分，单项分扣完为止。

(2) 原子吸收光谱仪的开机（25 分）

① 通电。(4 分)

每错一步扣 1 分，单项分扣完为止。

② 调程序。(15 分)

每错一步扣 1 分，单项分扣完为止。

③ 点火。(6 分)

每错一步扣 1 分，单项分扣完为止。

(3) 测定（15 分）

① 进样。(3 分)

每错一步扣 1 分，单项分扣完为止。

② 测定。(4 分)

每错一步扣 1 分，单项分扣完为止。

③ 保存。(4 分)
每错一步扣 1 分，单项分扣完为止。
④ 曲线处理。(4 分)
每错一步扣 1 分，单项分扣完为止。
(4) 原子吸收光谱仪的关机（5 分）
关机操作（错一步扣 1 分，单项分扣完为止）。
2. 分析结果（40 分）
评分细则如下：

精密度/%	准确度/%	得分
2	0.00～0.50	40～36
2	0.51～0.75	35～31
2	0.76～ 1.25	30～26
2	1.26～1.75	25～21
3～4	1.76～2.25	20～16
5～6	2.26～2.75	15～11
7～8	2.76～3.25	10～6
9～10	3.26～5.00	5～1
＞10	＞5.00	0

模块8 原子发射光谱定性分析

编号 FJC-85-01

学习单元8-1 原子发射光谱分析基本知识

学习目标： 完成本单元的学习之后，能够了解原子发射光谱分析的基本过程，掌握原子发射光谱分析的基本知识。

职业领域： 化工、石油、环保、医药、冶金、建材等。

工作范围： 分析。

相关知识内容： 分光光度计分类、结构

原子发射光谱法（AES）是根据试样中不同元素的原子或离子在外界能量（如热能、光能或电能）作用下，发射特征的光谱而进行元素定性和定量分析的方法。

原子发射光谱法包括了三个主要的过程：由光源提供能量使样品蒸发、解离和原子化形成气态原子，并进一步使气态原子激发而产生光辐射；经激发产生的复合光经单色器分解成按波长顺序排列的谱线，形成光谱；用检测器检测光谱中谱线的波长和强度。由于待测元素原子的能级结构不同，发射谱线的特征不同，据此可对样品进行定性分析；而根据待测元素原子的浓度不同，发射强度不同，可实现元素的定量测定。

一、原子能级与能级图

原子是由原子核与绕核运动的电子所组成。每一个电子的运动状态可用主量子数 n、角量子数 l、磁量子数 m 和自旋量子数 m_s 等四个量子数来描述。

主量子数 n，决定了电子的主要能量 E。

角量子数 l，决定原子轨道（或电子云）的形状，同时也影响电子的能量。电子在原子核库仑场中的一个平面上绕核运动，一般是沿椭圆轨道运动，是二自由度的运动，必须有两个量子化条件。这里所说的轨道，按照量子力学的含义，是指电子出现概率大的空间区域。对于一定的主量子数 n，可有 n 个具有相同半长轴、不同半短轴的轨道，当不考虑相对论效应时，它们的能量是相同的。如果受到外电磁场或多电子原子内电子间的相互摄动的影响，具有不同 l 的各种形状的椭圆轨道因受到的影响不同，能量有差别，使原来简并的能级分开了，角量子数 l 最小的、最扁的椭圆轨道的能量最低。

磁量子数 m，决定原子轨道（或电子云）在空间的伸展方向。所有半长轴相同的空间不同取向的椭圆轨道，在有外电磁场作用下能量不同。能量大小不仅与 n 和 l 有关，而且也与 m 有关。

自旋量子数 m_s，决定了电子自旋的方向。电子在空间自旋的取向只有两个，一个顺着

磁场；另一个反着磁场，因此，自旋角动量在磁场方向上有两个分量。

电子的每一运动状态都与一定的能量相联系。主量子数 n 决定了电子的主要能量，半长轴相同的各种轨道电子具有相同的 n，可以认为是分布在同一壳层上，随着主量子数不同，可分为许多壳层，$n=1$ 的壳层，离原子核最近，称为第一壳层；依次 $n=2$、3、4……的壳层，分别称为第二、三、四……壳层，用符号 K、L、M……代表相应的各个壳层。角量子数 l 决定了各椭圆轨道的形状，不同椭圆轨道有不同的能量。因此，又可以将具有同一主量子数 n 的每一壳层按不同的角量子数 l 分为 n 个支壳层，分别用符号 s、p、d、f、g……来代表。原子中的电子遵循一定的规律填充到各壳层中，首先填充到量子数最小的量子态，当电子逐渐填满同一主量子数的壳层，就完成一个闭合壳层，形成稳定的结构，次一个电子再填充新的壳层。这样便构成了原子的壳层结构。周期表中同族元素具有相类似的壳层结构。

由于核外电子之间存在着相互作用，其中包括电子轨道之间的相互作用，电子自旋运动之间的相互作用以及轨道运动与自旋运动之间的相互作用等，因此原子的核外电子排布并不能准确地表征原子的能量状态，原子的能量状态需要用以 n、L、s、j 等四个量子数为参数的光谱项来表征：

$$n^{2s+1}L_j \tag{8-1}$$

n 为主量子数，L 为总角量子数，其数值为外层价电子角量子数 l 的矢量和，即：

$$L=\sum_i l_i \tag{8-2}$$

两个价电子耦合所得的总角量子数 L 与单个价电子的角量子数 l_1、l_2 有如下的关系：

$L=(l_1+l_2),(l_1+l_2-1),(l_1+l_2-2)\cdots|l_1-l_2|$，取值为：$L=0,1,2,3$ 等，相应的符号为 s，p，d，f 等。s 为总自旋量子数，多个价电子总自旋量子数是单个价电子自旋量子数 m_s 的矢量和，其值可取 0，±1/2，±1，±3/2，±2……

j 为内量子数，是由于轨道运动与自旋运动的相互作用即轨道磁矩与自旋磁矩的相互影响而得出的，它是原子中各个价电子组合得到的总角量子数 L 与总自旋量子数 s 的矢量和，即 $j=L+s$。j 的求法为 $j=(L+s),(L+s-1),(L+s-2),\cdots,|L-s|$。若 $L\geqslant s$，则 j 值从 $L+s$ 到 $L-s$，可有（$2s+1$）个值。若 $L<s$，则 j 值从 $s+L$ 到 $s-L$ 可有（$2L+1$）个值。

二、原子发射光谱的产生

1. 谱线的产生

一般情况下，原子处于稳定的状态，它的能量是最低的，这种状态称为基态。但当原子受到外界能量（如热能、电能等）的作用时，原子由于与高速运动的气态粒子和电子的相互碰撞而获得了能量，使原子中外层电子从基态跃迁到更高的能级上，处于这种状态的原子称为激发态。这个过程所需的能量称为激发电位（E_i），通常以电子伏特（eV）为单位表示。如图 8-1 所示。当外加的能量足够大时，可以把原子中外层电子激发到无穷远处，也即脱离原子核的束缚而逸出，使原子成为带正电的离子，这个过程称为电离。

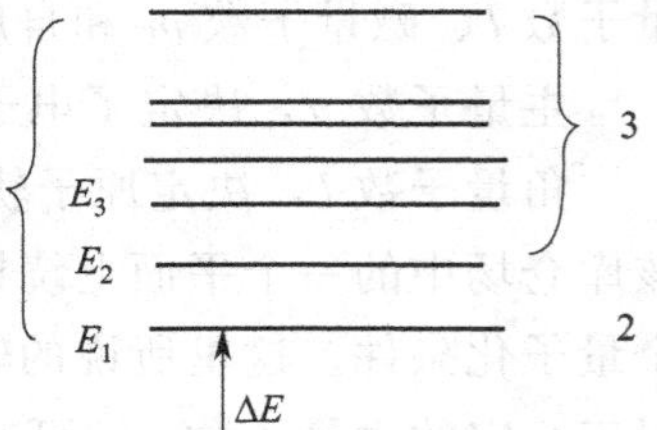

图 8-1 原子能量的吸收与发射

1—基态能级；2—最低激发态能级；3—较高激发态的能级

处于激发态的原子很不稳定，约经 10^{-8}s 后，外层电子就从高能级向较低能级或基态跃迁，多余的能量以辐射的形式发射出去，得到发射光谱。原子光谱中每一条谱线的产生各有其相应的激发电位。由激发态向基态跃迁所发射的谱线称为共振线。共振线具有最小的激发电位，因此最容易被激发，为该元素最强的谱线。这些谱线的波长（或频率）取决于两能级间的能量差。符合普朗克公式：

$$\Delta E = E_2 - E_1 = h\nu = \frac{hc}{\lambda} = hc\sigma \tag{8-3}$$

即

$$\lambda = \frac{hc}{E_2 - E_1} \tag{8-4}$$

式中 ΔE——任意两能级间的能量差；

E_2——高能级的能量；

E_1——低能级的能量；

h——普朗克常数；

c——光速；

λ——辐射光（谱线）的波长；

ν——辐射光（谱线）的频率；

σ——辐射光（谱线）的波数。

原子的各个能级是不连续的（量子化）。因此，电子的跃迁也是不连续的，这就是原子光谱为线状光谱的根本原因。把原子中所有可能存在状态的光谱项即能级及能级跃迁用图解的形式表示出来，称为能级图。图 8-2 为钠原子的能级图。

图 8-2 中的水平线表示实际存在的能级，能级的高低用一系列的水平线表示。由于相邻两能级的能量差与主量子数 n 成反比，随 n 增大，能级排布越来越密。当 $n \to \infty$ 时，原子处于电离状态，这时体系的能量相应于电离能。因为电离了的电子可以具有任意的动能，因此，当 $n \to \infty$ 时，能级图中出现了一个连续的区域。能级图中的纵坐标表示能量标度，左边用电子伏特标度，右边用波数标度。各能级之间的垂直距离表示跃迁时以电磁辐射形式释放的能量的大小。每一时刻一个原子只发射一条谱线，因许多原子处于不同的激发态，因此，发射出各种不同的谱线。其中在基态与第一激发态之间跃迁产生的谱线称为共振线，通常它是最强的谱线。

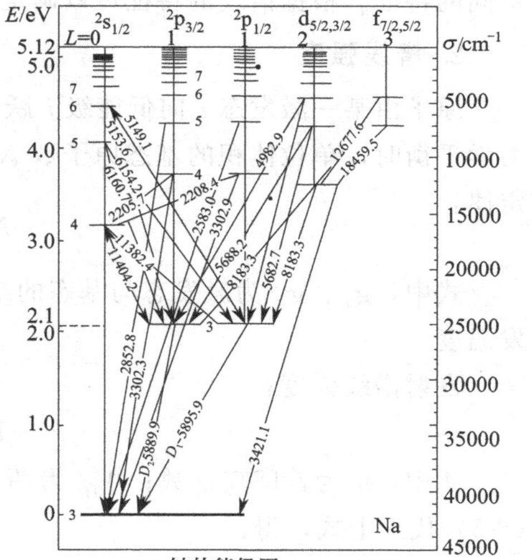

钠的能级图

图 8-2 钠原子的能级图

应该指出的是，并不是原子内所有能级之间的跃迁都是可以发生的，实际发生的跃迁是有限制的，服从光谱选择定则。对于 L-s 耦合，这些选择定则是：

（1）跃迁时主量子数 n 的改变不受限制。

（2）$\Delta L = \pm 1$，即跃迁只允许在 s 与 p 之间、p 与 s 或 d 之间、d 与 p 或 f 之间产生，等等。

(3) $\Delta s=0$，即单重态只能跃迁到单重态，三重态只能跃迁到三重态等。

(4) $\Delta j=0$、± 1，但当 $j=0$ 时，$\Delta j=0$ 的跃迁是禁止的。

例如，钠原子基态的电子结构是 $(1s)^2(2s)^2(2p)^6(3s)^1$，对闭合壳层，$L=0$，$s=0$，因此钠原子态由 $(3s)^1$ 光学电子决定。$L=0$，$s=1/2$，光谱项为 3^2s。j 只有一个取向，$j=1/2$，故只有一个光谱支项 $3^2s_{1/2}$。钠原子的第一激发态的光学电子是 $(3p)^1$，$L=1$，$s=1/2$，$2s+1=2$，$j=1/2$、$3/2$，故有两个光谱支项，$3^2s_{1/2}$ 与 $3^2s_{3/2}$。电子在这两能级之间跃迁产生大家所熟知的钠双线。

$$\text{Na}588.996\text{nm}(3^2s_{1/2}-3^2p_{3/2})$$

$$\text{Na}589.593\text{nm}(3^2s_{1/2}-3^2p_{1/2})$$

钠原子第二激发态的电子组态是 3d，相应的原子态为 $3^2d_{3/2}$ 与 $3^2d_{5/2}$，当电子在 3p 与 3d 之间跃迁时，有四种可能的跃迁：$3^2p_{1/2}$-$3^2d_{5/2}$、$3^2p_{1/2}$-$3^2d_{3/2}$、$3^2p_{3/2}$-$3^2d_{5/2}$、$3^2p_{3/2}$-$3^2d_{3/2}$，实际上只观察到后三种跃迁，而没有观察到 $3^2p_{1/2}$-$3^2d_{5/2}$ 跃迁，因这种跃迁 $j=2$，是禁止的。

在原子内部，由于电子的轨道运动与自旋运动的相互作用，使得同一光谱项中各光谱支项的能级有所不同。每一个光谱支项又包含着 $(2j+1)$ 个可能的量子态。在没有外加磁场时，j 相同的各种量子态的能量是简并的。当有外加磁场时，由于原子磁矩与外加磁场的相互作用，简并能级分裂为 $(2j+1)$ 个子能级，一条光谱线在外加磁场作用下分裂为 $(2j+1)$ 条谱线，这种现象称为塞曼效应。$g=2j+1$，g 称为统计权重，它决定了多重线中各谱线的强度比。

综上所述，由于不同元素的原子能级结构不同，因此能级之间的跃迁所产生的光谱具有不同的特征。根据谱线的特征可以确定元素的种类，这是原子发射光谱定性分析的依据。

2. 谱线强度

原子由某一激发态 i 向低能级 j 跃迁，所发射的谱线强度与激发态原子数成正比。在热力学平衡时，单位体积的基态原子数 N_0 与激发态原子数 N_i 之间的分布遵守玻耳兹曼分布定律：

$$N_i=\frac{g_i}{g_0}N_0e^{-\frac{E_i}{kT}} \tag{8-5}$$

式中，g_i、g_0 为激发态与基态的统计权重；E_i 为激发能；k 为玻耳兹曼常数；T 为激发温度。

发射谱线强度：

$$I_{ij}=N_iA_{ij}h\nu_{ij} \tag{8-6}$$

式中，h 为普朗克常数；A_{ij} 为两个能级间的跃迁概率；ν_{ij} 为发射谱线的频率。将式 (8-5) 代入上式，得：

$$I_{ij}=\frac{g_i}{g_0}A_{ij}h\nu_{ij}N_0e^{-\frac{E_i}{kT}} \tag{8-7}$$

由上式可以看出影响谱线强度的因素为：

(1) 统计权重　谱线强度与激发态和基态的统计权重之比 g_i/g_0 成正比。

(2) 跃迁概率　谱线强度与跃迁概率成正比。跃迁概率是单位时间内一个原子在两个能级之间跃迁的概率，可通过实验数据计算。

（3）激发电位　谱线强度与激发电位呈负指数关系。在温度一定时，激发电位越高，处于该能量状态的原子数越少，谱线强度越小。激发电位最低的共振线通常是强度最大的线。

（4）激发温度　温度升高，谱线强度增大。但温度升高，电离的原子数目也会增加，而相应的原子数减少，致使原子谱线强度减弱，离子的谱线强度增大。

（5）基态原子数　谱线强度与基态原子数成正比。在一定的条件下，基态原子数与试样中该元素浓度成正比。因此，在一定的条件下谱线强度 I 与被测元素浓度 c 成正比，这是光谱定量分析的依据。即：

$$I=ac \tag{8-8}$$

式中，a 为比例系数。当考虑到谱线自吸时，上式可以用赛伯-罗马金公式表达：

$$I=ac^b \tag{8-9}$$

式中，b 为自吸系数，其值随被测元素浓度的增加而减小，当元素的浓度很小而无自吸时，$b=1$。

3. 谱线的自吸与自蚀

在实际工作中，发射光谱是通过物质的蒸发、激发、迁移和射出弧层而得到的。首先，物质在光源中蒸发形成气体，由于运动粒子发生相互碰撞和激发，使气体中产生大量的分子、原子、离子、电子等粒子，这种电离的气体在宏观上是中性的，称为等离子体。原子在高温时被激发，发射某一波长的谱线，而处于低温状态的同类原子又能吸收这一波长的辐射，这种现象称为自吸现象。弧层越厚，弧焰中被测元素的原子浓度越大，则自吸现象越严重。当原子浓度较低时，谱线不呈现自吸现象；原子浓度增大，谱线产生自吸现象，使其强度减小。

由于发射谱线的宽度比吸收谱线的宽度大，所以，谱线中心的吸收程度要比边缘部分大，因而使谱线出现“边强中弱”的现象。当自吸现象非常严重时，谱线中心的辐射将完全被吸收，这种现象称为自蚀。如图 8-3 所示。

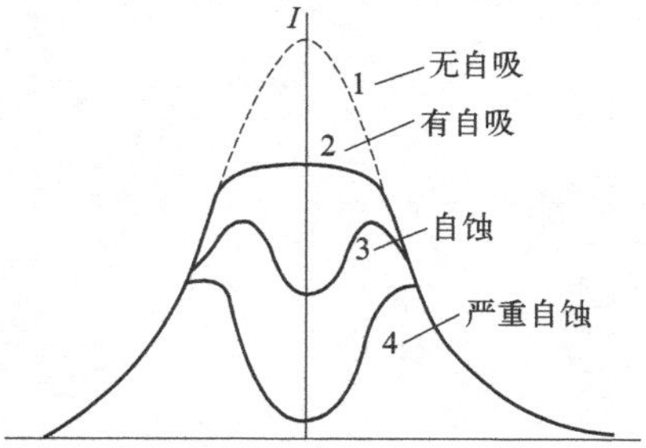

图 8-3　自吸与自蚀谱线轮廓图

共振线是原子由激发态跃迁至基态而产生的。由于这种迁移及激发所需要的能量最低，所以基态原子对共振线的吸收也最严重。当元素浓度很大时，共振线呈现自蚀现象。自吸现象严重的谱线，往往具有一定的宽度，这是由于同类原子的互相碰撞而引起的，称为共振变宽。

由于自吸现象严重影响谱线强度，所以在光谱定量分析中是一个必须注意的问题。

进度检查

一、填空题

1. 原子发射光谱法包括____________、____________、____________三个主要的过程。

2. 每一个电子的运动状态可用________、________、________和________等四个量

子数来描述。

3. 影响谱线强度的因素主要是________、________、________、________和________。

4. 一般情况下，原子处于稳定的状态，它的能量是最________的，这种状态称为________。

5. 等离子体指的是________________________________。

二、判断题（正确的在括号内画“√”，错误的画“×”）

1. 一般情况下，原子处于稳定的状态，它的能量是最低的，此状态称为激发态。（　）

2. 自吸现象随着元素浓度增大而减弱。（　）

3. 在一定的条件下谱线强度 I 与被测元素浓度 c 成正比，这是光谱定性分析的依据。（　）

4. 共振线具有最小的激发电位，因此最容易被激发，为该元素最强的谱线。（　）

5. 原子的各个能级是连续的，因此，电子的跃迁是连续的。（　）

三、简答题

1. 简述原子发射光谱谱线的产生过程。

2. 自吸现象指的是什么？它和原子浓度有什么关系？

3. 原子发射光谱法定性分析的依据是什么？

编号 FJC-85-02

学习单元 8-2 原子发射光谱分析仪器的结构

学习目标：完成本单元的学习之后，能够掌握原子发射光谱分析仪器的基本构造。
职业领域：化工、石油、环保、医药、冶金、建材等。
工作范围：分析。
相关知识内容：原子发射光谱分析基本知识

当采用原子发射光谱法时，首先要将样品蒸发、原子化、激发以便产生光辐射，为此要有一个激发光源；然后要将光辐射（混合光）色散开以便展开成谱并用相板加以记录得到光谱图，为此要有一个光谱仪（含分光系统及照相系统）；对所得到的光谱图进行波长鉴别以完成定性分析和定量分析。

因此，原子发射光谱仪主要包括激发光源、光谱仪、检测记录系统三大部分。

一、激发光源

1. 光源的作用及种类

光源具有使试样蒸发、解离、原子化、激发、跃迁产生光辐射的作用。光源对发射光谱分析的检出限、精密度和准确度都有很大的影响。对激发光源的要求是：具有足够的蒸发、原子化和激发能力；灵敏度高，稳定性好，光谱背景小；结构简单，操作安全。

发射光谱分析的试样种类繁多，试样的状态有气体、液体和固体，而固体又有可能是块状或粉末状的；试样有良导体、绝缘体、半导体之分；分析的元素有易激发的，有难激发的等。发射光谱分析用的光源应适用于各种分析要求和目的，种类较多，具有一定的选择范围。目前常用的光源有直流电弧、交流电弧、电火花及电感耦合等离子体光源（ICP）。

（1）直流电弧　直流电弧的工作原理：一对电极在外加电压下，电极间依靠气态带电粒子（电子或离子）维持导电，产生弧光放电，称为电弧。由直流电源维持电弧的放电，称为直流电弧。

直流电弧的主要特点：电极温度高，蒸发能力强，有利于难挥发元素的蒸发；分析的绝对灵敏度高；光谱背景小；电弧不稳，定量的重现性差；弧层厚，自吸严重；安全性差。因此常用于定性分析以及矿物、岩石等难熔样品及稀土难熔元素定量分析。

（2）交流电弧　将普通的 220V 交流电源直接连接在两个电极间是不可能形成弧焰的。这是因为电极间没有导电的电子和离子，可以采用高频高压引火装置。此时，借助高频高压电流，不断地“击穿”电极间的气体，造成电离，维持导电。在这种情况下，低频低压交流电就能不断地流过，维持电弧的燃烧。这种高频高压引火、低频低压燃弧的装置就是普通的交流电弧。

低压交流电弧是介于直流电弧和电火花之间的一种光源，与直流电弧相比，交流电弧的电极头温度稍低一些，但由于有控制放电装置，故电弧较稳定。低压交流电弧具有如下特点：电弧温度高，激发能力强；电极温度稍低，蒸发能力稍低；电弧稳定性好，使分析重现性好，适用于定量分析。这种电源常用于金属、合金中低含量元素的定量分析。

（3）电火花　电火花光源放电瞬间能量很大，产生的温度高，激发能力强，某些难激发元素可被激发；自吸效应小，定量范围大；放电间隔长，使得电极温度低，蒸发能力稍低，适于低熔点金属与合金的分析；稳定性好，重现性好，适用于定量分析。同时，由于火花光源电离度高，背景较大，灵敏度较差，噪声较大，不适于微量分析，适合较高含量的分析。

（4）电感耦合等离子体光源（ICP）

① ICP组成和原理。ICP装置由高频发生器和高频感应线圈、等离子炬管和供气系统、雾化器及试样引入系统三部分组成。

高频发生器的作用是产生高频磁场以供给等离子体能量。应用最广泛的是利用石英晶体压电效应产生高频振荡的他激式高频发生器，其频率和功率输出稳定性高。频率多为27～50MHz，最大输出功率通常是2～4kW。

感应线圈一般是圆铜管或方铜管绕成的2～5匝水冷线圈。

等离子炬管由三层同心石英管组成。外管中的Ar作为冷却气，沿切线方向引入外管，目的是使等离子体离开外层石英管内壁，以避免它烧毁石英管。同时利用离心作用在炬管中心产生低气压通道，以利于进样。Ar的流量为10～20L/min，视功率的大小以及炬管的大小、质量与冷却效果而定。中层石英管出口做成喇叭形，Ar气作为辅助气。将Ar气通入中心管与中层管之间，其流量在0～1.5L/min，其作用是“点燃”等离子体，并使高温的ICP底部与中心管、中层管保持一定的距离，保护中心管和中层管的顶端，尤其是中心管口不被烧熔或过热，防止气溶胶所带的盐分过多地沉积在中心管口上。另外它又起到抬升ICP，提升了等离子体可观察度的作用。内层石英管内径为1～2mm，Ar气是雾化气，作为动力在雾化器将样品的溶液转化为粒径只有1～10μm的气溶胶，作为载气将样品的气溶胶引入ICP，对雾化器、雾化室、中心管起清洗作用。雾化气的流量一般在0.4～1.0L/min，或压力在15～45psi（1psi＝6.89kPa）。用Ar作工作气的优点是，Ar为单原子惰性气体，不与试样组分形成难解离的稳定化合物，也不会像分子那样因解离而消耗能量，有良好的激发性能，本身的光谱简单。

当感应线圈与高频发生器连通时，高频电流通过负载线圈时，在矩管的轴线方向产生一个高频磁场。这时若用高频点火装置产生火花，管内的气体就会有少量电离，电离出来的正离子和电子因受高频磁场的作用而被加速，在运动途中与其他分子碰撞，产生碰撞电离，电子和离子的数目急剧增加，在垂直于磁场方向的截面上就会产生流经闭合圆形路径的涡流，强大的电流产生高热又将气体加热，瞬间使气体形成最高温度可达10000K的稳定的等离子体焰炬。感应线圈将能量耦合给等离子体，并维持等离子体焰炬。当载气携带试样气溶胶通过等离子体时，被后者加热至6000～7000K，并被原子化和激发产生发射光谱。等离子炬管气体流向见图8-4。

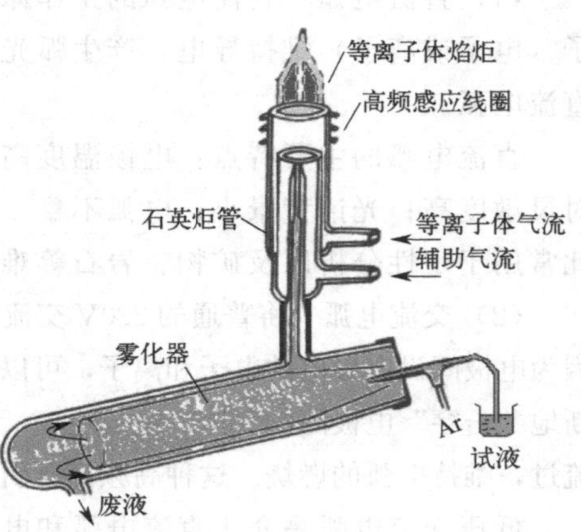

图8-4　等离子炬管气体流向

② ICP的特性。电感耦合高频等离子炬具有

许多与常规光源不同的特性，使它成为发射光谱分析中具有竞争能力的激发光源。

电感耦合高频等离子体焰炬（图 8-5）的外观与火焰相似，但它的结构与火焰决然不同。由于等离子气和辅助气都从切线方向引入，因此高温气体形成旋转的环流。同时，由于高频感应电流的趋肤效应，涡流在圆形回路的外周流动。这样，电感耦合高频等离子体焰炬就必然具有环状的结构。这种环状的结构造成一个电学屏蔽的中心通道。这个通道具有较低的气压、较低的温度、较小的阻力，使试样容易进入炬焰，并有利于蒸发、解离、激发、电离，以便观测。

环状结构可以分为若干区，各区的温度不同，性状不同，辐射也不同。

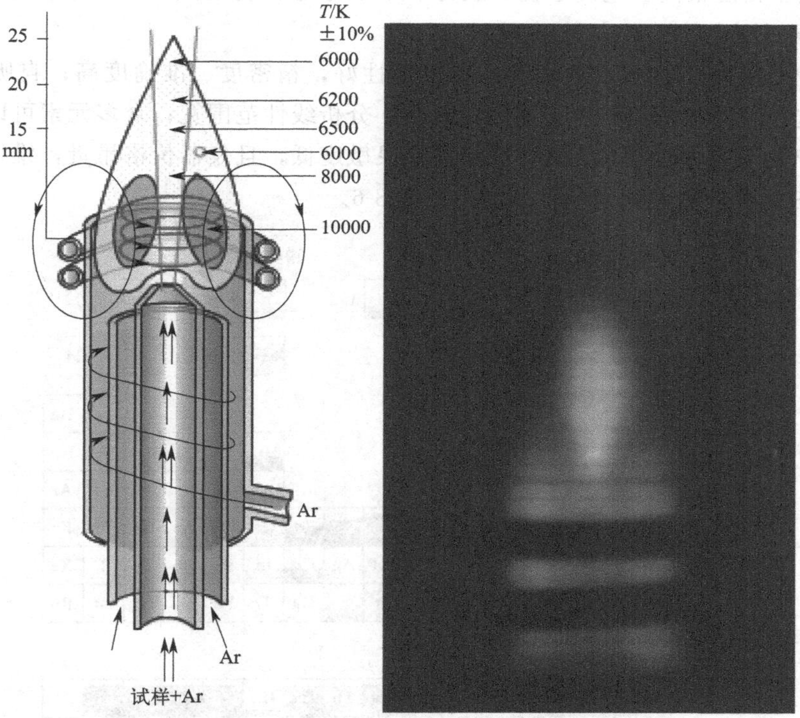

图 8-5　电感耦合高频等离子体焰炬形成示意图

a. 焰心区：感应线圈区域内，白色不透明的焰心，高频电流形成的涡流区，温度最高达 10000K，电子密度高。它发射很强的连续光谱，光谱分析应避开这个区域。试样气溶胶在此区域被预热、蒸发，又叫预热区。

b. 内焰区：在感应线圈上 10～20mm 处，淡蓝色半透明的炬焰，温度为 6000～8000K。试样在此原子化、激发，然后发射很强的原子线和离子线。这是光谱分析所利用的区域，称为测光区。测光时在感应线圈上的高度称为观测高度。

c. 尾焰区：在内焰区上方，无色透明，温度低于 6000K，只能发射激发电位较低的谱线。

③ ICP 的分析性能。高频电流具有“趋肤效应”，ICP 中高频感应电流绝大部分分流经导体外围，越接近导体表面，电流密度就越大。涡流主要集中在等离子体的表面层内，形成一个环形加热区。环形的中心是一个进样中心通道，气溶胶能顺利进入等离子体内。ICP 通过感应线圈以耦合方式从高频发生器获得能量，不需要用电极，避免了电极沾污与电极烧损所导致的测光区的变动。经过中心通道的气溶胶借助于对流、传导和辐射而间接地被加热，试

样成分的变化对ICP的影响很小。因此ICP具有良好的稳定性。

试样气溶胶在高温焰心区经历较长时间加热，在测光区平均停留时间长。这样的高温与长的平均停留时间使样品充分原子化，并有效地消除了化学的干扰。周围是加热区，用热传导与辐射方式间接加热，使组分的改变对ICP影响较小，加之溶液进样少，因此，基体效应小。经中心通道内不扩散到ICP焰矩的周围，避免了形成能产生自吸的冷蒸气，使工作曲线具有很宽的动态范围，可以达到以4～6个数量级，既可以测定试样中的痕量组分，又可以测定主成分。

ICP的电子密度很高，电离干扰一般可以不予考虑。应用ICP可以同时测定多种元素，用ICP可以同时测定的元素达70多种。

因此ICP具有如下特点：低检测限；稳定性好，精密度、准确度高；自吸效应小，基体效应小；选择合适的观测高度，光谱背景小；分析线性范围宽；众多元素可以同时测定。

同时ICP也有局限性，ICP对非金属测定灵敏度低，且仪器价格昂贵，维护费用较高。

ICP-AES对周期表中元素的检测能力见图8-6。

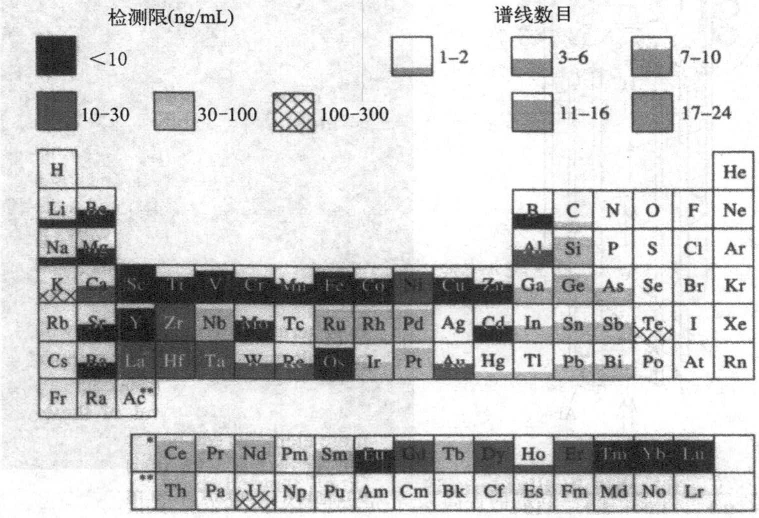

图8-6 ICP-AES对周期表中元素的检测能力

注：阴影面积表示使用的谱线数目；背景深浅表示检测限大小。

2. 光源的选择依据

光源的种类很多，在选择光源时应从试样的性质（挥发性、电离电位等）、试样的形状、含量高低以及光源的性质来选择。常见光源性质比较见表8-1。

表8-1 常见光源性质比较

光源	蒸发温度/K	激发温度/K	稳定性	热性质	分析对象
直流电弧	800～4000(高)	4000～7000	较差	LTE	定性分析、矿物、纯物质、难挥发元素的定量测定
交流电弧	中	4000～7000	较好	LTE	矿物、低含量金属(定量分析)
电火花	低	10000	好	LTE	难激发元素、高含量金属(定量分析)
ICP	10000	6000～8000	很好	非LTE	溶液定量分析

3. **电极和试样的引入方式**

（1）电极的材料　电极的材料可用碳、石墨，也可用金属（如铜、铁、铝、银）。另外，金属或合金（导电体）都可以直接作为电极。电极具有高熔点、易提纯、易导电、光谱简单等特点。

（2）电极的形状　金属或合金样品的形状通常为棒状或块状。常用碳电极或石墨电极的形状如图 8-7 所示，其中应用最广的为普通形状的电极。

（3）试样引入激发光源的方法　试样引入激发光源的方法，依试样的性质而定。

① 固体试样。金属与合金本身能导电，可直接做成电极，称为自电极。金属箔丝可置于石墨或碳电极中。粉末样品，通常放入制成各种形状的小孔或杯形电极中。

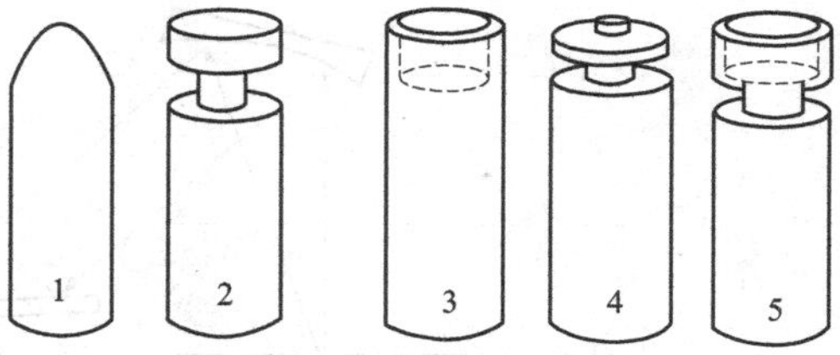

图 8-7　常见电极结构示意图

注：其中 1、2 为对电极（上电极），3、4、5 为样品电极（下电极）。

② 溶液试样。ICP 光源，直接用雾化器将试样溶液引入等离子体内。电弧或火花光源通常用溶液干渣法进样。溶液干渣法是在激发光源的下电极顶部，滴取数微升试样溶液，可多次取样，后以红外灯烘成渣。然后进行燃弧激发，摄取所需光谱。为了防止溶液渗入电极，预先滴聚苯乙烯-苯溶液，在电极表面形成一层有机物薄膜，试液也可以用石墨粉吸收，烘干后装入电极孔内。

③ 气体试样。通常将其充入放电管内。

二、光谱仪

将样品在激发光源中受激发而发射出来的含各种波长谱线的复合光，经过色散元件分光后，得到按照波长顺序排列的光谱。将复杂光束分解为单色光，并进行观察记录的设备称为光谱仪。

光谱仪的种类很多，但是基本部件是相近的，一般由照明系统、准光系统、色散系统三个部分组成。其光路图如图 8-8 所示。

1. 照明系统

其作用是使入射狭缝获均匀、明亮的照射，以获得清晰、均匀、强度足够及背景低的谱线。分为单透镜和三透镜照明系统两大类，通常采用三透镜照明系统。

2. 准光系统

其作用是把进入狭缝的入射光转变为平行光。由物镜和狭缝组成。要求色差小，光能损失少。

（1）物镜　物镜的作用是将射到物镜的平行光，会聚在出射狭缝上。物镜和出射狭缝之间的相对位置非常重要（即出射狭缝要严格处在物镜的焦面上），它会直接影响平行光的平行度。从而影响单色器的单色性。

（2）狭缝　单色器的入射狭缝起着单色器光学系统虚光源的作用。复合光经色散元件分开后，在出口曲面上形成相当于每条光谱线的像，即光谱。转动色散元件可使不同波长的光谱线依次通过。分辨率大小不仅与色散元件的性能有关，也取决于成像的大小，因此希望采

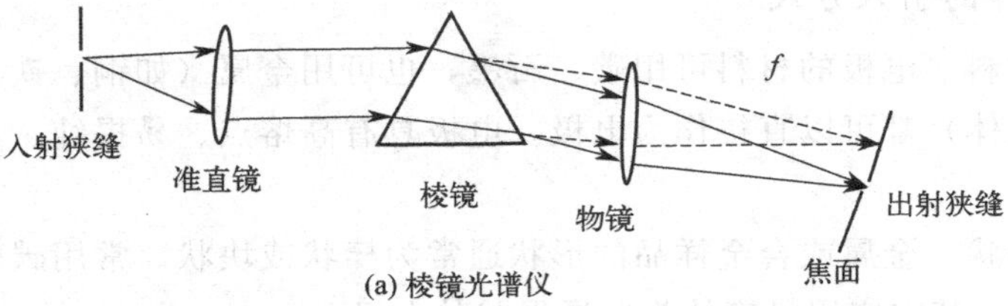

(a) 棱镜光谱仪

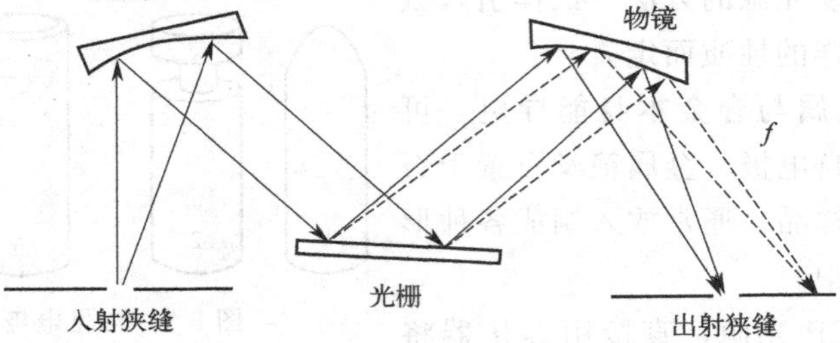

(b) 光栅光谱仪

图 8-8 各种分光系统光路图

用较窄的入射狭缝。在原子发射光谱分析中，定性分析时，减小狭缝宽度，可使相邻谱线的分辨率提高；定量分析时，增大狭缝宽度，可使光强增加。

3. 色散系统

其作用是把不同波长的光分解，即分光、色散。色散系统的主要元件是棱镜或光栅，按其不同把光谱仪分为棱镜光谱仪和光栅光谱仪两种。要求色散系统的色散率高、分辨率好及光能损失少。

（1）棱镜 棱镜的作用是把复合光分解为单色光。这是由于不同波长的光在同一介质中具有不同的折射率而形成的。棱镜主要是用玻璃、石英或岩盐等光学材料制作而成。棱镜的光学特性可用色散率、分辨率和集光本领来表示。

（2）光栅 光栅分为反射光栅和透射光栅两类。应用最广泛的是反射光栅。单色平行光通过光栅每个缝的衍射和各缝间的干涉，形成暗条纹很宽、明条纹很细的图样，这些锐细而明亮的条纹称作谱线。谱线的位置随波长而异，当复合光通过光栅后，不同波长的谱线在不同的位置出现而形成光谱。光通过光栅形成光谱是单缝衍射和多缝干涉的共同结果。前者决定谱线强度分布，后者决定光谱出现的位置。

三、检测记录系统

检测器的作用是将光源发射的电磁辐射经色散后，得到按波长顺序排列的光谱，并对不同波长的辐射进行检测与记录。要求色差小、能量损失少、分辨率好。按接收光谱方式分：摄谱法、看谱法、光电法。

1. 摄谱法

摄谱法用光谱感光板记录光谱。感光板放置在摄谱仪投影物镜的焦面上，一次曝光可以永久记录光谱的许多谱线。感光板感光后经显影、定影处理，呈现出黑色条纹状的光谱图。然后置于映谱仪上观测谱线的位置进行光谱定性分析，置于测微光度计上测量谱线的黑度进行光谱定量分析。映谱仪将光谱谱线放大 20 倍，用于光谱定性分析和半定量分析。映谱仪也称光谱投影仪。测微光度计也称黑度计。

2. 看谱法

用眼睛来观测谱线强度的方法称为目视法（看谱法）。这种方法仅适用于可见光波段。常用的仪器为看谱镜。看谱镜是一种小型的光谱仪，专门用于钢铁及有色金属的半定量分析。如图 8-9 所示。

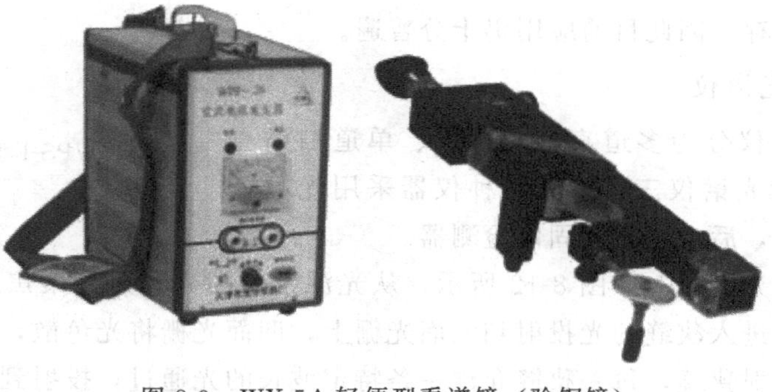

图 8-9 WX-5A 轻便型看谱镜（验钢镜）

3. 光电法

光电法是利用光电倍增管将光强度转换成电信号来检测谱线强度的方法。

光电倍增管的外壳由玻璃或石英制成，内部抽成真空。阴极上涂有能发射电子的光敏物质，在阴极 C 和阳极 A 间装有一系列次级电子发射极，即电子倍增极 D_1、D_2 等。阴极 C 和阳极 A 之间加有约 1000V 的直流电压。在每两个相邻电极之间，都有 50～100V 的电位差。当辐射光子撞击光阴极 C 时发射光电子，该光电子被电场加速落在第一倍增极 D_1 上，撞击出更多的二次电子，这些二次电子又被电场加速，落在第二个倍增极上，击出更多的二次电子，依次类推。由此可见，光电倍增管不仅起了光电转换作用，而且还起着电流放大作用。光电倍增管的工作原理如图 8-10 所示。

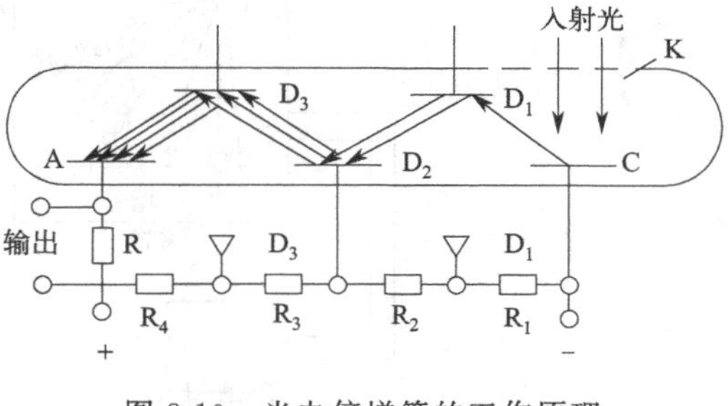

图 8-10 光电倍增管的工作原理

光电倍增管具有波长区域宽（常用 160～900nm）、线性范围大、放电增益高及噪声低等很多优点。

四、常见原子发射光谱仪介绍

1. 平面光栅摄谱仪

如图 8-11 所示，由光源 B 来的光经三透镜 L 及狭缝 S 投射到反射镜 P_1 上，经反射之后投射到凹面反射镜 M 下方的准光镜 O_1 上，变为平行光，再射至平面光栅 G 上。波长长的光，衍射角大，波长短的光，衍射角小，复合光经过光栅色散之后，便按波长顺序被分开。不同波长的光由凹面反射镜上方的物镜 O_2 聚焦于感光板的乳剂面 F 上，得到按波长顺序展开的光谱。转动光栅台 D，改变光栅角度，可以调节波长范围和改变光谱级次。P_2 是二级衍射反射镜，图中虚线表示衍射光路。为了避免一次和二次衍射光相互干扰，在暗箱前设一光阑，将一次衍射光谱挡掉。不用二次衍射时，转动挡光板将二次衍射反射镜 P_2 挡住。利用光栅摄谱仪进行定性分析十分方便，该类仪器的价格较便宜，测试费用也较低，而且感光板所记录的光谱可长期保存，因此目前应用仍十分普遍。

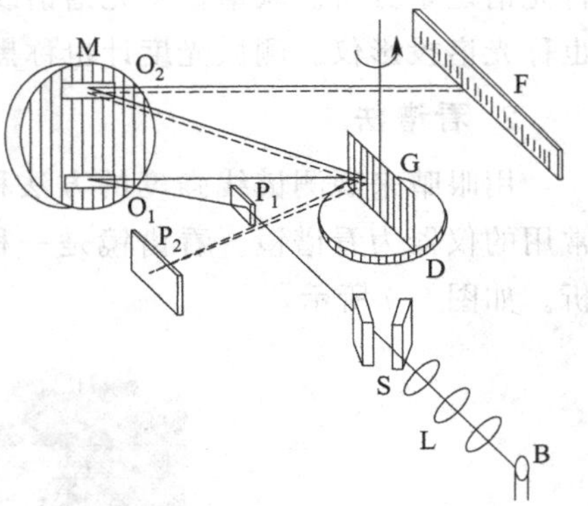

图 8-11　WPS-1 型平面光栅摄谱仪

2. 光电直读光谱仪

光电直读光谱仪分为多道直读光谱仪、单道扫描光谱仪和全谱直读光谱仪三种。前两种仪器采用光电倍增管作为检测器，后一种采用固体检测器。

（1）多道直读光谱仪　如图 8-12 所示，从光源发出的光经透镜聚焦后，在入射狭缝上成像并进入狭缝。进入狭缝的光投射到凹面光栅上，凹面光栅将光色散，聚焦在焦面上，焦面上安装有一组出射狭缝，每一狭缝允许一条特定波长的光通过，投射到狭缝后的光电倍增管上进行检测，最后经计算机进行数据处理。

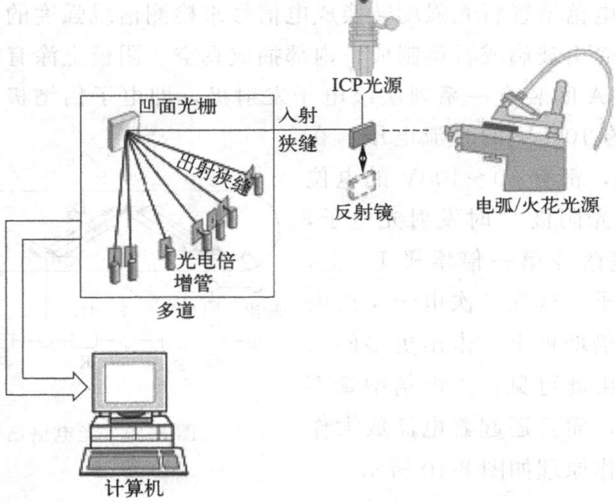

图 8-12　多道直读光谱仪示意图

多道直读光谱仪的优点是分析速度快，准确度优于摄谱法；光电倍增管对信号放大能力强，可同时分析含量差别较大的不同元素；适用于较宽的波长范围。但由于仪器结构限制，多道直读光谱仪的出射狭缝间存在一定距离，利用波长相近的谱线有困难。

多道直读光谱仪适合于固定元素的快速定性、半定量和定量分析。如这类仪器目前在钢铁冶炼中常用于炉前快速监控 C、S、P 等元素。

（2）单道扫描光谱仪　图 8-13 为一个典型的单道扫描光谱仪的简化光路图。从光源发出的光穿过入射狭缝后，反射到一个可以转动的光栅上，该光栅将光色散后，经反射使某一条特定波长的光通过出射狭缝投射到光电倍增管上进行检测。光栅转动至某一固定角度时只允许一条特定波长的光线通过该出射狭缝，随光栅角度的变化，谱线从该狭缝中依次通过并进入检测器检测，完成一次全谱扫描。

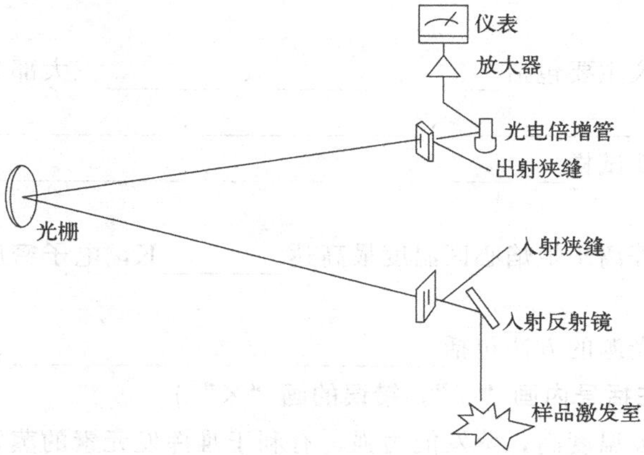

图 8-13　单道扫描光谱仪的简化光路图

和多道光谱仪相比，单道扫描光谱仪波长选择更为灵活方便，分析样品的范围更广，适用于较宽的波长范围。但由于完成一次扫描需要一定时间，因此分析速度受到一定限制。

(3) 全谱直读光谱仪　如图 8-14 所示，光源发出的光通过两个曲面反光镜聚焦于入射狭缝，入射光经抛物面准直镜反射成平行光，照射到中阶梯光栅上使光在 X 向上色散，再经另一个光栅（Schmidt 光栅）在 Y 向上进行二次色散，使光谱分析线全部色散在一个平面上，并经反射镜反射进入面阵型 CCD 检测器检测。由于该 CCD 是一个紫外型检测器，对可见区的光谱不敏感，因此，在 Schmidt 光栅的中央开一个孔洞，部分光线穿过孔洞后经棱镜进行 Y 向二次色散，然后经反射镜反射进入另一个 CCD 检测器对可见区的光谱（400～780nm）进行检测。

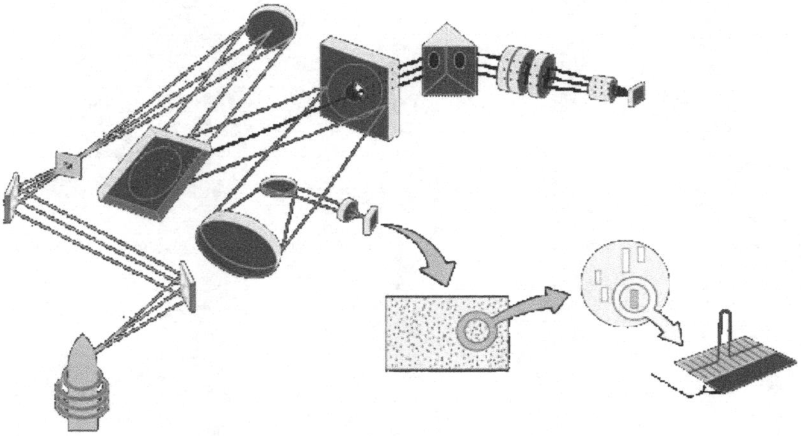
图 8-14　全谱直读光谱仪

这种全谱直读光谱仪不仅克服了多道直读光谱仪谱线少和单道扫描光谱仪速度慢的缺点，而且所有的元件都牢固地安置在机座上成为一个整体，没有任何活动的光学器件，因此具有较好的波长稳定性。

进度检查

一、填空题

1. 原子发射光谱仪主要包括______、________、________三大部分。

2. ICP 装置由________________、______________、______________三部分组成。

3. 激发光源具有使试样__________、__________、____________、____________跃迁产生光辐射的作用。

4. 电感耦合高频等离子炬焰心区温度最高达________K，电子密度________________，可作为________区。

5. 试样引入激发光源的方法包括______________、____________、____________。

二、判断题（正确的在括号内画“√”，错误的画“×”）

1. 交流电弧的电极温度高，蒸发能力强，有利于难挥发元素的蒸发。（　）

2. 电火花光源放电瞬间能量很大，稳定性好，重现性好，适于微量分析和较高含量的分析。（　）

3. 感应线圈区域内，焰心处高频电流形成的涡流区，温度最高达 10000K，电子密度高。试样气溶胶在此区域被预热、蒸发，又叫预热区。（　）

4. 光栅分为反射光栅和透射光栅两类。（　）

5. 光电直读光谱仪分为多道直读光谱仪、单道扫描光谱仪和全谱直读光谱仪三种。（　）

三、简答题

1. 等离子炬管由哪几部分组成？各部分通氩气的作用分别是什么？

2. 原子发射光谱法常见的光源有哪些？如何确定光源？

3. 简述 ICP 的优点和局限性。

编号 FJC-85-03

学习单元 8-3 原子发射光谱分析仪器操作

学习目标： 完成本单元的学习之后，能够熟悉原子发射光谱分析仪器组成部分及仪器的基本操作。

职业领域： 化工、石油、环保、医药、冶金、建材等。

工作范围： 分析。

相关知识内容： 原子发射光谱分析基本知识、原子发射光谱分析仪器的结构

原子发射光谱分析仪种类繁多，本单元着重介绍岛津 ICPS-7510 扫描型 ICP 发射光谱仪的相关操作。

一、仪器介绍

岛津 ICP 采用的晶体管固态高频发生器，是目前商品化 ICP 光谱仪中，体积最小、重量最轻的发生器。雾化效率高，达到 65%。ICPS-7510 是顺序扫描型 ICP，具有高分辨率，更适用于基体复杂的样品，如稀土、钼、钨等。如图 8-15 所示。

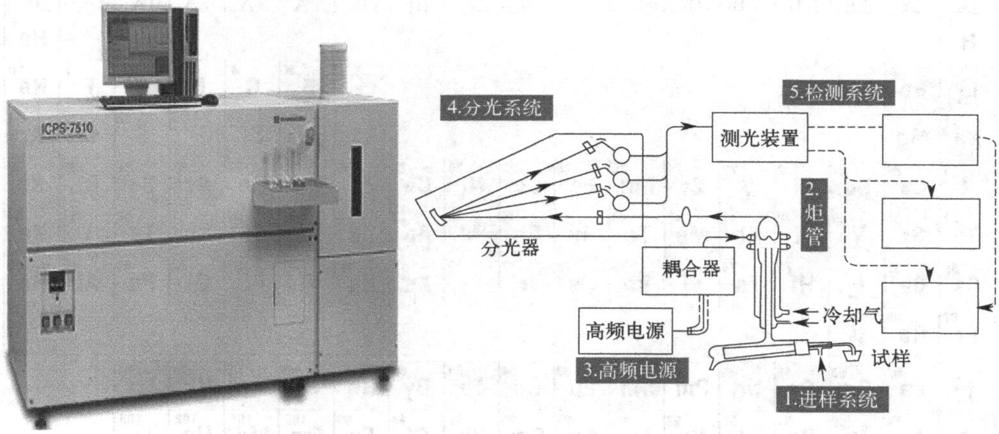

图 8-15 岛津 ICPS-7510 扫描型 ICP 发射光谱仪及其内部结构

ICPS-7510 原子发射光谱仪主要有如下几个特点：

① 采用真空型光学系统，远紫外区谱线分析稳定性高，省时，省力；测量一级光谱，远紫外区谱线同样具有高灵敏度，具有优异的远紫外区谱线分析能力（160～190nm）。

② 高分辨率适合于各种复杂基体样品分析。

③ 采用了最先进的光电倍增管检测技术，灵敏度高，动态范围可达 10^9，高含量元素和痕量元素可同时分析、无“光晕”现象且不需冷却，开机不需要恒温，提高了工作效率。

④ 采用稳定的固态发生器技术，晶体管固态高频发生器是目前商品化 ICP 光谱仪中，体积最小、重量最轻的发生器。可使有效功率提高，降低电力消耗，提高仪器稳定性，减少

日常消耗；有机溶剂可直接进样，等离子体不会熄火。

⑤ 可选用独特的超声波雾化器附件，可以有效降低仪器检出限 10～100 倍，主要适用于环保样品痕量元素分析和高纯样品分析。

⑥ 强大的光谱谱线干扰专家数据库（内存 110000 条谱线），为用户寻找分析谱线带来很大的方便。

表 8-2 是 ICPS-7510 扫描型原子发射光谱仪主要技术参数，图 8-16 是 ICPS-7510 扫描型原子发射光谱仪可以分析的元素。

表 8-2　ICPS-7510 扫描型原子发射光谱仪主要技术参数

波长范围	160～850nm
光学系统	光栅分光器
真空紫外区元素对应	真空型分光器
分器温度	恒温控制
RF 高频发生器	晶体振荡型
频率	27.12MHz
炬管	垂直放置
观测方向	纵向观测、轴向观测切换（选配）
雾化器	同心型
雾化室	旋流雾室
等离子体炬管	标准炬管
软件	定性分析、定量分析、110000 条谱线专家数据库、漂移校正、内标校正、背景校正、空白扣除、共存元素校正

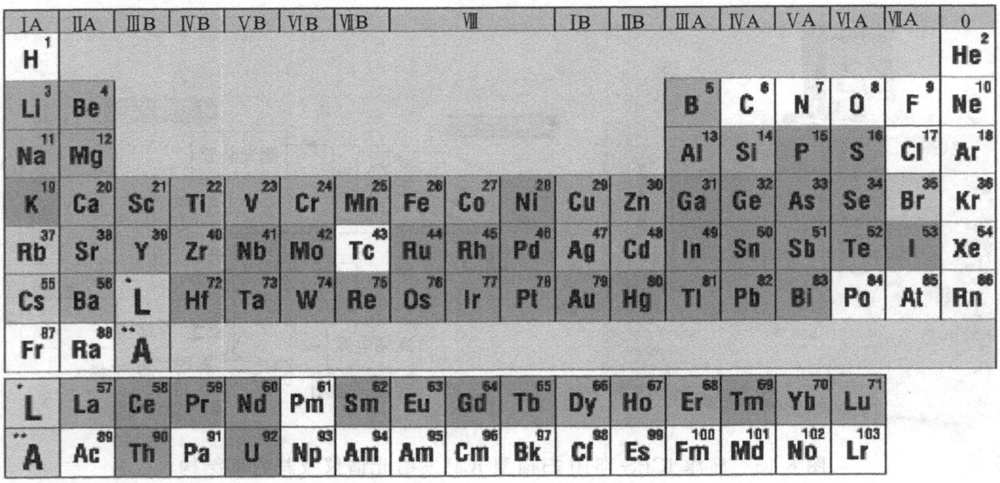

图 8-16　ICPS-7510 扫描型原子发射光谱仪可分析的元素

对于不同元素，有不同的检测限，以图中背景的深浅表示，在此不作数据说明

二、仪器操作步骤

1. 开机

① 依次把稳压器、光谱仪主开关 MAIN 扳至 ON，一般预热过夜（建议不关）。真空泵最少要打开 4h。

② 把高频信号发生器开关扳至 ON。

③ 打开排风扇开关。

④ 打开氩气钢瓶阀，观察余压不低于 1MPa，并调减压器出口压力为 0.40MPa。

⑤ 检查等离子台内的玻璃器皿和其他装置。

⑥ 更换清洗吸样管用的高纯水，将样品吸入管浸入高纯水中。

⑦ 开计算机及显示器开关，点击 ICPS-7510 图标。

此时，窗口中央显示 ICPS-7510 主机的外观照片。

过一会，在桌面上方显示主菜单。至此，ICPS-7510 的启动完成。

过一会，在主菜单 Instrument 中点 Meter Display（仪表显示）显示仪器状态。除 Plasma（激发光源）、Cooling Water（冷却水）为红色外，其余均应为绿色。

⑧ 观察吸管应插入水中，点等离子体：先在主菜单上选择 Instrument，然后选择 Plasma ON。

选中 Normal Modle＋Vac. pump ON，点击 Start。

完成以上步骤，此时仪器自动点燃等离子体，当等离子体点燃后，可以从仪器的安全门上看到等离子体发出的光。如果点火正常，等离子体点火窗口将消失。如果点不着，则会在显示器上提示错误信息。一般情况下，如果第一次点不着，则会继续自动点第二次。如果三次仍点不着，请关闭仪器，然后对仪器的功率匹配进行调整，然后再点。

⑨ 等离子体点火后，样品吸入管要放置在高纯水中等待大约 30min 后，直到仪器稳定。按快捷键进入波长校正画面，注意样品吸入管要始终保持在高纯水液面以下。

⑩ 波长校正。检查样品吸入管是否被放在蒸馏水中。如图 8-17 所示，从主菜单上选择 Instrument，然后选择 Wavelength Calibration。点击 Start。

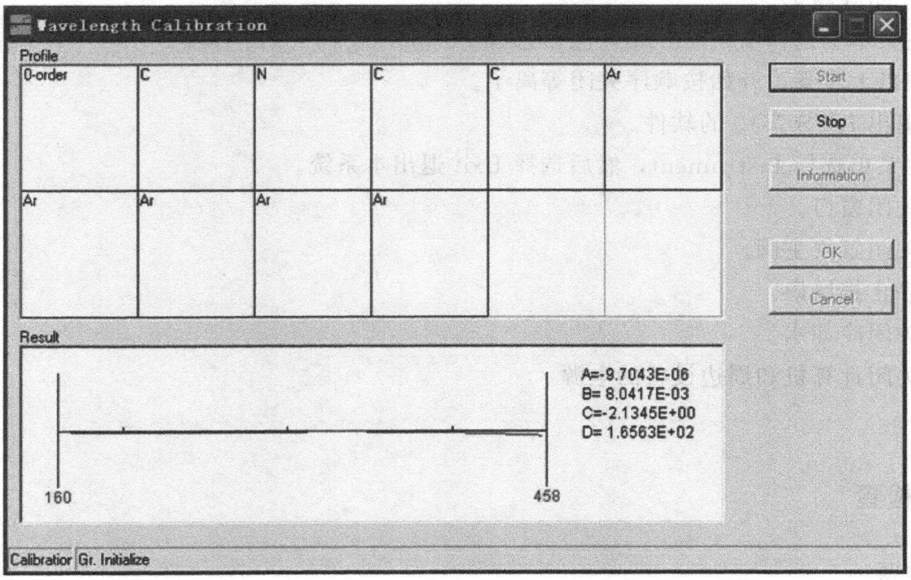

图 8-17　波长校正界面

然后，按顺序测定所选定的波长。所有波长测定完后，计算和显示校正系数。如图 8-18 所示。

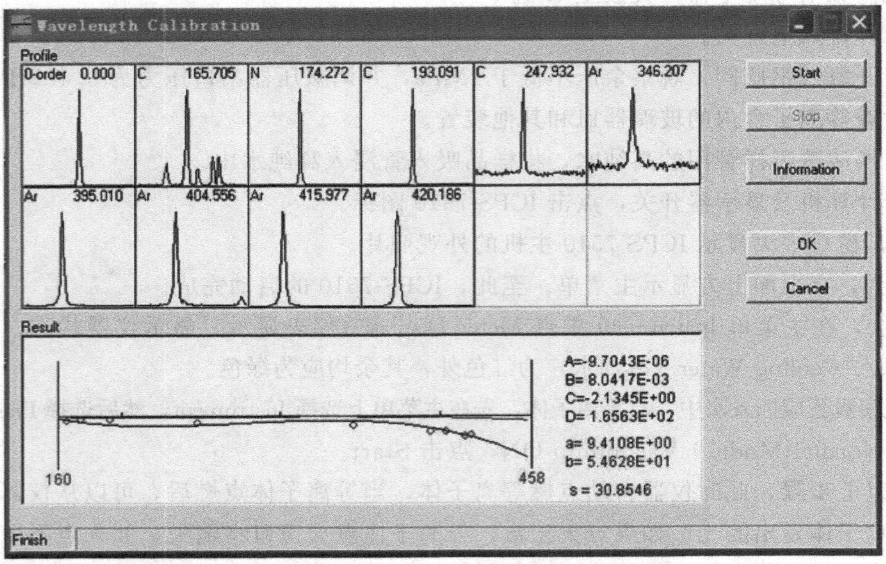

图 8-18　校正系数计算及显示界面

如果所显示的 S 值，符合如下数值：$S<50$，则校正已经正确地结束。点击 OK 退出波长校正。通过上面操作，分析准备已经完成。

2. 仪器的停止

① 样品吸入管放入高纯水中，清洗仪器 3～5min。

② 关闭等离子。

从主菜单上选择 Instrument，然后选择 Plasma OFF，点击 OFF。

完成以上步骤，开始按顺序关闭等离子。

③ 退出 ICPS-7510 的软件。

从主菜单选择 Instrument，然后选择 Exit 退出本系统。

④ 关闭窗口。

⑤ 关闭氩气主阀。

⑥ 停止排风扇。

⑦ 关闭冷却水。

⑧ 关闭计算机和周边设备的电源。

进度检查

一、填空题

1. 仪器设备的开机应依次打开____、____、______、______、____、____和____七个部分。

2. 等离子点火后，样品吸入管要放置在高纯水中等待大约____________________，直到仪器稳定。

3. 仪器停止后需将样品溶液放入______________________中，清洗仪器 3～5min。

二、判断题（正确的在括号内画“√”，错误的画“×”）

1. ICPS-7510 每次开机使用时更换清洗吸样管用的高纯水，将样品吸入管浸入蒸馏水中。（ ）

2. ICPS-7510 可以分析 C、N、O、F 这几种非金属元素。（ ）

3. ICPS-7510 稳压器、光谱仪一般无须预热过夜，使用之前打开即可。（ ）

三、简答题

1. 简述 ICPS-7510 扫描型原子发射光谱仪的主要特点。

2. 简述 ICPS-7510 扫描型原子发射光谱仪的关机步骤及顺序。

3. 简述 ICPS-7510 扫描型原子发射光谱仪使用时的注意事项。

四、操作题

学生面对仪器讲述 ICPS-7510 扫描型原子发射光谱仪的基本操作流程，教师检查下列项目是否正确：

1. 仪器的开机顺序及预热时间的把控。

2. 仪器的关机顺序。

编号 FJC-85-04

学习单元 8-4　原子发射光谱定性分析基本原理

学习目标： 完成本单元的学习之后，能够掌握原子发射光谱定性分析的基本原理和步骤，熟悉元素标准光谱图。

职业领域： 化工、石油、环保、医药、冶金、建材等。

工作范围： 分析。

相关知识内容： 原子发射光谱分析基本知识

一、原子发射光谱定性及半定量分析的基本原理

由于各种元素的原子结构不同，在光源的激发作用下，所产生的发射谱线的波长也就不一样，即在空间所处的位置或位于的光域也不一样。试样中每种元素都发射自己的特征光谱，根据原子光谱中的元素特征谱线可以确定试样中是否存在被检元素。

光谱半定量分析可以给出试样中某元素的大致含量。若分析任务对准确度要求不高，多采用光谱半定量分析。例如钢材与合金的分类、矿产品位的大致估计等，特别是分析大批样品时，采用光谱半定量分析，尤为简单快速。

光谱半定量分析常采用摄谱法中比较黑度法，这个方法须配制一个基体与试样组成近似的被测元素的标准系列。在相同条件下，在同一块感光板上标准系列与试样并列摄谱，然后在映谱仪上用目视法直接比较试样与标准系列中被测元素分析线的黑度。黑度若相同，则可做出试样中被测元素的含量与标准样品中某一个被测元素含量近似相等的判断。

1. 元素的分析线与最后线

每种元素发射的特征谱线有多有少（多的可达几千条）。当进行定性分析时，只需检出几条谱线即可。进行分析时所使用的谱线称为分析线。如果只见到某元素的一条谱线，不可断定该元素确实存在于试样中，因为有可能是其他元素谱线的干扰。

检出某元素是否存在必须有两条以上不受干扰的最后线与灵敏线。

灵敏线是元素激发电位低、强度较大的谱线，多是共振线。

最后线是指当样品中某元素的含量逐渐减少时，最后仍能观察到的几条谱线。它也是该元素的最灵敏线。

2. 发射光谱分析方法

（1）铁光谱比较法

铁光谱比较法是目前最通用的方法，它采用铁的光谱作为波长的标尺，来判断其他元素的谱线。

铁光谱作标尺有如下特点：

① 谱线众多　在 210～660nm 范围内有数千条谱线。

② 谱线均匀　间距“均匀”、强度“均匀”，像一把标尺！

③ 定位准确　每条铁谱线波长已准确测得。

将其他元素分析线标记在铁光谱上，铁光谱起到标尺的作用。将试样与纯铁在完全相同条件下摄谱，将两谱片在映谱仪上对齐、放大 20 倍，检查待测元素的分析线是否存在，并与标准光谱图（图 8-19）对比确定。可同时进行多元素测定。

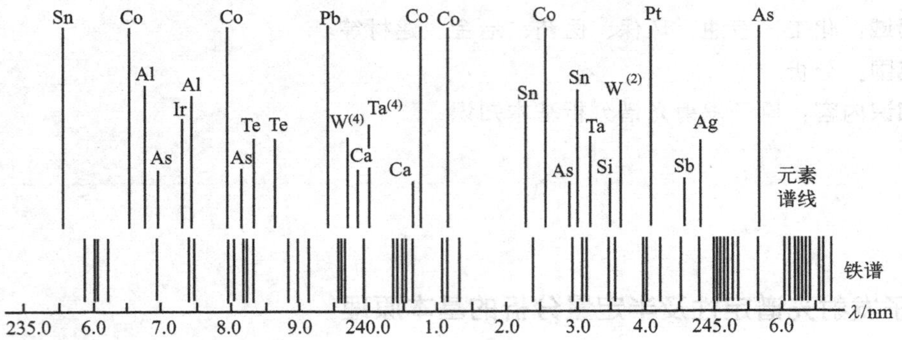

图 8-19　元素标准光谱图

标准光谱图是在相同条件下，在铁光谱上方准确地绘出 68 种元素的逐条谱线并放大 20 倍的图片。

铁光谱比较法实际上是与标准光谱图进行比较，因此又称为标准光谱图比较法。

在进行分析工作时，将试样与纯铁在完全相同条件下并列并且紧挨着摄谱，摄得的谱片置于映谱仪（放大仪）上；谱片放大 20 倍，再与标准光谱图进行比较。

比较时首先须将谱片上的铁谱与标准光谱图上的铁谱对准，然后检查试样中的元素谱线。若试样中的元素谱线与标准图谱中标明的某一元素谱线出现的波长位置相同，即为该元素的谱线。

判断某一元素是否存在，必须由其灵敏线决定。铁谱线比较法可同时进行多元素定性鉴定。

（2）标准试样光谱比较法

将要检出元素的纯物质或纯化合物与试样并列，于同一感光板上摄谱，在映谱仪上检查试样光谱与纯物质光谱。若两者谱线出现在同一波长位置上，即可说明某一元素的某条谱线存在。

二、仪器定性分析操作方法

选择 Sample 菜单并输入分析的样品名到一览表，如图 8-20 所示。

（1）建立分析卡片　从主菜单上选择 Analysis。

（2）选择分析卡片　选择 Make New Card，然后选择 OK。

（3）建立新卡片　输入新卡片名称。最多可以输入 24 个字母。不能使用相同的名称建立其他卡片。输入新卡片名称后，选择 OK。

（4）分析卡片的输入　分析卡片的输入包含四项内容：分析名称，分析顺序，处理，样品名。以前输入的名称已在画面上。可以添入操作者的名字。当打印输出或者把数据归档的时候，需要添加数据的信息。

选择 Procedure 菜单并打开定性分析 1 选框。

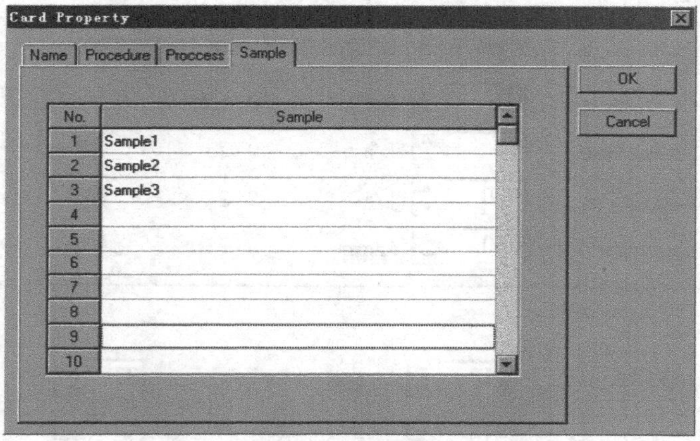

图 8-20　样品登记卡

这里不需要输入其他项。输入完成后，选择 OK，显示分析路径图。

（5）进入定性分析

（6）选择元素/波长　从主菜单选择 Condition，再选择 Element，显示选择元素用元素周期表。如图 8-21 所示。

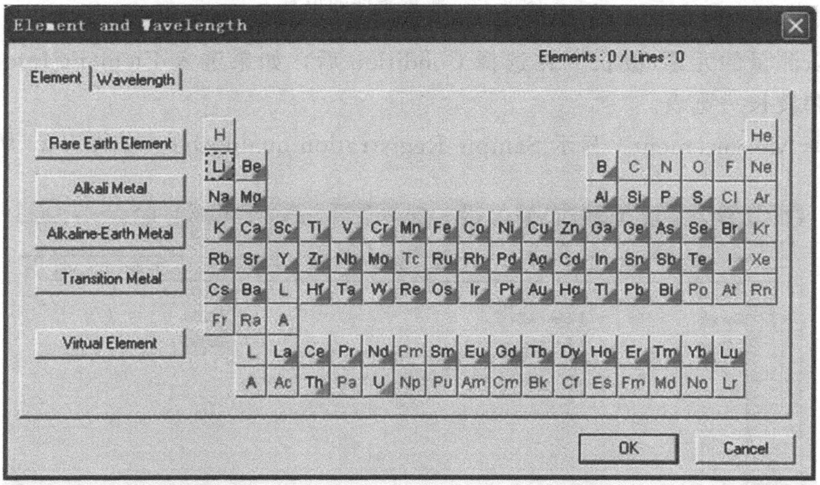

图 8-21　元素选择界面

在元素周期表上，选择分析用元素。

在所要选择的元素上点击，改变被选择元素的框架颜色。右上角显示的是被选择元素的数量。除了每个元素单独选定外，仪器提供左侧菜单按钮，可以根据需要设定的元素类别，进行选择及取消。（注：Rare earth element 稀土元素；Alkali metal 碱金属；Alkaline-earth metal 碱土金属；Transition metal 过渡金属。）

（7）测量条件的确认/变更　在选择 Condition 后，如果进入 Measurement Condition，

显示测量条件一览表。如图 8-22 所示。

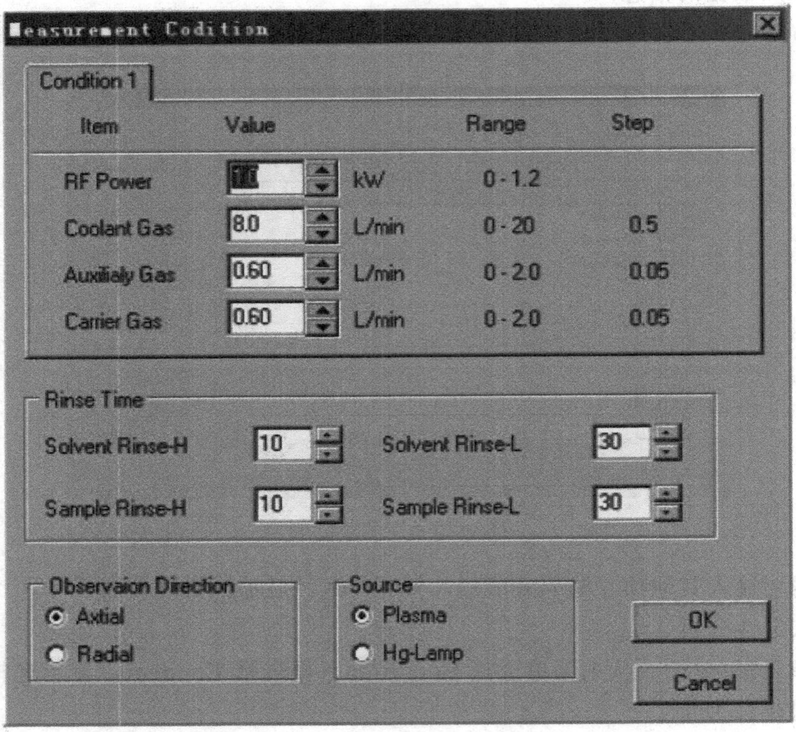

图 8-22　测量条件的设置

（8）确认测量的元素/波长　在选择 Condition 后，如果进入 Element Information，显示选择元素和波长一览表。

（9）选择 Measurement　显示 Sample Registration-qualitative。如图 8-23 所示。

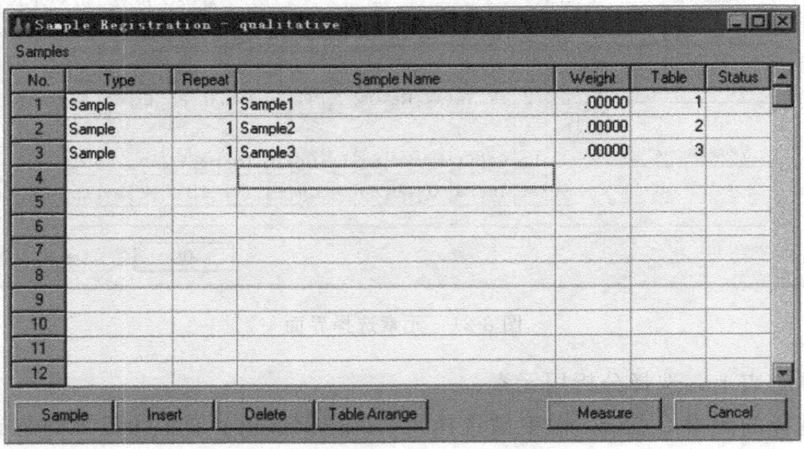

图 8-23　分析样品的登记

如果样品已经在分析卡片中登记，可以直接调入。这里可以添加样品名，Repeat 设定为 1 次及 Weight 设定为 0。

当使用自动进样器时，在 Table 上建立与使用自动进样器的样品位置相符的样品台编号。

所有样品登记完后，点击 Measure。光标放在被引入的样品名上并按 Start。随后，设定冲洗时间后开始测定；此时，样品被导入。当使用自动进样器时，样品台编号 No. 的样品应与导入的样品名相符。

(10) 轮廓（测量时） 实时显示测量中所测定波长的轮廓。如图 8-24 所示。

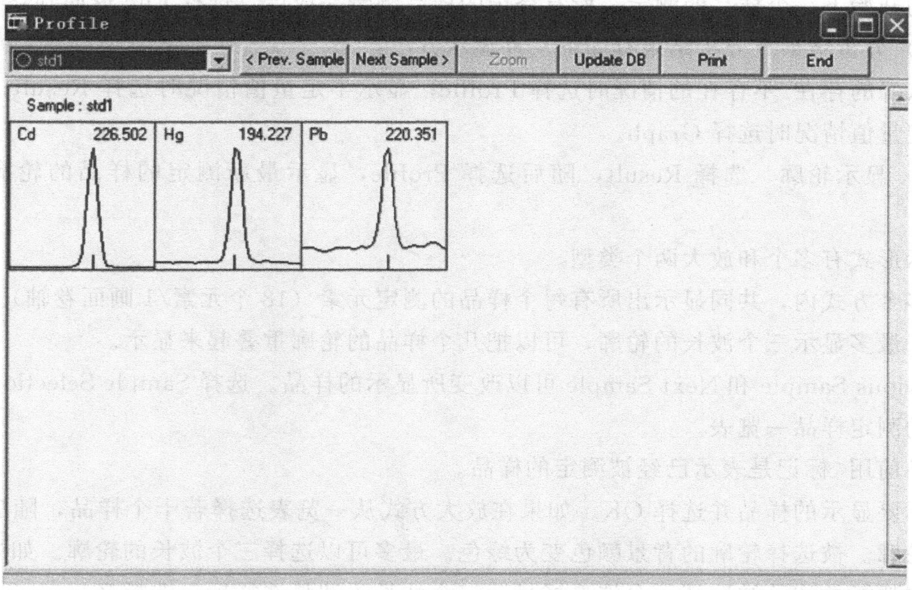

图 8-24 测定波长的轮廓

(11) 分析结果 所有元素测量完成后，显示分析结果。如图 8-25 所示。

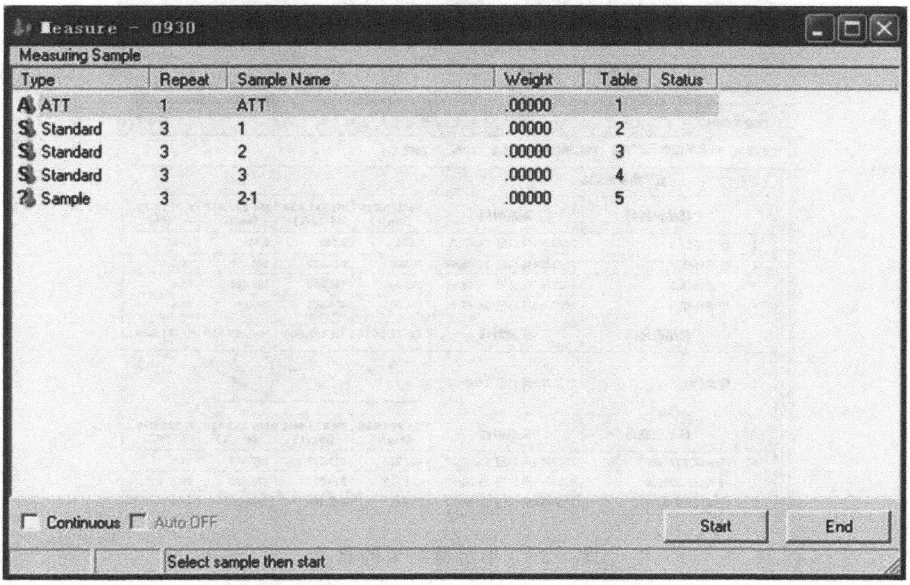

图 8-25 分析结果的显示

显示按内藏数据库计算的半定量值（单位：μg/mL）。

（12）结果打印　在卡片输入的打印处理设定为“自动”的情况下，显示在画面上的结果同时打印输出在打印机上。如果定为“手动”的情况，则需选择画面上的 Print，分析结果才能输出到打印机上。

如果选择 Next，则系统返回到测量样品一览表等待下一个样品测量。

如果已经选择 Continuous，系统已显示分析结果，结束处理时设定为“自动”方式，随后自动开始下一个样品的测定。所有登记的样品测量完成后，选择 End 返回到路径图。

（13）分析结果　分析结果有如下三种显示方法：

确认峰的存在/不存在的情况时选择 Profile；显示半定量值情况时选择 Result；用绘图表示半定量值情况时选择 Graph。

（14）显示轮廓　选择 Result，随后选择 Profile，显示最新测定的样品的轮廓（多个显示）。

显示形式有多个和放大两个类型。

在多个方式内，共同显示出所有每个样品的测定元素（18 个元素/1 画面卷轴）。在放大方式内，最多显示三个波长的轮廓，可以把几个样品的轮廓重叠起来显示。

Previous Sample 和 Next Sample 可以改变所显示的样品。选择 Sample Selection 显示本次测定的测定样品一览表。

样品前用○标记是表示已经被测定的样品。

选择要显示的样品并选择 OK。如果在放大方式从一览表选择若干个样品，随后显示其重叠的轮廓。被选择轮廓的背景颜色变为绿色。最多可以选择三个波长的轮廓。如果选择过多，最初选择的波长被取消，允许选择最后三个波长。波长选择后，选择 Zoom。

（15）结果的再显示　选择 Result 菜单，随后显示结果（半定量值）。如图 8-26 所示。

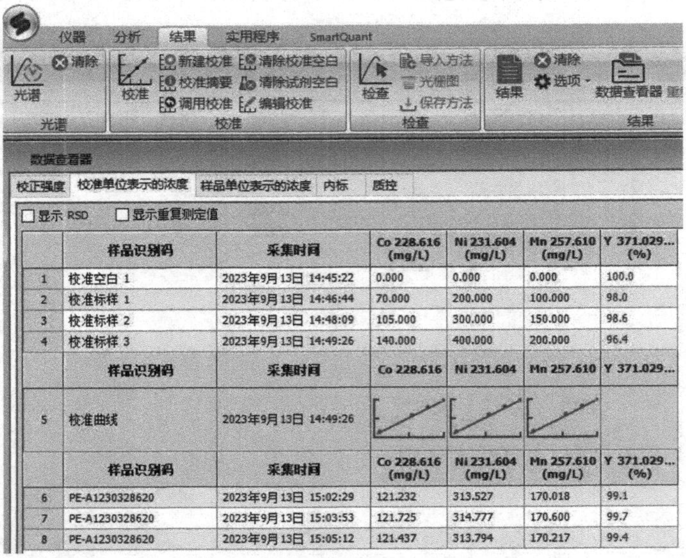

图 8-26　半定量结果的显示

从［Result 结果］中选择［Graph 曲线图］，显示定性结果，如图 8-27 所示。

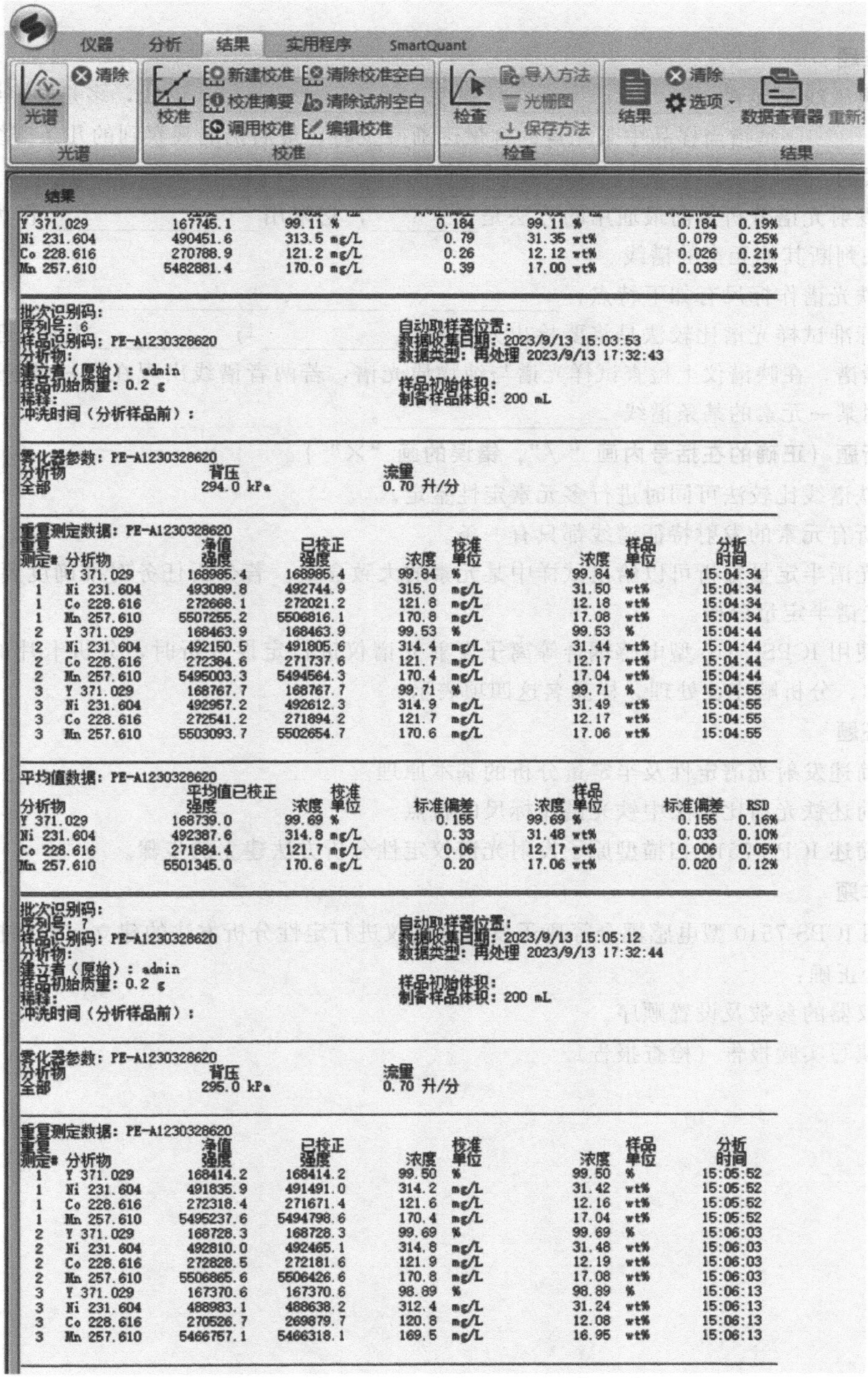

图 8-27 定性结果的显示

进度检查

一、填空题

1. 灵敏线是元素________，强度________谱线，多是共振线。

2. ________是指当样品中某元素的含量逐渐减少时，最后仍能观察到的几条谱线。它也是该元素的________。

3. 发射光谱分析目前最通用的方法是________，它采用________作为波长的标尺，来判断其他元素的谱线。

4. 铁光谱作标尺有如下特点：________、________、________、________。

5. 标准试样光谱比较法是将要检出元素的________与________并列，于同一感光板上摄谱，在映谱仪上检查试样光谱与纯物质光谱，若两者谱线出现在同一波长位置上，即可说明某一元素的某条谱线________。

二、判断题（正确的在括号内画“√”，错误的画“×”）

1. 铁谱线比较法可同时进行多元素定性鉴定。（　　）

2. 所有元素的发射特征谱线都只有一条。（　　）

3. 光谱半定量分析可以给出试样中某元素的大致含量。若分析任务对准确度要求不高，多采用光谱半定量分析。（　　）

4. 使用 ICPS-7510 型电感耦合等离子发射光谱仪进行定性分析时，分析卡片的输入用分析名称、分析顺序、处理、样品名这四项表示。（　　）

三、简答题

1. 简述发射光谱定性及半定量分析的基本原理。

2. 简述铁光谱比较法中铁光谱作标尺的特点。

3. 简述 ICPS-7510 扫描型原子发射光谱仪定性分析方法建立的步骤。

四、操作题

使用 ICPS-7510 型电感耦合等离子发射光谱仪进行定性分析方法的建立，教师检查下列项目是否正确：

1. 仪器的参数及设置顺序。

2. 填写实验报告（检查报告）。

编号 FJC-85-05

学习单元 8-5　合金材料的电感耦合等离子体原子发射光谱全分析

学习目标： 完成本单元的学习之后，能够掌握合金材料的电感耦合等离子体原子发射光谱全分析的操作。

职业领域： 化工、石油、环保、医药、冶金、建材等。

工作范围： 分析。

相关知识内容： 发射光谱分析基本知识、发射光谱分析仪器操作、发射光谱定性分析基本原理

所需仪器、药品和设备

序号	名称及说明	数量
1	原子发射光谱仪(ICPS-7510 型)	1 台
2	合金材料	适量
3	1∶1 盐酸	适量
4	1∶5 硝酸	适量

一、测定原理

在等离子体原子发射光谱（ICP-AES）分析中，试液被雾化后形成气溶胶，由载气（氩气）携带进入等离子体焰炬，在焰炬的高温下，溶质的气溶胶经历多种物理化学过程而被迅速原子化，形成原子蒸气，并进而被激发，发射出元素特征光谱，经分光后进入检测器而被记录下来，从而对待测元素进行定性和定量分析。

等离子体的中心温度高达约 10000K，可使试样完全蒸发、原子化和激发。等离子体焰炬具有环状通道、惰性气氛、电离和自吸现象小等特点，因而具有选择性好、灵敏度高（检出限可达 $10^{-9}\sim10^{-11}g\cdot L^{-1}$）、准确度和精密度高（相对标准偏差一般为 0.5%～2%）、线性范围宽（通常可达 4～6 个数量级）等优点，可用于分析 70 多种元素，并可对痕量和常量元素进行直接测定。

二、测定步骤

1. 合金试样的溶解

准确称取合金试样（切屑样）0.5g，置于 100mL 烧杯中，盖上表面皿。沿烧杯壁缓缓加入 30mL 硝酸和 3mL 盐酸，放置片刻，待剧烈反应减缓后，加热溶解。当冒大气泡时，表明试样已经溶解完成，冷却后、转移至 100mL 容量瓶中，定容。若试样溶液有碳化物沉淀，须澄清后测定上层清液。

2. 开机和调试

① 打开电源、计算机、稳压电源，空调开至 25℃。

② 打开氩气钢瓶，调节减压阀至 0.3MPa。

③ 通气，此时雾化空气为 0.8L/min，辅助气为 0.8L/min，等离子气为 14～16L/min，载气压力为 0.2MPa，管路中的空气排净后将气路关闭。

④ 仪器各项指标符合点火条件后，打开水循环，按点火键点火，点火成功后功率为 1.2kW，电压为 2800～3000V，电流为 0.8A。

⑤ 进入软件操作界面，待等离子体稳定后，进行波长初始化。

⑥“条件判定”选择最适合分析的谱线。

3. 试样的定性全分析

① 打开“元素周期表”，选择“全元素”。

② 在“定性分析”界面下，采集样品，进行全元素分析。

③ 在“定性结果”中显示定性分析结果。

4. 关机

① 测试结束后，将进样管放入高纯水中（或 5% 硝酸洗液中）清洗 1min 以上方可熄火。

② 按熄火键熄火。

③ 待光源温度下降后，方可关闭主机电源。

④ 关闭气瓶，关闭稳压电源。

⑤ 数据处理完后，关闭计算机，空调，电源开关，并盖上仪器防尘罩。

三、注意事项

① 氩气钢瓶要严格按照钢瓶使用方法操作。为了节约氩气，准备工作完成后再点燃等离子体。

② 应先熄灭等离子体光源，待光源降至室温后再关冷却氮气，否则可能烧毁石英炬管。

③ 仪器较长时间不使用，应将废液排净，并在废液管中注满清水，以防废液管长时间浸泡在酸中，加速老化，造成废液泄漏。

④ 仪器较长时间不开机，应开机预热半小时以上再点火。

四、数据处理

根据测定结果判定各元素是否存在，并确定指定元素的含量。

进度检查

一、填空题

1. 在 ICP-AES 分析中，试液被雾化后形成________________，由载气________携带进入等离子体焰炬，在焰炬的高温下，溶质的气溶胶经历多种物理化学过程而被迅速原子化，形成______。

2. 原子蒸气被激发，发射出元素特征光谱，经分光后进入检测器被记录下来，从而对待测元素进行______分析和______分析。

3. 合金试样溶解时需加入______和______两种溶液后加热溶解。

二、判断题（正确的在括号内画“√”，错误的画“×”）

1. 氩气钢瓶要严格按照钢瓶使用方法操作。为了节约氩气，准备工作完成后再点燃等离子体。（　）

2. 仪器较长时间不使用，应将废液排净，并在废液管中注满清水，以防废液管长时间浸泡在酸中，加速老化，造成废液泄漏。（　）

3. 关机时应先关冷却氩气再熄灭等离子体光源，否则可能烧毁石英炬管。（　）

4. 测试结束后，将进样管放入清水中（或5%硝酸洗液中）清洗30min以上方可熄火。（　）

三、简答题

1. 合金消解过程中需注意什么？

2. 如何配制1∶1的盐酸溶液？

评分标准

原子发射光谱定性分析技能考试内容及评分标准

一、考试内容：撰写合金试样定性分析的实验报告

1. 实验相关注意事项。

2. 实验报告中各元素分析结论。

二、评分标准

1. 实验相关注意事项（20分）

每错一处扣5分。

2. 实验报告中各元素分析结论（80分）

每错一处扣5分。

模块 9　原子发射光谱定量分析

编号 FJC-86-01

学习单元 9-1　原子发射光谱定量分析的基本原理

学习目标：完成本单元的学习之后，能够掌握原子发射光谱定量分析的基本原理及操作步骤。

职业领域：化工、石油、环保、医药、冶金、建材等。

工作范围：分析。

相关知识内容：原子发射光谱分析基本知识、原子发射光谱分析仪器操作、原子发射光谱定性分析基本原理

一、原子发射光谱定量分析的基本原理

1. 原子发射光谱定量分析的关系式

原子发射光谱定量分析主要是根据谱线强度与被测元素浓度的关系来进行的。当温度一定时，谱线强度 I 与被测元素浓度 c 成正比，即

$$I=ac \tag{9-1}$$

当考虑到谱线自吸时，有如下关系式

$$I=ac^{b} \tag{9-2}$$

此式为原子发射光谱定量分析的基本关系式。式中，b 为自吸系数，b 随浓度 c 增加而减小，当浓度很小无自吸时，$b=1$。因此，在定量分析中，选择合适的分析线是十分重要的。

a 值受试样组成、形态及放电条件等的影响，在实验中很难保持为常数，故通常不采用谱线的绝对强度来进行发射光谱定量分析，而采用内标法。

2. 内标法

采用内标法可以减小前述因素对谱线强度的影响，提高原子发射光谱定量分析的准确度。内标法是通过测量谱线相对强度来进行定量分析的方法。

(1) 具体做法　在分析元素的谱线中选一根谱线，作为分析线；再在基体元素（或加入定量的其他元素）的谱线中选一根谱线，作为内标线。这两条线组成分析线对。然后根据分析线对的相对强度与被分析元素含量的关系式进行定量分析。

这个方法可在很大程度上消除光源放电不稳定等因素带来的影响，因为尽管光源变化对分析线的绝对强度有较大的影响，但对分析线和内标线的影响基本是一致的，所以对其相对影响不大。这就是内标法的优点。

设分析线强度为 I，内标线强度为 I_0，被测元素浓度与内标元素浓度分别为 c 和 c_0，b 和 b_0 分别为分析线和内标线的自吸系数。

$$I = ac^b \tag{9-3}$$

$$I_0 = a_0 c_0^{b_0} \tag{9-4}$$

分析线与内标线强度之比 R 称为相对强度。

$$R = I/I_0 = ac^b / a_0 c_0^{b_0} \tag{9-5}$$

式中，内标元素 c_0 为常数，实验条件一定时，$A = a/a_0 c_0^{b_0}$ 为常数，则 $R = I/I_0 = Ac^b$ 取对数，得

$$\lg R = b\lg c + \lg A \tag{9-6}$$

此式为内标法发射光谱定量分析的基本关系式。

(2) 内标元素与分析线对的选择　金属样品进行光谱分析中的内标元素，一般采用基体元素。如钢铁分析中，内标元素是铁。但在矿石光谱分析中，由于组分变化很大，又因基体元素的蒸发行为与待测元素也多不相同，故一般都不用基体元素作内标，而是加入定量的其他元素。

加入内标元素应符合下列几个条件：

① 内标元素与被测元素在光源作用下应有相近的蒸发性质。

② 内标元素若是外加的，必须是试样中不含或含量极少可以忽略的。

③ 分析线对选择需匹配：两条原子线或两条离子线。

④ 分析线对两条谱线的激发电位相近。

若内标元素与被测元素的电离电位相近，分析线对激发电位也相近，这样的分析线对称为“均匀线对”。

⑤ 分析线对波长应尽可能接近。分析线对两条谱线应没有自吸或自吸很小，并且不受其他谱线的干扰。

⑥ 内标元素含量一定。

3. 定量分析方法

(1) 校准曲线法　在确定的分析条件下，用三个或三个以上含有不同浓度被测元素的标准样品与试样在相同的条件下激发光谱，以分析线与内标分析线对强度比 R 或 $\lg R$ 对浓度 c 或 $\lg c$ 做校准曲线。再由校准曲线求得试样被测元素含量。

① 摄谱法。将标准样品与试样在同一块感光板上摄谱，求出一系列黑度值，由乳剂特征曲线求出 $\lg I$，再将 $\lg R$ 对 $\lg c$ 做校准曲线，求出未知元素含量。

分析线与内标线的黑度都落在感光板正常曝光部分，可直接用分析线对黑度差 ΔS 与 $\lg c$ 建立校准曲线。选用的分析线对波长比较靠近，此分析线对所在的感光板部位乳剂特征相同。

若分析线对黑度为 S_1，内标线黑度为 S_2，则

$$S_1 = g_1 \lg I_1 t_1 - i_1 \qquad S_2 = g_2 \lg I_2 t_2 - i_2 \tag{9-7}$$

式中，i 为低能级态。

因分析线对所在部位乳剂特征基本相同，故

$$g_1 = g_2 = g \qquad i_1 = i_2 = i \tag{9-8}$$

由于曝光量与谱线强度成正比，因此

$$S_1=g\lg I_1 t_1-i \tag{9-9}$$

$$S_2=g\lg I_2 t_2-i \tag{9-10}$$

黑度差

$$\Delta S=S_1-S_2=g\lg I_1-g\lg I_2=g\lg(I_1/I_2)=g\lg R \tag{9-11}$$

$$\Delta S=gb\lg c+g\lg A \tag{9-12}$$

上式为摄谱法定量分析内标法的基本关系式。

分析线对黑度值都落在乳剂特征曲线直线部分，分析线与内标线黑度差 ΔS 与被测元素浓度的对数 $\lg c$ 呈线性关系。

② 光电直读法。ICP 光源稳定性好，一般可以不用内标法，但由于有时试液黏度等有差异而引起试样导入不稳定，也采用内标法。ICP 光电直读光谱仪商品仪器上带有内标通道，可自动进行内标法测定。

光电直读法中，在相同条件下激发试样与标样的光谱，测量标准样品的电压值 U 和 U_r，U 和 U_r 分别为分析线和内标线的电压值；再绘制 $\lg U$-$\lg c$ 或 $\lg(U/U_r)$-$\lg c$ 校准曲线；最后，求出试样中被测元素的含量。

(2) 标准加入法　当测定低含量元素，找不到合适的基体来配制标准试样时，一般采用标准加入法。

设试样中被测元素含量为 c_x，在几份试样中分别加入不同浓度 c_1、c_2、c_3 的被测元素；在同一实验条件下激发光谱，然后测量试样与不同加入量样品分析线对的强度比 R。在被测元素浓度低时，自吸系数 $b=1$，分析线对强度，R-c 图为一直线，将直线外推，与横坐标相交截距的绝对值即为试样中待测元素含量 c_x。

4. 背景

光谱背景是指在线状光谱上，叠加着由于连续光谱和分子带状光谱等所造成的谱线强度(摄谱法为黑度)。

(1) 光谱背景来源

分子辐射：在光源作用下，试样与空气作用生成的分子氧化物、氮化物等分子发射的带状光谱。生成的分子氧化物、氮化物解离能很高，在电弧高温中发射分子光谱。

连续辐射：在经典光源中炽热的电极头，或蒸发过程中被带到弧焰中去的固体质点等炽热的固体发射的连续光谱。

谱线的扩散：分析线附近有其他元素的强扩散性谱线（即谱线宽度较大），如 Zn、Sb、Pb、Bi、Mg 等元素含量较高时，会有很强的扩散线。

电子与离子复合过程也会产生连续背景。轫致辐射是由电子通过荷电粒子（主要是重粒子）库仑场时骤然加速或减速引起的连续辐射。这两种连续背景都随电子密度的增大而增大，是造成 ICP 光源连续背景辐射的重要原因，电火花光源中这种背景也较强。

光谱仪器中的杂散光也造成不同程度的背景。杂散光是指由于光谱仪光学系统对辐射的散射，使其通过非预定途径，而直接达到检测器的任何所不希望的辐射。

(2) 背景的扣除

摄谱法：测出背景的黑度 S_B，然后测出被测元素谱线黑度为分析线与背景相加的黑度 $S_{(L+B)}$。由乳剂特征曲线查出 $\lg I_{(L+B)}$ 与 $\lg I_B$，再计算出 $I_{(L+B)}$ 与 I_B，两者相减，即可得出 I_L，同样方法可得出内标线谱线强度 $I_{(IS)}$。需要注意的是背景的扣除不能用黑度直接相减，必须用谱线强度相减。

光电直读光谱仪：由于光电直读光谱仪检测器将谱线强度积分的同时也将背景积分，因此需要扣除背景。ICP 光电直读光谱仪中都带有自动校正背景的装置。

5. 发射光谱定量分析工作条件的选择

(1) 光谱仪　一般多采用中型光谱仪，但对谱线复杂的元素（如稀土元素等）则需选用色散率大的大型光谱仪。

(2) 光源　可根据被测元素的含量、元素的特征及分析要求等选择合适的光源。

(3) 狭缝　定量分析中，为了减少由乳剂不均匀所引入的误差，宜使用较宽的狭缝，一般可达 20mm。

(4) 内标元素和内标线　内标元素含量必须固定；内标元素和分析元素要有尽可能类似的蒸发特性；用原子线组成分析线对时，要求两线的激发电位相近，若选用离子线组成分析线对，则不仅要求两线的激发电位相近，还要求电离电位相近；分析线与内标线没有自吸或自吸很小，且不受其他谱线的干扰。

(5) 光谱缓冲剂　试样组分影响弧焰温度，弧焰温度又直接影响待测元素的谱线强度。这种由于其他元素存在而影响待测元素谱线强度的作用称为第三元素的影响。对于成分复杂的样品，第三元素的影响往往非常显著，能引起较大的分析误差。

为了减少试样成分对弧焰温度的影响，使弧焰温度稳定，试样中加入一种或几种辅助物质，用来抵偿试样组成变化的影响，这种物质称为光谱缓冲剂。

常用的缓冲剂有：碱金属盐类用作挥发元素的缓冲剂；碱土金属盐类用作中等挥发元素的缓冲剂；碳粉也是缓冲剂常见的组分。

此外，缓冲剂还可以稀释试样，这样可减少试样与标样在组成及性质上的差别。在矿石光谱分析中，缓冲剂的作用是不可忽视的。

(6) 光谱载体　进行发射光谱定量分析时，在样品中加入一些有利于分析的高纯度物质称为光谱载体。它们多为一些盐类、碳粉等。

载体的作用如下。

① 控制试样中的蒸发行为。通过化学反应，使试样中被分析元素从难挥发性化合物（主要是氧化物）转化为低沸点、易挥发的化合物，使其提前蒸发，提高分析的灵敏度。

载体量大可控制电极温度，从而控制试样中元素的蒸发行为并可改变基体效应。基体效应是指试样组成和结构对谱线强度的影响，或称元素间的影响。

② 稳定与控制电弧温度。电弧温度由电弧中电离电位低的元素控制，可选择适当的载体，以稳定与控制电弧温度，从而得到对被测元素有利的激发条件。

③ 电弧等离子区中大量载体原子蒸气的存在，阻碍了被测元素在等离子区中自由运动范围，增加它们在电弧中的停留时间，提高谱线强度。

④ 稳定电弧，减少直流电弧的漂移，提高分析的准确度。

二、仪器的基本操作

使用两点以上的检量线样品建立工作曲线。

定量分析必须先建立检量线，通常使用一些已知含量的样品建立它。下面介绍当所使用分析元素和波长已经确定及已经有检量线样品时的操作。

1. 分析卡片的建立

从主菜单上选择 Analysis。选择 Make new card，然后选择 OK。

输入新的卡片名称。最多可以输入 24 个字母，所建立的卡片不能与其他卡片名称相同。输入名称后，选择 OK。输入如下四项内容：分析名称，分析顺序，处理，样品名。先前输入的名称已在画面上。可以添入操作者的名字。当打印输出或者把数据归档的时候，需要添加数据的信息。

选择 Procedure 菜单并关闭定性分析 2 复选框。选择 Process 菜单，选择输入测定次数、结果的处理等数据。

选择 Sample 菜单并输入分析的样品名一览表。其他项目不需要输入。输入完成后，选择 OK。显示分析路径图。

2. 检量线方法

在页面上点击 Quantitative 选项或从 Method 内确认。随后，Quantitative 区域的颜色被改变。从主菜单上选择 Condition 并随后选择其中的 Select Element 显示选择元素的元素周期表。在周期表上选择所要分析的元素。点击元素名选择、不选择交替改变。被选择元素的框颜色将被改变。选择元素的个数将显示在右上角。除了详细指定每个元素外，还可以使用在左侧的菜单按钮通过元素类别设定集体地选择或取消。

元素选择完后，选择 Wavelength。被选择元素颜色已经改变，点击元素可以显示已登记波长一览表。打开波长复选框，使用左侧上的主按钮，可以集中选择被选择元素指定定性等级用波长。

3. 检量线样品的登记

在选择 Condition 后指定 Calibration Sample。Element 和 Sample 是设置的输入项，两项共同输入内容，按 Element 输入左侧显示已登记元素一览表。

输入元素信息用蓝色光标条表示在所显示一览表的中央。

① 输入检量线样品名。最多可以登记 16 个样品。

② 对应样品名，输入相应元素的含量。

③ 根据元素选择单位。在右上角上选择所使用的单位。

测光强度的测量值自动登记。这里不需要登记。一个元素输入完成后，在一览表上选择下一个元素。在集中显示样品名后，输入含量和单位。如图 9-1 所示。

所有元素输入完后，选择 OK。

检量线样品名称必须预先在按 Element 步骤中输入。检量线样品一览表显示在左侧，输入样品信息用蓝色光标条表示在所显示一览表的中央。

① 输入每个元素的含量。

② 利用鼠标在对应单元双击可以改变单位。

测光强度的测量值自动登记。一个样品输入完成后，在一览表上选择下一个样品。再集中显示样品名后，输入含量和单位。所有样品输入完后，选择 OK。

4. 测定条件的确认/变更（仅需要时的操作）

就像测量条件的初始设定一样，标准条件已经设定。

如果在选择 Condition 后指定 Measurement Condition，显示测定条件一览表。如图 9-2 所示。

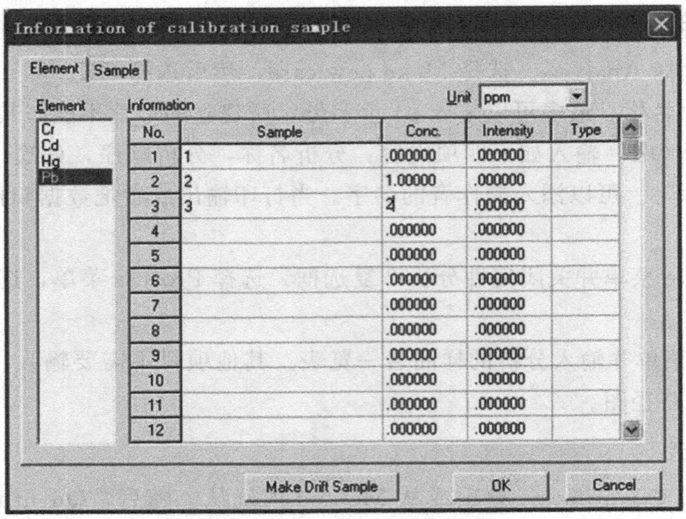

图 9-1　检量线样品的登记

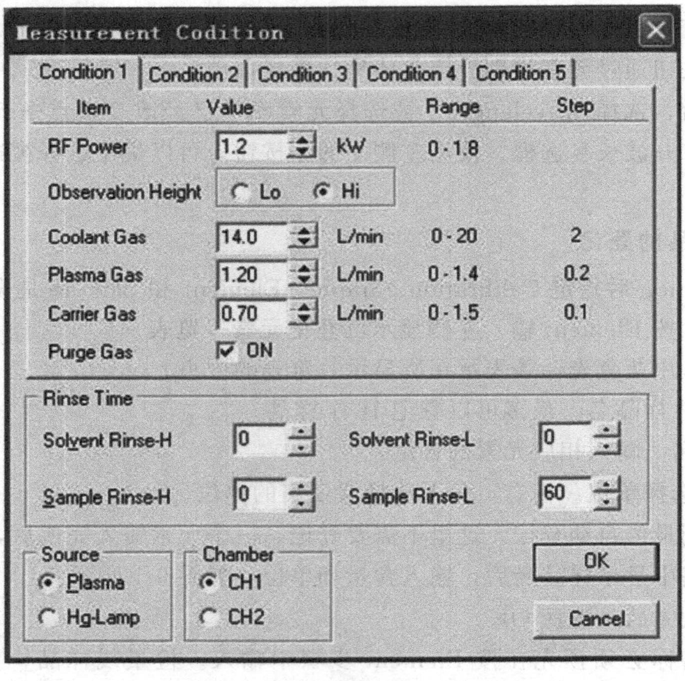

图 9-2　测定条件的确认/变更

5. 测定

选择 Measurement。

在 Measure Sample Registration 中选择需要加载的样品。载入样品的选择是显示在样品窗口上，点击 ATT 样品、校正样品和样品。如图 9-3 所示。

在样品登记窗口中，像样品划分那样显示已经登记样品名。如果选择 OK，所有选择样品将加载到分析样品登记表中。载入样品输入完成后，可以添加、删除或修改。如图 9-4 所示。

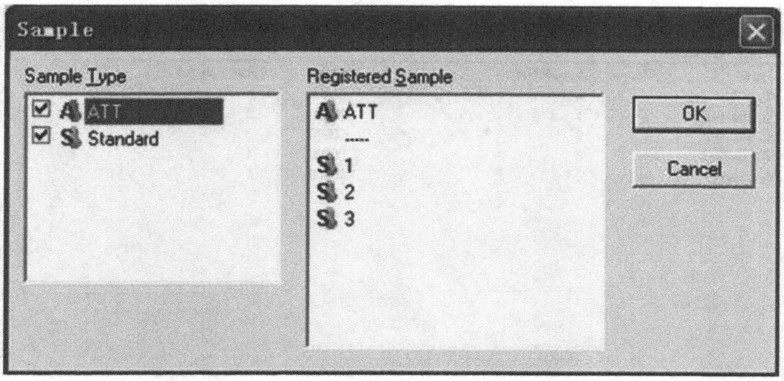

图 9-3 测定样品登记

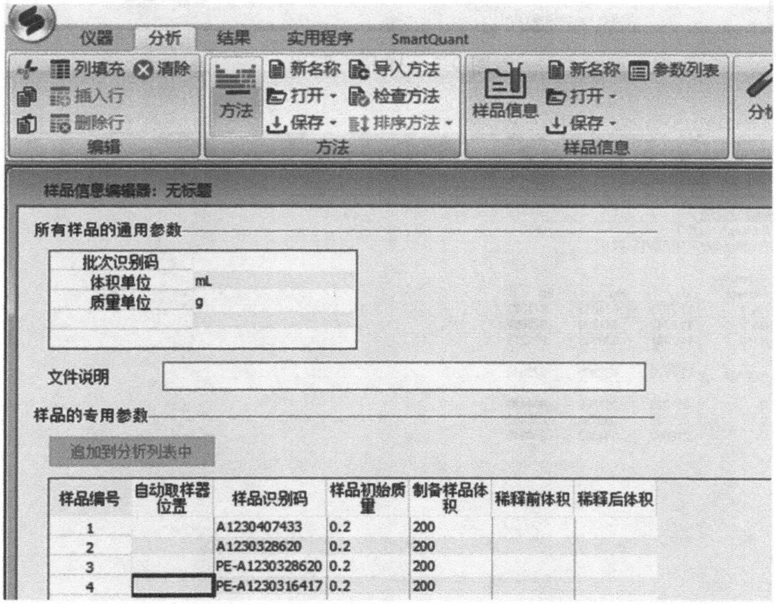

图 9-4 样品登记界面

6. 样品一览

显示已经登记的样品一览表。如图 9-5 所示。

将光标条放在所导入的样品名上并选择 Start。随后，在所设定的冲洗时间过后开始测定，样品被导入。ATT 样品为确定衰减器样品。建立工作曲线用最高含量的样品。

7. 分析结果

每个样品测定完成后，显示分析结果。如果选择 Next，系统将返回测定样品一览表。将光标条移动到要测定的样品名上并选择 Start。如果已经选择连续测定，系统显示分析结果后，会像“Auto 自动”方式那样完成数据处理设定，随后自动开始下一个样品的测定。就像 ATT 样品那样，显示出所测定的样品轮廓。就像工作曲线样品那样，显示出所测定样品的浓度。如图 9-6 所示。

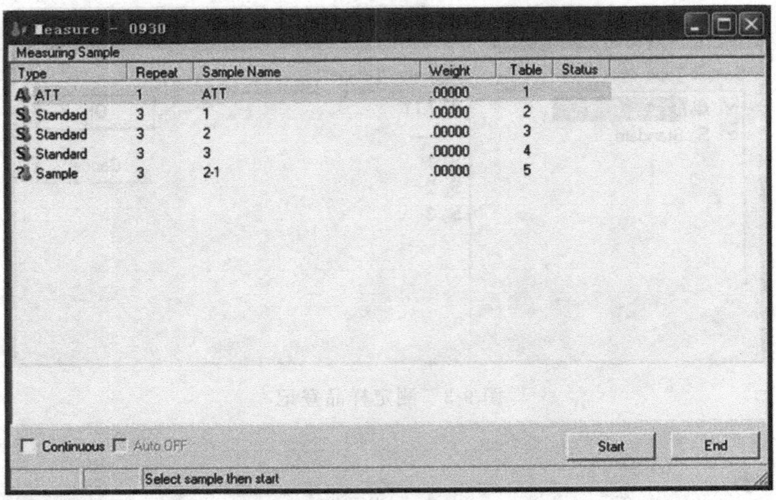

图 9-5 样品一览表

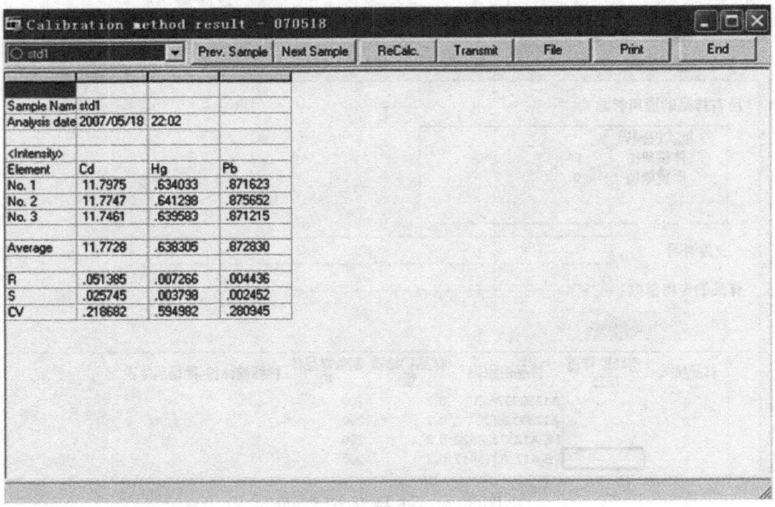

图 9-6 分析结果

在所有工作曲线样品测定完成后，系统自动建立（计算）工作曲线并连续显示强度和工作曲线。如图 9-7 所示。

在实际样品情况下，实际样品的含量是使用已经建立的工作曲线进行计算并显示计算结果。如图 9-8 所示。

所有登记的样品测定结束后，选择 End 返回路径图。

8. 工作曲线

在路径图中选择 Result 下拉菜单内的 Calibration Curve 项。最后，显示工作曲线。每页可以同时显示 18 个元素的工作曲线（多个显示）。

9. 数据的存档

选择 Card 中的 Data file。

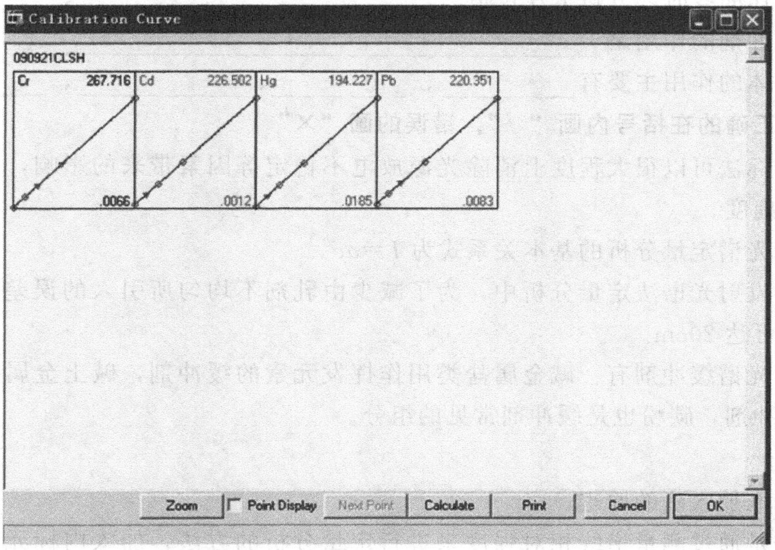

图 9-7　工作曲线图

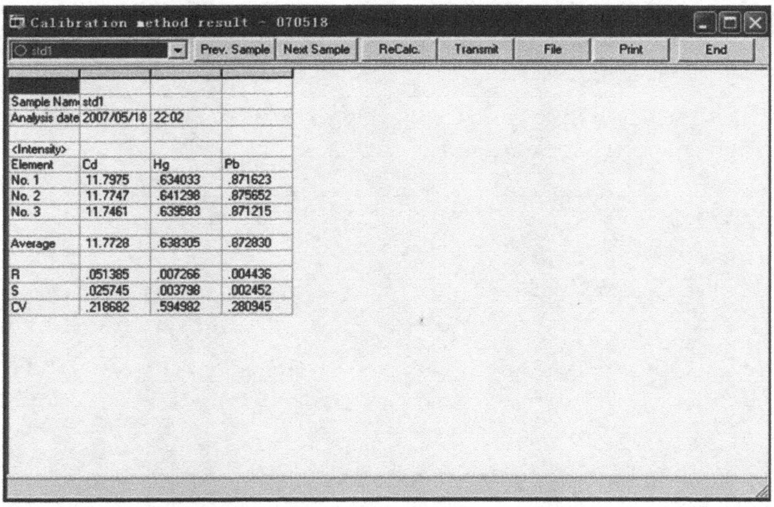

Sample Nam	std1		
Analysis date	2007/05/18	22:02	
<Intensity>			
Element	Cd	Hg	Pb
No. 1	11.7975	.634033	.871623
No. 2	11.7747	.641298	.875652
No. 3	11.7461	.639583	.871215
Average	11.7728	.638305	.872830
R	.051385	.007266	.004436
S	.025745	.003798	.002452
CV	.218682	.594982	.280945

图 9-8　计算结果

10. 结束分析

在路径图上选择 Exit，结束分析。

进度检查

一、填空题

1. 光谱定量分析主要是根据＿＿＿＿＿＿与＿＿＿＿＿＿的关系来进行的。
2. 定量分析方法主要有＿＿＿＿＿＿和＿＿＿＿＿＿两种。

3. 建立工作曲线时，分析卡片包括________、________、________、________等四项。

4. 光谱缓冲剂的作用是____。

5. 光谱载体的作用主要有__________、__________、____________、____________。

二、判断题（正确的在括号内画“√”，错误的画“×”）

1. 采用内标法可以很大程度上消除光源放电不稳定等因素带来的影响，提高发射光谱定量分析的准确度。（　）

2. 内标法光谱定量分析的基本关系式为 $I=ac^b$。（　）

3. 在原子发射光谱法定量分析中，为了减少由乳剂不均匀所引入的误差，宜使用较窄的狭缝，一般可达 20cm。（　）

4. 常用的光谱缓冲剂有：碱金属盐类用作挥发元素的缓冲剂，碱土金属盐类用作中等挥发元素的缓冲剂，碳粉也是缓冲剂常见的组分。（　）

三、简答题

1. 简述标准加入法的原理。

2. 内标法是通过测量谱线相对强度来进行定量分析的方法，加入内标元素应符合哪些条件?

3. 简述标准曲线法的基本操作。

编号 FJC-86-02

学习单元 9-2 微波消解 ICP-AES 法测定土壤和城市污水中的重金属

学习目标： 完成本单元的学习之后，能够掌握微波消解 ICP-AES 法测定土壤和城市污水中的重金属的基本原理和操作方法。

职业领域： 化工、石油、环保、医药、冶金、建材等。

工作范围： 分析。

相关知识内容： 原子发射光谱分析基本知识、原子发射光谱分析仪器操作、原子发射光谱定量分析基本原理

所需仪器、药品和设备

序号	名称及说明	数量
1	原子发射光谱仪(ICPS-7510 型)	1 台
2	高压密闭微波消解仪(XT-9900 型)	1 台
3	Cu、Zn、Mn、Cr 标准溶液($1.0\ mg \cdot mL^{-1}$)	适量
4	浓硫酸、盐酸、硝酸、氢氟酸(AR 级)	适量
5	硝酸(GR 级)	适量
6	土壤样品	适量
7	污水样品	适量

注：①Cu、Zn、Mn、Cr 标准溶液（1.0 mg/mL）。分别吸取上述各元素的标准溶液 1 mL 于 100 mL 容量瓶中，以 2%硝酸（GR）溶液配制成各元素浓度均为 10 μg/mL 的混合液。

②土壤样品制备。将采集的土壤样品（一般不少于 500 g）混匀后用四分法缩分至 100 g，缩分后的土样经风干后，除去土样中的石子和动植物残体等异物。用木棒或玛瑙棒碾压，通过 2 mm 尼龙筛（除去 2 mm 以上的砂砾），混匀。用玛瑙研钵将通过 2 mm 尼龙筛的土样研磨，通过 100 目尼龙筛的试样混匀后备用。

一、测定原理

城市污水排放中的重金属往往种类繁多，而且含量高低不一。快速、准确地测定污水中重金属含量是环境监测的重要任务之一。利用高压密闭微波消解、电感耦合等离子体发射光谱法（ICP - AES）可方便地对城市污水中多种不同浓度的元素进行同时测定。

微波（Microwave）是指频率在 300MHz 至 300GHz 的电磁波。通常，溶剂和固体样品中目标物由不同极性的分子或离子组成，萃取或消解体系在微波电磁场的作用下，具有一定极性的分子从原来的热运动状态转为跟随微波交变电磁场而快速排列取向。分子或离子间就会产生激烈的摩擦。在这一微观过程中，微波能量转化为样品分子的能量，从而降低目标物与样品的结合力，加速目标物从固相进入溶剂相。

由高频发生器产生的高频交变电流（27～41 kHz，2～4 kW）通过耦合线圈形成交变感

应电磁场，当通入惰性气体 Ar 并经火花引燃时可产生少量 Ar 离子和电子，这些少量带电粒子在高频电磁场获得高能量，通过碰撞将高能量传递给 Ar 原子，使之进一步电离形成更多的带电粒子（雪崩现象）。大量高能带电粒子受高频电磁场作用形成与耦合线圈同心的、炽热的涡流区，被加热的气体可形成火炬状并维持高温等离子体。该等离子体因趋肤效应而形成具有环状结构的中心通道。载气（Ar）和试样气溶胶通过该中心通道进入等离子体时，待测元素在高温下被蒸发、原子化、激发和电离，被激发的原子和离子发射出很强的原子和离子谱线。分光和检测系统将待测元素的特征谱线经分光、光电转换和检测，由数据处理系统进行处理，便获得各元素的浓度值。基体效应和自吸效应小、稳定性高和灵敏度高、线性测量范围宽是电感耦合等离子体光源最重要的特点。

二、测定步骤

1. 标准系列的配制

于 5 个 50 mL 容量瓶中分别加入重金属混合标准溶液(10 μg /mL)0.00mL，0.25mL，0.50mL，1.00mL 和 2.00 mL ，分别用 2% HNO_3 稀释至刻度，摇匀。该系列各元素浓度分别为 0.00 μg /mL，0.05 μg /mL，0.10 μg /mL，0.20 μg /mL 和 0.40 μg /mL(如果样品中各元素浓度相差较大时，可据情况另配不同浓度的标准系列)。

2. 土壤样品的微波消解

（1）准确称取 0.5000 g 上述干燥的土壤样品，置于 PTFE（聚四氟乙烯）溶样杯中，用少量水润湿。分别加入 7 mL HNO_3，2 mL HCl，振摇使之与样品充分混合均匀，然后置于 150℃电热板上加热 3 min 后取下，稍冷，再加入 2 mL HF，振摇 PTFE 溶样杯，加盖。

（2）将该样品杯放入消解外罐，拧上外罐罐盖，放入 XT-9900 型高压密闭微波消解仪炉腔内，按说明书完成仪器初始化调节。设定微波消解压力-时间程序为：0.5 MPa（1 min）；压力 1.0 MPa（7 min）；压力 1.5 MPa（2 min）。启动微波开关，开始进行消解。

（3）待微波消解完成后，取出消解罐，冷却 10～15 min 后打开外罐上盖，小心取出溶样杯，再打开溶样杯杯盖，置于 150～180℃电热板上蒸至糊状，取下。

（4）以 4～5 mL 5% HNO_3 冲洗杯壁和样品 3～5 次，分别过滤于盛有 20～25 mL 去离子水的 50 mL 容量瓶中，再以去离子水定容。待 ICP-AES 分析。

3. 污水样品消解

取适量混匀的污水样置于聚四氟乙烯微波消解罐（内罐）中，加去离子水稀释至 20 mL，沿罐壁加入 5 mL 硝酸，使其与样品充分混合，盖上内盖。将消解内罐置于聚砜外罐中，拧紧罐盖后放入微波消解炉中。选择适当的功率或压力进行消解。消解结束后，取出冷却。然后打开，将消解好的溶液过滤、定容至 50 mL 容量瓶中，摇匀，待测。同时进行空白样品的消解、测定。

4. ICP-AES 测定

从仪器中选择各元素的测量波长并记录于表 9-1 中。设定仪器最佳工作条件（ICP 工作条件：高频电源入射功率 1.0 kW；冷却气流量 15 L · min^{-1}；辅助气流量 0.2 L · min^{-1}；载气压力 380 kPa；样品流速 1 mL /min；进样时间 30 s；积分时间 3 s），随后进行 ICP-AES 分析。

三、数据处理

填写表 9-2。绘制校正曲线，见表 9-3。

表 9-1　各元素的测量波长

元素	Cu	Zn	Mn	Cr
波长				

表 9-2　数据处理表

<table>
<tr><td colspan="3" rowspan="2">项目</td><td colspan="4">元素浓度/(μg/mL)</td></tr>
<tr><td>Cu</td><td>Zn</td><td>Mn</td><td>Cr</td></tr>
<tr><td rowspan="10">标
样</td><td rowspan="5">标
准
浓
度</td><td>c_0</td><td colspan="4">0.00</td></tr>
<tr><td>c_1</td><td colspan="4">0.05</td></tr>
<tr><td>c_2</td><td colspan="4">0.10</td></tr>
<tr><td>c_3</td><td colspan="4">0.20</td></tr>
<tr><td>c_4</td><td colspan="4">0.40</td></tr>
<tr><td rowspan="5">标
准
响
应
值</td><td>S_0</td><td></td><td></td><td></td><td></td></tr>
<tr><td>S_1</td><td></td><td></td><td></td><td></td></tr>
<tr><td>S_2</td><td></td><td></td><td></td><td></td></tr>
<tr><td>S_3</td><td></td><td></td><td></td><td></td></tr>
<tr><td>S_4</td><td></td><td></td><td></td><td></td></tr>
<tr><td rowspan="2">样
品</td><td colspan="2">S_x</td><td></td><td></td><td></td><td></td></tr>
<tr><td colspan="2">c_x</td><td></td><td></td><td></td><td></td></tr>
<tr><td colspan="3">浓度计算公式</td><td colspan="4">$c_x=$</td></tr>
<tr><td colspan="3">土壤中重金属浓度/(μg/g)</td><td colspan="4"></td></tr>
<tr><td colspan="2" rowspan="3">校正曲线
特性参数*</td><td>a</td><td></td><td></td><td></td><td></td></tr>
<tr><td>b</td><td></td><td></td><td></td><td></td></tr>
<tr><td>c</td><td></td><td></td><td></td><td></td></tr>
</table>

表 9-3　校正曲线的绘制

Cu													

Zn													

Mn														
Cr														

进度检查

一、填空题

1. 微波（Microwave）是指频率在________________的电磁波。

2. 配制 Cu、Zn、Mn、Cr 标准溶液时，需将标准溶液用________________稀释到指定浓度。

3. 采集土壤样品时一般采用________________法进行样品的选取。

4. 缩分后的土样经风干后，用玛瑙研钵研磨，通过__________目尼龙筛的试样混匀后备用。

5. PTFE 是 Polytetrafluoroethylene 的简写，代表____________________材料。

二、判断题（正确的在括号内画"√"，错误的画"×"）

1. 微波消解土壤样品完成后，应立即取出消解罐，打开外罐上盖。（　　）

2. 微波消解土壤样品时，设定微波消解压力-时间程序为：0.5 MPa（1 min）；压力 1.5MPa（7 min）；压力 2.5 MPa（2 min）。（　　）

3. 土壤样品消解完成后将样品转移至容量瓶中，无须清洗消解罐。（　　）

三、简答题

1. 若采用本实验方法测定微量 Hg 和 As，在样品前处理时应注意哪些事项（可查阅相关文献)?

2. 影响等离子体温度的因素有哪些?酸度对ICP-AES的干扰效应主要有哪些?当采用有机试剂进行ICP分析时,对高频功率、试剂化学结构、冷却气和辅助气等都有哪些特殊要求?

3. 为什么开机前必须先通入冷却水?为什么要在点燃炬焰后才能通入载气?

编号 FJC-86-03

学习单元 9-3 原子发射光谱仪的维护及保养

学习目标：完成本单元的学习之后，能够掌握原子发射光谱仪的维护保养方法。

职业领域：化工、石油、环保、医药、冶金、建材等。

工作范围：分析。

相关知识内容：发射光谱分析仪器的结构、发射光谱分析仪操作

原子发射光谱仪能够分析从几μg/g到百分之几乃至百分之几十的样品浓度。若对分析的环境条件不严格控制，势必造成实验的不准确，也要求在使用中严格对仪器进行维护保养，才能严格控制分析质量和延长仪器寿命。

一、实验室要求

1. 实验室器皿

实验室常用的器皿如烧杯、容量瓶，在使用前需进行清洗。

聚四氟乙烯（PTFE）及硼硅玻璃器皿可先用肥皂或洗涤剂清洗，再用水冲洗，再用（1+1）HNO_3 浸泡 24 h 或煮沸。再用去离子水洗涤 3 次。

有的玻璃器皿油污严重，可用洗液（浓硫酸加重铬酸钾配制）浸泡后再用水充分冲洗。

2. 实验用水及试剂

（1）实验室用水的质量要求 不同的分析方法、分析对象和用途对水的质量要求不尽相同。为了适应分析化学几个方面不同的用途及要求。常规的 ICP-AES 分析工作中三级水即可使用，但在分析微量、痕量杂质元素时，需用二级水甚至是一级水，在配制元素标准溶液时最好用一级水。

应该注意制备水装置的材料，不能含有被测元素，以免影响分析工作。

（2）化学试剂 用于 ICP-AES 分析用的化学试剂可分为两类：一类用于分解样品；另一类用于配制元素的标准。

① 一般试剂。在 ICP-AES 分析中主要用于固体样品的分解，通常可分为三级：

a. 优级纯：一级品，通常称为保证试剂（G. R.），适用于精密科学研究和痕量元素分析。

b. 分析纯：二级品，通常称为化学分析（A. R.），质量略逊于优级纯，用于一般的科研和分析工作。

c. 化学纯：三级品，通常称为化学分析试剂（C. P.），质量低于分析纯，用于一般常规的分析中。

② 高纯试剂。指试剂中杂质含量极微小、纯度很高的试剂，主要用来配制标准溶液。

纯度以9来表示，如99.99%、99.999%。如纯度为99.9%的基准试剂（如纯铜、纯锌等），在其含有的杂质不影响被测元素时亦可用来配标准溶液。

二、ICP的使用和保养

1. 仪器一定要有良好的使用环境

等离子体光谱与其他大型精密仪器一样，需要在一定的环境下运行，失去这些条件，不仅仪器的使用效果不好，而且改变仪器的检测性能甚至造成损坏，缩短寿命。根据光学仪器的特点对环境温度和湿度有一定要求。如果温度变化太大，光学组件受温度变化的影响就会产生谱线漂移，造成测定数据不稳定。一般室温要求维持在20～25℃间的一个固定温度，温度变化应小于±1℃。而环境湿度过大，光学组件特别是光栅容易受潮损坏或性能降低。电子系统尤其是印刷电路板及高压电源上的组件容易受潮烧坏。湿度对高频发生器的影响也十分重要。湿度过大，轻则等离子体不容易点燃，重则高压电源及高压电路放电击毁组件。一般湿度应小于70%，最好控制在45%～60%之间，应有空气净化装置。

2. 仪器的供电线路要符合仪器的要求

为了保证ICP仪器的安全运行，供电线路必须要有足够大的容量，否则仪器运行时线路的电压降得过大，影响仪器寿命。

作为一台精密测量仪器，它还需要有相对稳定的电源，仪器在过压下工作会造成高频发生器功率大，管灯丝过度的蒸发和老化，电子管的寿命将会大大缩短。如果在欠压下工作，电子管灯丝温度过低，电子发射不好，也容易造成电子发射材料过早老化。

3. 防尘

国内一般实验室都不配备防尘、过滤尘埃的设施，当实验室内需要采用排风机，排除仪器的热量及工作时产生的有毒气体时，实验室与外部就形成压力差。实验室产生负压，室外含有大量灰尘的空气从门窗的缝隙中流入室内，大量积聚在仪器的各个部位上，容易造成高压组件或接头打火，电路板及接线、插座等短路、漏电等各种各样的故障。因此需要经常进行除尘。特别是计算机、电子控制电路、高频发生器、显示器、打印机、磁盘驱动器等应定期拆卸或打开，用小毛刷清扫，并同时使用吸尘器将各个部分的积尘吸除。对光电倍增管负高压电源线及计算机显示器的高压线和接头，还要用纱布沾上少许无水乙醇小心地抹除积炭和灰尘。

对于仪器除尘，一般由电子工程师或计算机的专业人员帮助，仪器使用或管理人员如不懂电子知识，不了解仪器结构，不要轻易去动，以免发生意外。除尘应在停机并关掉供电电源下进行。

4. 气体控制系统的维护保养

ICP的气体控制系统是否稳定正常地运行，直接影响到仪器测定数据的好坏。如果气路中有水珠、机械杂物杂屑等都会造成气流不稳定。因此，对气体控制系统要经常进行检查和维护。

首先，要做气体试验，打开气体控制系统的电源开关，使电磁阀处于工作状态，然后开启气瓶及减压阀，使气体压力指示在额定值上，然后关闭气瓶。观察减压阀上的压力表指针应在几个小时内没有下降或下降很少，否则气路中有漏气现象，需要检查和排除。

其次，由于氩气中常夹杂有水分和其他杂质，管道和接头中也会有一些机械碎屑脱落，造成气路不畅通。因此需要定期进行清理。拔下某些区段管道，然后打开气瓶，短促地放一段时间的气体，将管道中的水珠、尘粒等吹出。在安装气体管道，特别是将载气管路接在雾化器上时，要注意不要让管子弯曲太厉害，否则载气流量不稳而造成脉动，影响测定。

5. 进样系统及炬管的维护

雾化器是进样系统中最精密、最关键的部分，需要很好地维护和使用。要定期清理，特别是测定高盐溶液之后。

雾化器的顶部炬管喷嘴会积有盐分，造成气溶胶通道不畅，常常反映出来的是测定强度下降，仪器反射功率升高等。炬管上积尘或积炭都会影响等离子体焰炬的正常点燃和测定气焰的稳定，也影响反射功率，因此要定期酸洗、水洗，最后用无水乙醇洗并吹干，经常保持进样系统及炬管的清洁。

ICP 矩管是较易出现故障的部位，其常见的故障分析如下：

① 矩管点燃，循环水指示灯时闪时断，火焰突灭不能工作。

可能的原因是：a. 循环水冷却系统泵压不足；b. 磁动仪表保护开关阈值过高，经常处于长闭状态，出现假保护现象。

需要完成如下检修：a. 在原有的循环水管路中串接增压泵，增加整个循环水管路中的压力；b. 除去磁仪表开关，使水流直接进入矩管系统，保持长流水。

② 反射功率超设定值，矩管源无法点火。

可能的原因是：集成板 741 无输出正电压信号，使反射功率无法调整。控制电路失调，片子损坏。需要更换集成板 741 。

6. 使用中尽量减少开停机的次数

开机测定前，必须做好安排，事先做好各项准备工作，切忌在同一段时间里开开停停，仪器频繁开启容易造成损坏。这是因为仪器在每次开启的时候，瞬时电流大大高于运行正常时的电流，瞬时的脉冲冲击，容易造成功率管灯丝断开，碰极短路及过早老化等。因此使用中需要倍加注意，一旦开机就一气呵成，把要做的事做完，不要中途关停机。

进度检查

一、填空题

1. 聚四氟乙烯（PTFE）及硼硅玻璃器皿可先用____________或洗涤剂清洗，再用水冲洗，再用________ 浸泡 24 h 或煮沸。

2. 高纯试剂是指试剂中杂质含量________ 、纯度很________ 的试剂。

3. 等离子体光谱一般室温要求维持在____________℃。

二、判断题（正确的在括号内画“√”，错误的画“×”）

1. 雾化器是进样系统中最精密、最关键的部分，需要很好地维护和使用，要定期清理，特别是测定高盐溶液之后。（　　）

2. 氩气中常夹杂有水分和其他杂质，管道和接头中也会有一些机械碎屑脱落，造成气路不畅通。因此需要定期进行清理。（　　）

3. 原子发射光谱法中遇到玻璃器皿油污严重的情况，可用洗液（浓硫酸加重铬酸钾配制）浸洗后然后再用水充分冲洗。（　　）

三、简答题

矩管点燃，循环水指示灯时闪时断，火焰突灭不能工作，可能的原因是什么？

评分标准

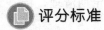

原子发射光谱定量分析技能考试内容及评分标准

一、考试内容：微波消解 ICP-AES 法测定土壤中的重金属

1. 标准系列的配制。
2. 土壤样品的微波消解。
3. ICP-AES 测定。
4. 结果计算。

二、评分标准

1. 标准系列的配制（30 分）

每错一处扣 5 分。

2. 土壤样品的微波消解（20 分）

每错一处扣 5 分。

3. ICP-AES 测定（30 分）

每错一处扣 5 分。

4. 结果计算（20 分）

每错一处扣 5 分。

模块 10 火焰光度分析

编号 FJC-87-01

学习单元 10-1 火焰光度分析法基本知识

学习目标：完成本单元的学习之后，能够掌握火焰光度分析的基本知识。
职业领域：化工、石油、环保、医药、冶金、建材等。
工作范围：分析。
相关知识内容：分光光度计分类、结构

一、谱线的产生

火焰光度分析法是以原子发射光谱法为基本原理的一种分析方法，是以火焰作为激发光源，被测元素原子的最外层电子吸收了火焰的热能而跃迁到激发态能级，再由激发态能级返回基态能级时释放能量，用光电检测系统来测量被激发元素所发射的特征辐射强度，从而进行元素定量分析的方法。各种元素都有自己的特定线光谱。例如，将食盐置于火焰中时，火焰即呈黄色，这是由于食盐中的钠原子最外层电子吸收火焰的热能，而跃迁到激发态，再由激发态恢复到正常状态时，电子释放能量。这种能量的表征是发射钠原子所特有的光谱线——黄色光谱。火焰光度法谱线产生过程见图 10-1。

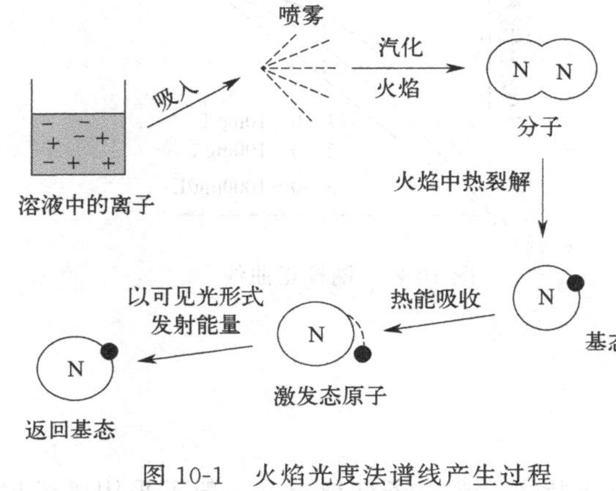

图 10-1 火焰光度法谱线产生过程

火焰光度分析法的优点：试样溶液于数分钟内可完成测定，非常快速；同时火焰光源稳定性很高，干扰少，误差为 2%～5%，常用于微量分析和常量分析；分析碱金属与碱土金属，绝对灵敏度可达 10^{-1}～10^{-5} g；被测试样被火焰激发后，产生的谱线简单，且均在可见光区，故谱线分离和测量的设备简单。因此火焰光度法具有准确、快速、灵敏度较高、仪

器设备简单等优点。

但因用火焰作为激发光源，所提供的能量比电火花光源小得多，只能激发电离能较低、谱线简单的元素（主要是碱金属和碱土金属），使之产生发射光谱（高温火焰可激发30种以上的元素产生火焰光谱），难激发的元素测定较困难。因此，火焰光度分析法主要用于土壤、血浆、玻璃、肥料、植物、血清组织中K、Na、Ca等的测定。

当待测元素（如K、Na）在火焰中被激发后，产生了发射光谱，光线通过滤光片或其他波长选择装置（单色器），使该元素特有波长的光照射到光电池上，产生光电流，此光电流通过一系列放大路线，用检流计测量其强度。如果激发光源的条件（包括燃料气体和压缩空气的流量，样品溶液的流速，溶液中其他物质的含量等）保持一定时，则检流计读数与待测元素的浓度成正比，因此可以定量进行测定。常用的灵敏线是：锂670.8nm(红)，钠589.3nm(黄)，钾766.5nm(暗红)，钙422.7nm(砖红)。

二、定量分析原理

火焰光度分析法的定量原理与发射光谱相同，主要是根据谱线强度与被测元素浓度的关系来进行的。当温度一定时谱线强度 I 与被测元素浓度 c 成正比，即

$$I = ac \tag{10-1}$$

当考虑到谱线自吸时，有如下关系式

$$I = ac^b \tag{10-2}$$

式(10-2)为火焰光度定量分析的基本关系式。式中，b 为自吸系数，b 随浓度 c 增加而减小，当浓度很小无自吸时，$b=1$。但须注意：自吸收在高浓度时比较严重地导致校正曲线的弯曲，图10-2是钠校正曲线。因此，在定量分析中，选择合适的分析线是十分重要的。a 值受试样组成、形态及激发光源条件等的影响，在实验中很难保持为常数。

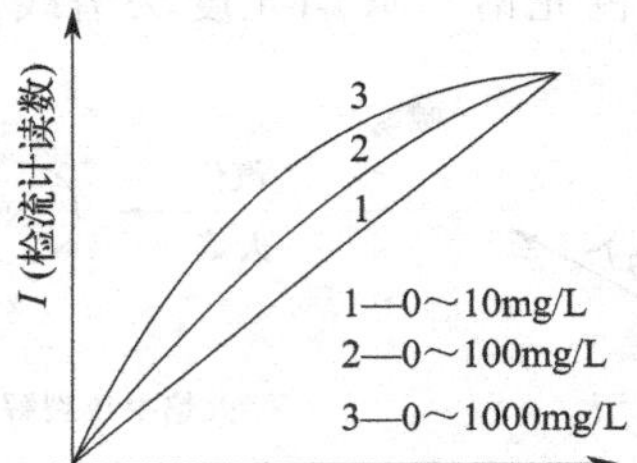

图10-2　钠校正曲线

三、定量分析的方法

1. 标准曲线法

火焰光度法谱线简单，干扰少，激发条件稳定，一般不采用谱线相对强度测量法，而直接在检流计上读出谱线绝对强度 I，采用标准曲线法进行定量测定。

先测定一系列标准溶液的特征谱线强度 I_i（一般5个），以 I 为纵坐标，c 为横坐标作图，即得标准曲线，再在相同条件下测定待测溶液的 I_x 值，由图中查出 c_x 值。

在配制溶液时应注意，标准溶液的基体组成应与待测溶液尽量一致，测定条件应完全一

致，待测物浓度应在标准曲线的线性范围内。

2. 标准加入比较法

将待测溶液分为A、B两份，于B中加入已知量的待测元素，将A、B两份溶液定容至相同体积，分别测定。

设：A、B两溶液的特征谱线强度分别为I_A、I_B；

c_x为试液中待测元素的浓度；c_s为加入的待测元素的浓度。

则：$I_A=Kc_x$

$I_B=K(c_x+c_s)$

故：$c_x=I_A/(I_B-I_A)c_s$

K为比例常数。

该方法适用于低含量样品的测定，保证了试液与标准溶液的组成一致，可消除复杂样品的基体效应带来的影响；但必须注意加入的标准物浓度应与待测物浓度处于同一个数量级。

进度检查

一、填空题

1. 常用的灵敏线是：锂________nm、钾________nm、钙________ nm。

2. 定量分析的方法包括____________、__________。

3. 火焰光源稳定性______，干扰______，误差____，常用于______和____。

4. 标准加入法适用于含量较______的样品测定。测定样品时要注意加入的标准物质浓度应与待测物浓度处于__________，可消除复杂样品的______ 效应带来的影响。

5. 火焰光度定量分析的基本关系式为________________ 。

二、判断题（正确的在括号内画“√”，错误的画“×”）

1. 火焰光度法的定量原理主要是根据谱线强度与被测元素浓度的关系来进行的。当温度一定时谱线强度I与被测元素浓度c成反比。 （　　）

2. 将食盐置于火焰中时，火焰即呈蓝色，这是由于食盐中的钠原子外层电子是发射钠原子所特有的光谱线——蓝色光谱。 （　　）

3. 火焰光度计是以吸收光谱法为基本原理的一种分析仪器。 （　　）

4. 标准曲线法中标准系列溶液一般为6个及以上（含空白）。 （　　）

5. 火焰光度计主要用于土壤、血浆、玻璃、肥料、植物、血清组织中K、Na、Ca等的测定。 （　　）

三、简答题

1. 简述火焰光度法的优缺点。

2. 简述火焰光度法定量分析原理。

3. 火焰光度法中如何选择标准曲线法和标准加入比较法？

编号 FJC-87-02

学习单元 10-2 火焰分析仪的结构

学习目标： 完成本单元的学习之后，能够掌握火焰光度分析仪器的基本构造以及工作原理。

职业领域： 化工、石油、环保、医药、冶金、建材等。

工作范围： 分析。

相关知识内容： 火焰光度分析法基本知识

火焰光度分析的仪器即为火焰分光光度计，简称为火焰光度计或火焰分析仪。其结构如图 10-3 所示。

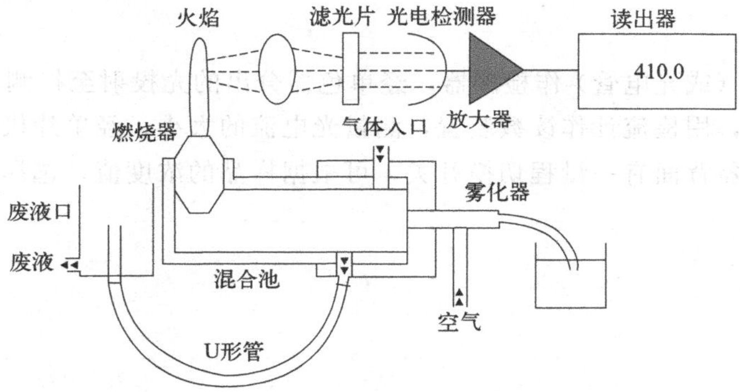

图 10-3 火焰分光光度计的结构图

从图 10-3 中可以看到试样溶液经雾化后喷出进入燃烧器，溶剂在火焰中蒸发，盐粒熔融，转化为蒸气，离解成原子（部分电离），再由火焰高温激发，发射的光经切光器调制，并由单色器（通常是光栅）分光，选择待测波长谱线，经光电转换和电信号放大后检出。

火焰光度计有各种不同型号，但都包括四个主要部件。

一、气路系统

空气压缩机输出的压缩空气经过过滤减压阀，进入雾化器作为进样喷头的气源。燃气经内部电磁阀控制其开、关，面板燃气阀控制其流量的大小，然后进入雾化器。雾化器将吸入的样品与燃气充分混合后，喷出进入燃烧器，适当调节空气压力与石油液化气的比例使火焰呈浅蓝色的锥形火焰。

二、燃烧系统

燃烧系统由燃气、助燃气、调节器、雾化器、燃烧头等部分组成，其作用是使待测元素激发而辐射出特征谱线。不同的燃料气体和助燃气组分的配比，称助燃比，决定该化学火焰能达到的最高温度和化学性质（见表 10-1）。这是火焰光度法应用中要选择的关键条件。例如燃气（煤气、液化石油气等）-空气火焰，约 2000K，适用于碱金属的测定；乙炔-空气火焰，约 2500K，适用于碱土金属的测定。

表 10-1 常见火焰的物理性质和化学性质

燃料	助燃剂	理论最佳值		实验值		最大燃烧速度/(cm/s)	火焰平衡组成					
		助燃比	温度/K	助燃比	温度/K		H_2O	H_2	O_2	N_2	CO_2	CO
H_2	空气	2.35	2400	2.25	2018	300～440	1.3×10^{18}	7.2×10^{15}	1.5×10^{14}	2.6×10^{18}		
C_3H_8	空气	24	2279			39～43						
C_2H_2	空气	9.8	2570	9.5	2398	158～266	3.1×10^{17}	4.5×10^{16}	1.9×10^{15}	2.3×10^{18}	3.3×10^{17}	3.0×10^{17}
C_2H_2	O_2	1.75	3430	0.65	2840	1100～2480	9.2×10^{17}	3.4×10^{17}	1.2×10^{16}		3.1×10^{17}	8.2×10^{17}
C_2H_2	N_2O	2.8	3255	3.0	2900	285	2.1×10^{17}	1.5×10^{17}	5.0×10^{15}	1.2×10^{18}	1.3×10^{17}	6.9×10^{17}

三、分光系统

其作用是将待测元素发射的特征谱线分离出来。分光元件可以是滤光片，还可以是棱镜或光栅。

四、检测系统

常使用光电池（或光电管）作检测器。经单色器分出的光投射至检测器上，将光信号转变为电信号，放大，用检流计作读数装置，测量光电流的大小，经单片机处理显示样品浓度或含量的读数。仪器背面有一量程切换开关，可根据样品的浓度值，选择相应的量程范围。

进度检查

一、填空题

1. 燃烧系统主要包括________、________、________、________、________等部分。
2. 助燃比指的是________________。
3. 分光系统中常用的分光元件有________、________、________等。
4. 燃烧系统的作用是使待测元素________而________出特征谱线。
5. 检测系统常使用________________作检测器。

二、判断题（正确的在括号内画“√”，错误的画“×”）

1. 火焰光度计主要包括气路系统、燃烧系统、分光系统、检测系统四个部分。（　）
2. 气瓶应存放在阴凉、干燥、远离热源的地方。可燃性气瓶应与氧气瓶分开存放。（　）
3. 各种气瓶必须定期进行技术检验。充装一般气体的气瓶，每 3 年检验 1 次。（　）
4. 助燃比，决定该化学火焰能达到的最高温度和化学性质，是火焰光度法应用中要选择的关键条件。（　）
5. 乙炔-空气火焰约 2500K，适用于碱土金属的测定。（　）

三、简答题

1. 简述火焰光度法测定样品的过程。
2. 简述火焰光度计的各部分名称和主要作用。

编号 FJC-87-03

学习单元 10-3　火焰分析仪的操作

学习目标： 完成本单元的学习之后，能够掌握火焰分析仪的基本操作。

职业领域： 化工、石油、环保、医药、冶金、建材等。

工作范围： 分析。

相关知识内容： 火焰光度分析法基本知识、火焰分析仪的结构

本单元以 FP6400A 火焰光度计为例介绍火焰分析仪的操作方法。

一、 FP6400A 火焰光度计基本结构

FP6400A 火焰光度计是全新设计的仪器，专供钾、钠元素火焰光度分析的测定之用。它具有操作简单、分析速度快、灵敏度高、试样用量少等优点。FP6400A 火焰光度计由主机、空气压缩机、石油液化气罐、空气过滤器等部件组成，基本结构见图 10-4。

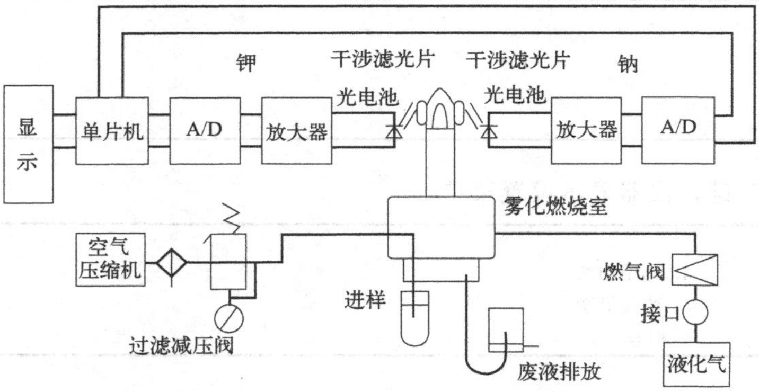

图 10-4　FP6400A 火焰光度计基本结构

二、 FP6400A 火焰光度计操作步骤

1. 开机

将空压机空气输出端及石油液化气罐出口端接上主机，在燃烧室内腔中放置玻璃罩，玻璃罩上方加以不锈钢丝网及压圈，然后盖上烟囱盖，即可接上电源进行操作。

按下电源开关，启动空气压缩机，可见压力表上升至 0.12～0.2MPa 之间。然后随着空压机阀芯的滑动，其输出压力会稍有下降，至 0.12～0.2MPa 之间达到平衡状态。将吸样管插入溶液，溶液随吸样管进入雾化器，在燃烧室喷口处可以观察到雾状气流。同时，注意观察废液杯是否有废液匀速排出，如废液排出不是很匀速，请观察雾化器下方的乳胶管中是否有空气，如有空气用手挤压乳胶管将气泡排出，如果还是不行，就吸 3～4min 乙醇，再吸

溶液观察一下，这时气泡应该已排出。

打开石油液化气罐开关，10s左右，左手按点火开关，右手旋转燃气开关，火点着后通过观察窗查看火焰大小。在吸蒸馏水时火焰应呈锥形纯蓝色，高度为2～4cm。初次使用仪器时，会出现无法点火的情况，可先关闭燃气开关，取走烟囱罩，稍打开燃气开关，即可在玻璃管上方闻到燃气味，可按点火开关进行点火，打不着可加些气，至点着为止。往往是燃气过大，反而无法点着，使用时应特别注意。

2. 预热

接下来是预热阶段。火焰的燃烧、样品的注入是个动态过程。起初是常温状态，然后是升温过程，当燃气及进样量确定后，火焰趋向热平衡，这时火焰较稳定，激发能量恒定，因而读数就稳定。

预热时间约需20min，采用蒸馏水连续进样较好，因为这样更能模拟实际的进样条件。

3. 测试

按下电源开关，仪器显示屏显示。

校准曲线	浓度
K：	0.00
Na：	0.00

按“返回”键，仪器显示测试菜单。

μg/mL
请放入样品后
按测试键测试
按“0”键调零

再按“返回”键，仪器显示设置菜单。

设置窗口	
1. 单位选择	4. 调用曲线
2. 元素选择	5. 曲线类型
3. 设置曲线	拟合

按数字键“1”进入单位选择菜单。

请选择单位
1. μg/mL
2. mmol/L
3. 百分比

这时只要按键盘上相应的数字键，就会选择好相应的单位。如：按数字键“1”显示屏显示。

请选择单位	μg/mL
1. μg/mL	
2. mmol/L	
3. 百分比	

以此类推，选择好后按“确认”键回到设置界面。

设置窗口	
1. 单位选择	4. 调用曲线
2. 元素选择	5. 曲线类型
3. 设置曲线	拟合

按数字键“2”进入元素选择菜单。

请选择元素		
1. K	3. Li	5. Ba
2. Na	4. Ca	

仪器可同时测量3种元素，只要选择相应的数字键，仪器显示屏会在相应的元素上亮起光标。再按“确认”键仪器显示。

设置窗口	
1. 单位选择	4. 调用曲线
2. 元素选择	5. 曲线类型
3. 设置曲线	拟合

此时已经选择好了测量单位和测量元素，接下来就要选择测试所需要的曲线方式。

仪器提供了三种曲线方式：直线法、折线法和二次拟合曲线法。

（1）折线法　现以测试氧化钾、氧化钠为例：

先配制标准溶液：5μL/L、10μL/L、15μL/L、30μL/L、40μL/L、50μL/L的混合溶液，进入仪器设置菜单。

设置窗口	
1. 单位选择	4. 调用曲线
2. 元素选择	5. 曲线类型
3. 设置曲线	曲线

再按数字键“5”，仪器显示。

曲线选择窗口
1. 曲线
2. 折线
3. 直线

按数字键“2”选择所需的曲线类型，再按确认键，使“曲线类型”下方显示“折线”。

设置窗口	
1. 单位选择	4. 调用曲线
2. 元素选择	5. 曲线类型
3. 设置曲线	折线

按数字键“3”进入“设置曲线”，这时显示屏会显示。

请输入浓度	#01
K	
Na	

将进样毛细管插入空白溶液，然后按数字键“0”显示屏会显示“K　0.00”再按“确认”键光标会移动到下一元素Na的右侧，这时按数字键“0”显示屏显示“Na　0.00”。

请输入浓度	#01
K	0.00
Na	0.00

按“确认”键仪器开始读入数据，“0”调零是指键盘“0”数字键具有调零功能，只要按“0”键仪器就调零了，显示屏右上方显示时间，显示屏中间的读数 0.02 和 0.03 是仪器读入的模拟值。

请输入浓度	#01	“0”调零	00:09
K	0.00	0.02	
Na	0.00	0.03	

倒数 15s 后，仪器读入数据，显示屏自动跳入 2 号样品输入界面。

请输入浓度	#02
K	
Na	

接下来把毛细管插入 2 号样品 5μL/L 的标准溶液，按数字键“5”显示屏会显示“K 5.00”再按“确认”键光标会移动到下一元素 Na 的右侧，这时按数字键“5”显示屏显示“Na 5.00”。

请输入浓度	#02
K	5.00
Na	5.00

按“确认”键仪器开始读入数据，显示屏右上方显示时间，倒数 15s 后，仪器读入数据。

请输入浓度	#01	00:09
K	5.00	0.10
Na	5.00	0.12

倒数 15s 后，仪器读入数据显示屏自动跳入 3 号样品输入界面。接下来把毛细管插入 3 号样品 10μL/L 的标准溶液，依此类推直到输入完最后样品 50μL/L 后显示屏跳入“请输入样品浓度#8”时按“返回键”显示屏显示“是否保存文件”。

是否保存文件
1. 是　0. 否

按数字键“1”选择保存，按数字键“0”不保存文件；一般情况下请选择保存。按数字键“1”后仪器显示“请输入文件名称”。

请输入文件名称：

按数字键给文件编号，编号方式可以是日期。如：09 年 1 月 1 日就按数字键 090101，仪器显示“090101”。

请输入文件名称：
090101

按“确认键”仪器显示自动回到设置菜单。

设置窗口	
1. 单位选择	4. 调用曲线
2. 元素选择	5. 曲线类型
3. 设置曲线	折线

再按“返回”键仪器就进入测试窗口。

μg/mL
请放入样品后
按测试键测试
按“0”键调零

接下来，只要把毛细管放入被测液，按“测试”键仪器就开始测定被测液，读数自动显示在显示屏上。如：放入 10μg/mL 钾钠混合液按“测试”键，仪器显示被测液读数。

μg/mL	
K：	Na：
10.1	10.1

按“打印”键，打印机自动打印当前测量结果。火焰光度计的火焰状况有其不确定性，在一段时间内火焰能保持稳定，时间一长火焰就会漂移，从而影响测试结果，本仪器提供了曲线校准功能，最大限度地保证测试结果的准确性，通过大量的实验数据对比，我们发现在测试 10～15 个样品后，用标准液校准仪器，这样能最大限度地保证测试结果的准确性。具体应用如下：

在仪器键盘中按“校准”键仪器显示“校准曲线”。

校准曲线	浓度	“0”键调零
K：	0.00	
Na：	0.00	

这时先放入空白，按“0”键清零，浓度下方的值是仪器根据用户在标定曲线时自动计算的标准值，只需吸入相应的标准样品后按“确认”键仪器会自动校准曲线。过 15s 后自动跳入测试菜单，用户只需继续测试即可。

(2) 二次拟合曲线法　现以测试氧化钾、氧化钠为例，先配制标准溶液：5μL/L、10μL/L、15μL/L、30μL/L、40μL/L、50μL/L 的混合溶液，按“返回”键进入仪器设置菜单。

设置窗口	
1. 单位选择	4. 调用曲线
2. 元素选择	5. 曲线类型
3. 设置曲线	拟合

再按数字键“5”，仪器显示“曲线选择窗口”。

曲线选择窗口
1. 曲线
2. 折线
3. 直线

按数字键“1”选择曲线，再按“确认”键，下方显示“曲线”。

设置窗口	
1. 单位选择	4. 调用曲线
2. 元素选择	5. 曲线类型
3. 设置曲线	曲线

按数字键“3”进入“建立曲线”这时显示屏会显示“请输入浓度”。

请输入浓度	＃01
K	
Na	

将进样毛细管插入空白溶液，然后按数字键“0”显示屏会显示“K　0.00”，再按“确认”键光标会移动到下一元素 Na 的右侧，这时按数字键“0”显示屏显示“Na　0.00”。

请输入浓度	＃01
K	0.00
Na	0.00

按“确认”键仪器开始读入数据，显示屏右上方显示时间，显示屏中间的读数 0.02 和 0.03 是仪器读入的模拟值。“0”调零是指键盘“0”数字键具有调零功能，这时只要按“0”键仪器就调零了。

请输入浓度	＃01	“0”调零	00:09
K	0.00	0.02	
Na	0.00	0.03	

倒数 15s 后，仪器读入数据显示屏自动跳入 2 号样品输入界面。

请输入浓度	＃02
K	
Na	

接下来把毛细管插入 2 号样品 5μL/L 的标准溶液，按数字键“5”显示屏会显示“K　5.00”再按“确认”键，光标会移动到下一元素 Na 的右侧，这时按数字键“5”显示屏显示“Na　5.00”。

请输入浓度	＃02
K	5.00
Na	5.00

按“确认”键仪器开始读入数据，显示屏右上方显示时间，倒数 15s 后，仪器读入数据。

请输入浓度	＃01	00:09
K	5.00	0.10
Na	5.00	0.12

倒数 15s 后，仪器读入数据显示屏自动跳入 3 号样品输入界面。接下来把毛细管插入 3 号样品 10μL/L 的标准溶液，依此类推直到输入完最后样品 50μL/L 后显示屏跳入“请输入样品浓度＃8”时按“返回键”显示屏显示“方程窗口”。

方程窗口 K：　　　　　　　　Na： $K_2=7.62$　　　　$K_2=39.11$ $K_1=19.18$　　　$K_1=37.01$ $K_0=0.00$　　　　$K_0=0.00$ $R=1.000$　　　　$R=1.000$

其中 R 是相关系数，$R=1$ 说明线性关系拟合得很好。

测试中 R 值应在 0.99～1 才能保证测量精度，如 R 值不对需重新标定曲线，切记！

再按“返回”键仪器显示“是否保存文件”。

是否保存文件 1. 是　0. 否

按数字键“1”选择保存，按数字键“0”不保存文件，一般情况下请选择保存。按数字键“1”后仪器显示“请输入文件名称”。

请输入文件名称：

按数字键给文件编号，编号方式可以是日期。如：09 年 1 月 1 日就按数字键 090101，仪器显示“090101”。

请输入文件名称： 090101

按“确认键”仪器显示自动回到设置菜单。

设置窗口 1. 单位选择　　4. 调用曲线 2. 元素选择　　5. 曲线类型 3. 设置曲线　　　曲线

再按“返回”键仪器就进入测试窗口。

μg/mL 请放入样品后 按测试键测试 按“0”键调零

接下来，只要把毛细管放入被测液，按“测试”键仪器就开始测定被测液，读数自动显示在显示屏上。如：放入 10μg/mL 钾钠混合液按“测试”键，仪器显示被测液读数。

μg/mL K：　　　　　　Na： 10.1　　　　　　10.1

按“打印”键，打印机自动打印当前测量结果。

(3) 直线法（直线法一般应用于低含量的检测，检测范围在 0～10μg/mL）　现以测试氧化钾、氧化钠为例：先配制标准溶液：2μg/mL、4μg/mL、6μg/mL、8μg/mL、10μg/mL 的混合溶液，按“返回”键进入仪器设置菜单。

设置窗口 1. 单位选择　　　　4. 调用曲线 2. 元素选择　　　　5. 曲线类型 3. 设置曲线　　　　　拟合

再按数字键“5”，仪器显示“曲线选择窗口”。

曲线选择窗口 1. 曲线 2. 折线 3. 直线

按数字键“3”选择所需的曲线类型，再按“确认”键，下方显示“直线”。

设置窗口 1. 单位选择　　　　4. 调用曲线 2. 元素选择　　　　5. 曲线类型 3. 设置曲线　　　　　直线

按数字键“3”进入“设置曲线”，显示屏显示。

请输入浓度	#01
K	
Na	

将进样毛细管插入空白溶液，然后按数字键“0”显示屏会显示“K　0.00”，再按“确认”键光标会移动到下一元素 Na 的右侧，这时按数字键“0”显示屏显示“Na　0.00”。

请输入浓度	#01
K	0.00
Na	0.00

按“确认”键仪器开始读入数据，显示屏右上方显示时间，显示屏中间的读数 0.02 和 0.03 是仪器读入的模拟值。“0”调零是指键盘“0”数字键具有调零功能，这时只要按“0”键仪器就调零了。

请输入浓度	#01	“0”调零	00:09
K	0.00	0.02	
Na	0.00	0.03	

倒数 15s 后，仪器读入数据显示屏自动跳入 2 号样品输入界面。

请输入浓度	#02
K	
Na	

接下来把毛细管插入 2 号样品 2μL/L 的标准溶液，按数字键“2”显示屏会显示“K　2.00”，再按“确认”键，光标会移动到下一元素 Na 的右侧，这时按数字键“5”显示屏显示“Na　2.00”。

请输入浓度	#02
K	2.00
Na	2.00

按“确认”键仪器开始读入数据，显示屏右上方显示时间，倒数 15s 后，仪器读入

数据。

请输入浓度	#01	00:09
K	2.00	0.10
Na	2.00	0.12

倒数15s后，仪器读入数据显示屏自动跳入3号样品输入界面。接下来把毛细管插入3号样品4μL/L的标准溶液，依此类推直到输入完最后样品10μL/L后显示屏跳入“请输入样品浓度#8”时按“返回键”显示屏显示“方程窗口”。

方程窗口	
K：	Na：
$K_1=19.18$	$K_1=37.01$
$K_0=0.00$	$K_0=0.00$
$R=1.000$	$R=1.000$

其中 R 是相关系数，$R=1$ 说明线性关系很好。

测试中 R 值应在0.99～1才能保证测量精度，如 R 值不对需重新标定曲线，切记！

再按“返回”键仪器显示“是否保存文件”。

是否保存文件
1. 是　0. 否

按数字键“1”选择保存，按数字键“0”不保存文件，一般情况下请选择保存。按数字键“1”后仪器显示“请输入文件名称”。

请输入文件名称：

按数字键给文件编号，编号方式可以是日期。如：09年1月1日就按数字键090101，仪器显示“090101”。

请输入文件名称：
090101

按“确认键”仪器显示自动回到设置菜单。

设置窗口	
1. 单位选择	4. 调用曲线
2. 元素选择	5. 曲线类型
3. 设置曲线	直线

再按“返回”键仪器就进入测试窗口。

μg/mL
请放入样品后
按测试键测试
按“0”键调零

接下来，只要把毛细管放入被测液，按“测试”键仪器就开始测定被测液，读数自动显示在显示屏上。如：放入10μg/mL钾钠混合液按“测试”键，仪器显示被测液读数。

μg/mL	
K：	Na：
10.1	10.1

按“打印”键，打印机自动打印当前测量结果，熟练操作火焰光度计后，定能得到理想的测试方案。

(4) 调用曲线　仪器在设置菜单中有“调用曲线 ”功能。

设置窗口	
1. 单位选择	4. 调用曲线
2. 元素选择	5. 曲线类型
3. 设置曲线	直线

按数字键“4”仪器显示。

1. 直接打开
2. 浏览打开

按数字键“1”，仪器直接打开最近设置的曲线。

按数字键“2”，仪器显示如下界面。

1. 090101	5.
2. 090102	6.
3. 090103	7.
4. 090104	8.

仪器可同时储存 8 根曲线，用户可按相应的数字键来选择曲线。

但是在选择时要有一个前提，那就是火焰大小要一致，也就是说如果选择 2 号曲线，那么现在的火焰大小必须和在标定 2 号曲线时的火焰大小是一致的。这一点非常重要，请牢记。如火焰已经调节过大小，那么应重新标定。切记！

4. 关机

关机时，先关闭石油液化气罐开关，再关闭电源开关。关机后，仪器燃气阀可不必旋动，仍维持原状态。因为到下一次使用时，如燃料不变，那燃烧状况也不会有大的变化，所以待下一次开机点火时，就不必对火焰状况多加调整。若下一次使用时，点火困难，可稍增大燃气量，待引燃后，稍加调整即可。

三、 FP6400A 火焰光度计操作注意事项

① 燃气和助燃气（空气）必须是干燥的，纯净而没有污染的，不要在湿度很高、粉尘很多的环境中使用仪器。

② 仪器与钢瓶周围不能摆放易燃易爆物品。实验环境必须通风良好，有条件的地方可设置强制排气装置或在通风橱中操作仪器。

③ 必须使用稳定的 220V 的电源电压，工作环境附近不能有功率较大、频繁启动的电气设备，防止石油液化气罐遇电火花发生爆炸。接地线必须可靠接地，不能用零线代替接地线。

④ 操作过程中，燃烧室与烟囱罩都是非常烫的，不能将身体凑近或者用手触摸这些地方，也不要从上而下张望。

⑤ 从废液杯里流出的排放液要集中处理，不要随意处置。

⑥ 注意雾化器、燃烧头的清洁保养。如果做了高盐样品测试，蒸馏水喷烧的时间要适

当延长。

⑦ 一些表面张力较大的样品，需要加入适量的表面活性剂，同时注意在样品标准空白中加入的表面活性剂量要相同。

⑧ 标准测试液必须精确配制。长期保存时，请注意保存条件，并要加入适当的抑菌剂。任何样品不能存放在钠玻璃的器皿中。

⑨ 样品中不能含有颗粒状物质，过滤后使用是最好的选择。操作中经常注意液面高度，使塑料毛细管只吸取上层溶液，是一种值得提倡的习惯。

⑩ 虽然每次工作后，应有 5min 左右的蒸馏水清洗时间，但溶液中的某些颗粒仍然会残留在雾化器、燃烧头等处，影响测试数据的稳定和精确。因此定期保养清洗这些部件显得十分必要。特别注意：雾化器清洗后，前盖板上喷射器的安装螺母一定要反复拧紧；碰撞球与喷口的间隙要重新仔细调整。

进度检查

一、填空题

1. FP6400A 型火焰光度计具有______、______、______、______等优点。

2. FP6400A 型火焰光度计由______、________、________、______等部件组成。

3. 火焰光度计法，空气压缩机应控制压力在________________ MPa 之间。

4. 火焰光度计法应调节火焰，使之呈________色______形状，高度约______ cm。

5. 火焰光度计应预热__________min，待火焰趋向热平衡，这时火焰较稳定，激发能量恒定。

二、判断题（正确的在括号内画“√”，错误的画“×”）

1. 火焰光度计预热时，应将吸样管插入蒸馏水中。（ ）

2. FP6400A 型火焰光度计只能同时测定 2 种元素。（ ）

3. 仪器与钢瓶周围不能摆放易燃易爆物品。实验环境必须通风良好，有条件的地方可设置强制排气装置或在通风橱中操作仪器。（ ）

4. 实验结束后，从废液杯里流出的排放液要集中收集，适当处理，不要随意处置。（ ）

5. 实验结束后无须清洗燃烧头和雾化器，一个星期清理一次即可。（ ）

三、简答题

1. 简述火焰光度法操作的步骤，并自拟一个操作规程。

2. 简述火焰光度仪操作的注意事项。

3. 如果样品中有少许颗粒及悬浮物，应该如何处理?

编号 FJC-87-04

学习单元 10-4 火焰分析仪的定量分析应用

学习目标：完成本单元的学习之后，能够掌握火焰分析仪定量分析的基本方法。

职业领域：化工、石油、环保、医药、冶金、建材等。

工作范围：分析。

相关知识内容：火焰光度分析法基本知识、火焰分析仪的结构、火焰光谱分析仪的操作

所需仪器、药品和设备

序号	名称及说明	数量
1	FP6400A 火焰光度计	1 台
2	50mL 容量瓶	10 个
3	10mL 吸量管	5 支
4	K_2O 的标准溶液(1000μL/L)	适量
5	Na_2O(1000μL/L)	适量
6	待测液	适量

本单元以火焰光度分析法测 K、Na 含量为例，介绍火焰分析仪的定量分析应用。

一、 FP6400A 火焰光度计的开机步骤

FP6400A 火焰光度计见图 10-5。

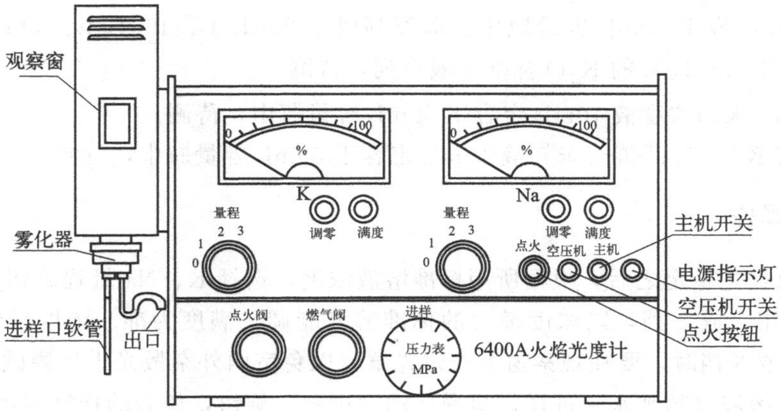

图 10-5 FP6400A 火焰光度计基本结构

1. 开机检验

接通电源，打开主机开关，电源指示灯亮。K、Na 量程旋钮放置在 2 挡，调节调零和满度旋钮，表头有指示。开启空压机开关，空压机启动，进样压力表指示在 0.06～

0.08MPa。此时将进样口软管放入一盛有蒸馏水的烧杯中，在排液口下放一烧杯盛废液。雾化器内应有水珠喷出且呈细密的水帘。

2. 点火

打开液化石油气罐开关阀，用右手按点火按钮，从观察窗中观察电极丝亮，然后用左手慢慢旋动（逆时针）点火阀，直至电极上产生明火（明火高度一般在40～60mm），此时右手放开点火按钮，旋动（逆时针）燃气阀。直至燃烧头产生火焰（高度为40～60mm），然后关闭点火阀。

3. 调节火焰形状至最佳状态

点火后，由于进样空气的补充，使燃气得到充分燃烧。此时，一边察看火焰形状，一边慢慢调节燃气阀，使进入燃烧室的液化气达到一定值（此时以蒸馏水进样），火焰呈最佳状态，即外形为锥形，呈蓝色，尖端摆动较小，火焰底部中间有十二个小凸起，周围有波浪形的圆环，整个火焰高度约50mm，火焰中不得有白色亮点。

4. 预热

调好火焰，仪器需预热20min左右，待仪器稳定后，方可进行正式测试。

二、配制溶液

① 将含1000μL/L的Na_2O标准溶液稀释，配制100μL/L的Na_2O标准溶液250mL。

② 配制Na_2O的标准系列：分别取2.5mL、5mL、10mL、15mL、25mL和35mL 100μL/L的Na_2O标准溶液定容于50mL容量瓶中，即配制成了5μL/L、10μL/L、20μL/L、30μL/L、50μL/L、70μL/L和100μL/L的Na_2O标准溶液系列，待测。

③ 取含Na^+未知浓度液10mL定容于50mL容量瓶中，待测。

④ 将含1000μL/L的K_2O标准溶液稀释，配制200μL/L的K_2O标准溶液250mL。

⑤ 配制K_2O的标准系列：分别取200μL/L的K_2O标准溶液5mL、10mL、15mL、25mL和35mL定容于50mL容量瓶中。即配制成了20μL/L、40μL/L、60μL/L、100μL/L、140μL/L和200μL/L的K_2O标准溶液系列，待测。

⑥ 取含K^+未知浓度液10mL定容于50mL容量瓶中，待测。

⑦ 取含有K^+、Na^+混合未知液10mL定容于50mL容量瓶中，待测。

三、校正和操作

① 预热仪器达稳定之后，根据所用标准溶液浓度，选择K、Na量程旋钮某一合适量程挡位。一般使用1或2挡，以浓度最大的标准溶液能调足满度为准。浓度较低时采用“3”挡，选择2挡或3挡时，要在观察窗上安避光罩，以免室内外杂散光干扰测试读数。

② 以空白溶液（超纯水）进样，缓慢旋动“调零”旋钮，使表的指针指示0%刻度。然后，以最大浓度的标准溶液进样，缓慢旋动“满度”旋钮，使表的指针指示100%刻度，重复几次，直至基本稳定，则可开始测试工作。

③ 连续测试样品时，应在每3～5只样品间进行一次标准溶液的校正。每只样品间亦可用蒸馏水冲洗校零，排除样品互相干扰。

④ 在坐标纸上作工作曲线。

Y 轴——指示读数值　　　　X 轴——溶液浓度（μL/L）

未知溶液浓度按插入法查得。

四、关机步骤

仪器使用完毕后，务必用蒸馏水进样 5min，清洗流路后，应首先关闭液化燃气罐的开关阀。此时仪器火焰逐渐熄灭。顺时针关闭燃气阀。将 K、Na 挡位旋钮旋至 0 挡。依次关闭空压机、主机开关，切断电源。

五、注意事项

1. 供气压力

（1）测定时保持燃气和助燃气压力恒定：一是为了得到稳定的火焰；二是保证试样或标准溶液的吸入量恒定。

（2）用空压机供给空气，可装置一个气体缓冲瓶防止气流压力产生波动。

2. 试样组成变化

（1）配制试样溶液时引入了某些酸或盐等干扰物质，或溶液黏度、表面张力及密度变化等，都将影响测定结果。

（2）试样溶液或标准溶液应尽量含有相同的基体组成，通过稀释溶液以降低干扰物质浓度或对干扰物质进行化学分离来消除影响。

3. 仪器

（1）滤光片的质量　选择单色性好的滤光片以消除干扰元素的辐射。

（2）光电池的质量、使用及维护　一是选择对被测元素有较高灵敏度的光电池，如测钾用硅光电池，测钠用硒光电池；二是使用过程中将仪器预热以消除光电池的温度效应，还要注意光门随用随开，尽量减少受光时间；三是光电池要在避光、阴凉、干燥条件下保存。

4. 基体效应

（1）当干扰元素含量较高时，可适当稀释溶液以降低干扰元素浓度，或在标准溶液中加入与试样溶液含量相近的干扰元素，使试样溶液和标准溶液的基体相近，或是利用化学分离法将干扰元素除去。

（2）当干扰元素的辐射线与被测元素的辐射线的波长相近时，可使用选择性较好的滤光片或波长范围较窄的单色器，以滤除干扰元素的辐射。

六、影响火焰光度分析的因素

1. 激发条件

火焰温度要适当，温度过低，灵敏度下降，温度太高则碱金属电离严重，影响测量的线性关系。

影响火焰温度的因素有：

① 燃气种类。一般采用丙烷-空气或液化石油气-空气等低温火焰（约 1900℃）较为合适和方便。

② 适当的燃气与助燃气比例。

③ 试样溶液提升量（毛细管每分钟吸入喷流液体积）过大时会使火焰温度下降。

2. 试样的种类和组成

元素的电离和自吸收可导致校正曲线弯曲，线性范围缩小。如钾在高浓度时自吸收严重，使校正曲线向横坐标方向弯曲；在低浓度时则由于电离增加，辐射增强，校正曲线向纵坐标方向弯曲。如图 10-6 所示。

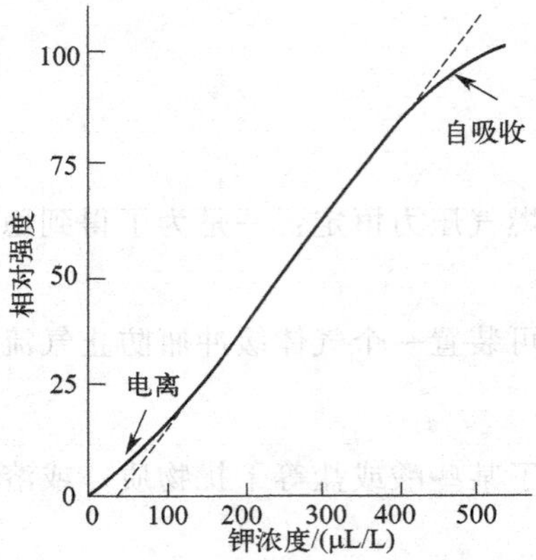

图 10-6 电离和自吸收对钾校正曲线的影响

3. 共存离子

试液中共存离子对测定有影响，如碱金属共存时谱线增强，使结果偏高。

4. 仪器的质量

单色器的质量好，可减少共存物质的干扰，如采用较好的干涉滤光片时，5×10^{-6} g/L 的 Al_2O_3、Fe_2O_3、MgO 或 CaO 均不影响 K、Na 的测定。但如果使用质量差的滤光片，则 1×10^{-4} g/L 的 CaO 也将使 Na 的辐射强度急剧增加，影响测定的准确性。

进度检查

一、填空题

1. 制备待测溶液时，先加________，再加________和__________，最后用________稀释至同一刻度。

2. 火焰光度计使用之前，需用________________进样，调零，然后以________________进样，满度，重复几次，直至基本稳定，则可开始测试工作。

3. 火焰光度法测定时需调节火焰高度为________________mm。

二、判断题（正确的在括号内画“√”，错误的画“×”）

1. 火焰光度法仪器使用完毕后，务必用蒸馏水进样 5min，清洗流路。 ( )

2. 火焰光度计使用之前，需用空白溶液（超纯水）进样，调零，然后以最大浓度的标准溶液进样，满度，重复几次，直至基本稳定，则可开始测试工作。 ( )

3. 火焰光度法连续测试样品时，只需要进行一次标准溶液的校正。 ( )

4. 火焰光度法测定样品时，每个样品间用蒸馏水冲洗校零，排除样品互相干扰。（　）

5. 火焰调节的最佳状态即外形为锥形，呈蓝色，尖端摆动较小，火焰底部中间有十二个小凸起，周围有波浪形的圆环，整个火焰高度约 50mm。（　）

三、简答题

1. 配制标准系列溶液时需要注意哪些问题？

2. 简述容量瓶和移液管的主要操作步骤和关键点。

3. 简述本实验的注意事项。

四、计算题

1. 如何配制 1000μL/L 的 Na_2O 标准溶液？

2. 取 200μL/L 的 K_2O 标准溶液 8mL 定容于 50mL 容量瓶中，该标准 K_2O 溶液的浓度为多少？

编号 FJC-87-05

学习单元 10-5　火焰分析仪的维护和保养

学习目标： 完成本单元的学习之后，能够了解火焰分析仪的维护和保养。

职业领域： 化工、石油、环保、医药、冶金、建材等。

工作范围： 分析。

相关知识内容： 火焰光度分析法基本知识、火焰分析仪的结构、火焰光谱分析仪的操作

一、火焰光度计的存放条件

① 环境温度：10～35℃。

② 相对湿度：≤85％。

③ 仪器应水平放置于无振动的工作台上，避免强光直接照射，周围无强烈的电场、磁场干扰，无气流影响，无影响使用的振动。

④ 产品使用现场不应有易燃易爆、腐蚀性气体，并备有灭火设施。

⑤ 电源电压 220V±22V，频率 50Hz±1Hz，并具有良好的接地。

⑥ 额定功率为 250W。

⑦ 应备有不含杂质，并燃烧稳定的液化气或丙烷。

二、火焰光度计的维护保养

(1) 每次完成测试工作后，再连续进样超纯水 5min，使雾化器腔体内得到充分的清洗，防止进样管被污物堵塞。

(2) 空气压缩机工作时，将空气中的水分压缩凝聚在过滤减压阀内或凝聚在空气压缩机的储气罐内，要定期排水，长期积水会影响仪器的正常使用。用户在使用一阶段后，按下仪器正下方的放水阀门，在压缩空气的推动下，积水自动排放，然后松开放水阀门。同时，也要注意，在断电的状态下，要将空气压缩机储气罐内的积水放掉。

(3) 雾化器的清洗

① 旋下雾化器下端三只固定螺钉，将雾化器拆下。

② 旋下吸样管及雾化器喷头的螺母，拆下吸样管及喷头，用洗涤剂清洗，然后重新安装复原。

③ 关闭燃气阀，打开空压机，将毛细管插入溶液中，观察其雾化效果。如不吸样或雾化效果差，可调整吸样管与喷头的位置，使其产生雾化效果，然后旋紧螺母加以固定。

④ 将雾化器重新装上仪器，在吸样情况下，在燃烧头端部可明显观察到气雾现象。

进度检查

一、填空题

1. 火焰光度计的最佳存放环境温度为______℃。

2. 仪器应水平放置于无振动的工作台上，避免______直接照射，周围无强烈的______干扰，无气流影响，无影响使用的振动。

3. 仪器使用时要保持电源电压 220V±22V，并具有______。

二、判断题（正确的在括号内画"√"，错误的画"×"）

1. 火焰光度法仪器使用完毕后，务必用蒸馏水进样 5min，清洗流路。（　）

2. 空气压缩机工作时，将空气中的水分压缩凝聚在过滤减压阀内或凝聚在空气压缩机的储气罐内，要定期排水，长期积水会影响仪器的正常使用。（　）

3. 火焰光度计的雾化器需定时清洗，清洗后在燃烧头端部可明显观察到气雾现象，视为清洗干净。（　）

三、简答题

1. 火焰光度计的存放环境有哪些要求？

2. 简述如何在日常使用中更好地保养火焰光度计。

评分标准

火焰光度分析技能考试内容及评分标准

一、考试内容：火焰光度法测 K、Na 含量

1. FP6400A 火焰光度计的开机。

2. 配制溶液。

3. 校正和操作。

4. 关机。

二、评分标准

1. FP6400A 火焰光度计的开机（20 分）

每错一处扣 5 分。

2. 配制溶液（30 分）

每错一处扣 5 分。

3. 校正和操作（30 分）

每错一处扣 5 分。

4. 关机（20 分）

每错一处扣 5 分。

参考文献

[1] 魏培海，曹国庆．仪器分析．4版．北京：高等教育出版社，2022.

[2] 于世林，苗凤琴．分析化学．4版．北京：化学工业出版社，2010.

[3] 高红昌．大型分析仪器使用教程．北京：高等教育出版社，2014.

[4] 武汉大学．分析化学．北京：高等教育出版社，2012.

[5] 楼书聪，杨玉玲．化学试剂配制手册．南京：江苏科学技术出版社，2002.

[6] 周心如．化验员读本．5版．北京：化学工业出版社，2017.

[7] 曾泳淮，林树昌．分析化学（仪器分析部分）．2版．北京：高等教育出版社，2004.

[8] 钟佩珩，郭璇华，黄如林，等．分析化学．北京：化学工业出版社，2001.

[9] 刘小珍．仪器分析实验．北京：化学工业出版社，2003.

[10] 高向阳．新编仪器分析．北京：科学出版社，2009.

[11] 陈宏．常用分析仪器使用与维护．北京：高等教育出版社，2007.

[12] 杨万龙，李文友．仪器分析实验．北京：科学出版社，2007.

[13] 俞英，华南师范大学化学实验教学中心．基础化学实验仪器分析实验．北京：化学工业出版社，2008.

[14] 曾祥燕，丁佐宏．分析技术与操作（Ⅲ）——电化学与光谱分析及操作．北京：化学工业出版社，2007.

[15] 穆华荣．分析仪器维护．3版．北京：化学工业出版社，2015.